大跨建筑新理论与实践丛书

大跨建筑结构形态轻型化及表现

Weight-Lighting Trend and Rendering of Long-Span Structure Morphosis

董 宇　刘德明　著

U0309251

中国建筑工业出版社

图书在版编目（CIP）数据

大跨建筑结构形态轻型化及表现/董宇，刘德明著．—北京：中国建筑工业出版社，2015.12
（大跨建筑新理论与实践丛书）
ISBN 978-7-112-18770-6

Ⅰ.①大…　Ⅱ.①董…②刘…　Ⅲ.①建筑物-大跨度结构-研究　Ⅳ.①TU208.5

中国版本图书馆 CIP 数据核字（2015）第279312号

责任编辑：陈海娇　徐　冉
责任校对：李美娜　关　健

国家自然科学基金（51208132）
黑龙江省哲学社会科学研究规划项目（12C035）
第 54 批中国博士后面上基金（2013M541380）

大跨建筑新理论与实践丛书
大跨建筑结构形态轻型化及表现
董　宇　刘德明　著
*
中国建筑工业出版社出版、发行（北京西郊百万庄）
各地新华书店、建筑书店经销
北京嘉泰利德公司制版
北京云浩印刷有限责任公司印刷
*
开本：787×960毫米　1/16　印张：18　字数：497千字
2015 年 12 月第一版　2015 年 12 月第一次印刷
定价：49.00 元
ISBN 978-7-112-18770-6
　　　（28005）

导 读

今日的建筑已经发展到复合多元的阶段，往往一个建筑单体或建筑集群要承担多个类型建筑的任务。较之传统单一类型，如今大型建筑的空间与功能构成更为庞杂立体，因此往往需要大跨空间来解决相应矛盾。同时，由于审美标准相同步的多元化转型，建筑不再是满足功能基础上的美观追求，建筑自身的形态呈现与内外表现性同样可以成为建筑设计的目标。而结构自身的发展一直都在不遗余力地追寻更轻、更远、更强的目标，永久性也不再是今日建筑之追求，建筑发展聚焦在临时性、安全性、互动性之上，而这些目的的结构基础就是轻型化的结构。但大跨轻型结构形态设计的技术制约性较强，因此有很多设计枉顾结构的合理性，以更大的结构、经济代价来实现较为复杂或另类的形态，却损害了结构的本真性。本书立足于结构的真实建构，溯源了大跨结构的缘起与发展，在其轻型化的语境发展前提下，阐释大跨结构形态的设计要素与设计原则，提出在真实建构基础上的形态表现与艺构化的设计策略，以期为大跨设计的学习者与从业人员提供结构形态设计的理论科普读本。

大跨建筑结构形态、建筑形态与空间形态的关系极为密切。在当前时期，国内大跨建筑创作陷入了多重困窘，例如基本原理缺失、创作手法混乱，形态创作进入了整体性"高原期"，以及缺乏创新性设计水平提升机制等。本书通过对大跨结构形态体系的划分、批判与思辨，以建立课题自身的大跨结构形态轻型化体系，并在该体系下对大跨结构形态发展沿革进行了回顾和梳理，从直观上对其历时性发展脉络、形态创作倾向与结构形态呈现之间的关系进行通盘的把握和透彻的认知。

在直观认识的基础上，本书对大跨结构形态发展动因、物质与非物质结构的呈现及共轭互动的研究，从历史理论、系统科学、社会心理需求、美学拓展、生态意旨等多维度，确定了大跨结构形态的主流发展趋向——"轻型化"理论支撑平台。该趋向有着双重含义：一方面是物质层面深化拓展的合力学原理、依材料意志建构，细部节点的精致化与最小化设计趋势，部分大跨结构的机构能力的提升，以及施工技术的创新和互动影响；另一方面是受众感知层面的观感体验变化与非物质因子的共轭式介入，例如数字媒体的高度整合、拓扑几何的设计映射、地缘文脉的形态蔓生、生态图景的分形显影，以及政治权利的延伸制约。

而后由此趋向切入到对当代大跨建筑结构形态的深度特质挖掘与解析研究，得出在轻型化维度内涵与外延的系列特质，也借此研究架构一套对应的大跨建筑形态创作及评判体系。本书整合了传统大跨建筑设计理论与轻型化维度大跨结构形态发展出的新要素，在论证上尤其注意到轻型特质与传统特质的联系和区别，避免理论上的复刻冗余，着重阐释了大跨建筑在轻型化趋向意旨下的对应特质，分别从几何特质、力学特质、材料特质、结构分析等结构性、形态性的轻型特质呈现作出了深化剖解；随后对"光"这种非结构材料、非结构构件的"结构化"参与，以及对轻型化大跨结构建构的贡献作出阐释。结构与非结构要素的双轨解析使得评判体系的架构更为完整。

本书提出三大方面共 12 个分支的轻型大跨结构形态设计体系化应变策略，从整体形态、构造组织、关联领域逐层延展。其中，整体形态控制策略包括混合共济、轻逸传达、虚质建造、可变调控等内容；构造组织生成策略包括原型变体演绎、裁剪组合变换、构件材料置换、结构设备共生等轻型形态创新法则；关联形态协调包括将特定形态施工方法作为设计前期因子，运用文化信息与人化自然的协调、生成、对应演绎形态轻型演绎，提出轻型结构形态抗震强化策略，以使本具有优异空间抵抗性的大跨建筑作为震时庇护所的安全性更有保障。

本书归纳整理了大量相关文献，通过实地调研、案例评析、定性定量、工程实践、模型推演、软件分析等方法，构建了系统的大跨建筑结构形态轻型化研究理论，对于指导一段时期内的大跨建筑设计及其形态创新具有建设性的意义，而综合研究体系架构对后续的深入研究与子课题发展亦有贡献。

目　录

第 1 章　绪论

追求"更高、更快、更强"不仅是人类体育精神的浓缩，也是人类与生俱来基于自我发展和实现的天性。建筑作为一种产品、一种机器、一种改造自然的结果，必然会继承人的天性，满足人的需求，展示人的理想，昭示人的野心，同时也必然承受人的不满与批评——大跨建筑较为集中地体现了这些内容。

大跨建筑是建筑中的"大块头"，具有很强的社会性、公众性，同时也是建筑技术领域的"急先锋"：跨越更大的空间、容纳更多的人数、提供更好的功能，以及创造更安全的结构，无一例外地对其技术提出更为苛刻的要求与挑战。由于其体量、功能、技术、关注度等的特殊性，大跨建筑也一直引领着各个时代建筑技术的发展，并体现着特定时空的文化精神与价值取向。而社会的多元价值转向和大跨技术与型式的复杂分形，使得大跨建筑的设计与表现趋于多元，建筑师和结构工程师都面临着来自时代与自身的更多挑战。建筑与结构的共进交辉带来了很多新的形态与研究课题，也带来了一系列的新问题，例如如何协调自由大胆的形式与结构优化之间的关系，建筑形象的创新性是否要以牺牲结构性能为代价等。

无疑，今日的大跨建筑已走入了一个富于活力和灵感的新纪元，但在旺盛精进的发展背后，一些问题和矛盾也不容回避，亟待解决。

1.1　本书研究目的和意义

一个区域的建筑形态和其文化状态有着密切的联系。大跨建筑不仅要提供空间与场所，用恰当的技术完成建造，也要肩负物化社会心理与人的建筑体验等重担——后者的挑战较之前者更为艰难，更难于把握。目前大跨建筑的建设量大，而创作的门槛和壁垒却因为种种原因而被一再降低。很多不具备创作资质与经验的设计机构和设计师，也都有机会参与到大型建筑的设计和投标之中。事实上，一些富有经验的设计师也面临着新时期下的新问题。一方面，在困惑与迷乱的时代中，大跨建筑创作龃龉彷徨，建筑师的自我迷失造成了建筑的失语。另一方面，目前国内建筑教育和建筑文化的普及度并不乐观，公众对于大跨建筑的认识往往停留在少数的"明星建筑师"的"明星作品"，而这些建筑的特殊成立条件决定了它们并不具备作为普及性的衡量标准，但公众甚至是决策者却倾向以此为准则，这无疑是在大跨建筑创作的寒冬飘雪之上加了一层"严霜"。

1.1.1 背景

自身与外界共同导致的双重困惑，使得国内的大跨建筑设计工作陷入了一个泥沼。在各种大型建筑的投标中，一些形态怪异、毫无结构概念的"天方夜谭"屡见不鲜。而大跨类的设计佳作也往往局限在一些具有多年优势积累的设计机构和高校院所，但整体水平依然参差不齐、良莠分明。多数创作的形态都停留在复制拼贴、改动组合的层面，一些优秀作品总会有似曾相识、"模样"相近的"近亲克隆"作品出现。这样的情况，一方面是由于建设速度要求和建筑创作周期过短；另一方面是由于一些建筑师对大跨结构与大跨结构形态的知识储备不足，只能利用现有的成熟方案修改应付所导致的。这是国内大跨建筑创作的普遍现象。

1.1.1.1 困窘的创作高原期

国内经济结构的调整带动了各个行业的发展，建筑业尤以其迅猛的势头走在前列。在过快的发展势头的背后，就必然存在另一种情况，即在建设量大大增加的同时，相应的理论研究会渐渐跟不上建设量的持续增长，不能与时俱进地适应逐渐更新的时代发展要求。虽然在一定时期内这种情况可以维持在相对稳定的平衡态，但矛盾积累到一定程度以后，就必然发生质变。我国的大跨建筑设计及其对应的理论支持正处在这样的一个时代的环节上。

一方面，我国的建筑理论研究多停留在满足既有工程应用状况的层面上，对新型结构形态关注甚少，如张拉整体结构（图1-1）的研究也只限于一些高校的结构研究机构，还没有拓展到成熟的商业化市场中；再比如目前国内的大跨度公共建筑仍以空间网格结构（图1-2）为主，其研究也多停留在对传统设计手段、方法及理论的继承和延续之上，如对空间、功能及美学等方面的探讨，而对材料、结构的研究则多停留在基础层面，缺乏从其本体性建造角度出发的探讨。这般科研现状在一定程度上促成了今天大型建筑建设中的一个不容乐观的趋向——在形象奇异的外表下，掩盖的是结构乖张、耗资空前、

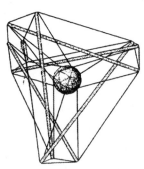

图1-1 四面体张拉单元　　图1-2 深圳大运会中心主体育场

施工繁琐等让人堪忧的现实，国家为此付出巨大的财力和物力，社会资源被无谓消耗与浪费。业内人士也惊讶感叹，议论纷纷，莫衷一是。大跨建筑设计理论的研究者们也在困惑、争论、思索、期待之中踟蹰，寻找着前进的突破口。

另一方面，我们看到了国际上大跨建筑实践及其理论突飞猛进的发展。在不断反思自身的同时，一并学习消化国外先进理论研究，只有这样的务实态度，才能在短期内缩短差距，迎头赶上。

当代中国的建筑设计理论，往往侧重形而上的非物质领域的探究。大跨度结构建筑亦受此态势影响，在一波一波"会展热"与"赛事热"高烧不退的建设需求下，一些新功能类型的大跨建筑被"催生"出来——"揠苗助长"、设计周期过短的结果往往是片面追求形式抄袭与风格模仿，而真正能提高建筑师业务水平的务实学习、思考及创新，极易在这样"高温催化"过程中被扼杀，于是国内大跨建筑创作逐渐成了程式化、庸俗化的流水作业，有关结构、材料这些与大跨建筑建构密不可分的本质要素反被喧宾夺主——此种现象在各类大型建筑设施的投标与评选中尤为明显。

1.1.1.2 "回归基本原理"诉求

正如罗马俱乐部❶创始人佩西（A.Peccei）所说："所谓进步，已成为一种疯狂的动乱——如此机械，如此人为，如此无情和不可预见——我们再也不能控制它，甚至不能理解它的意义。"

在这种现实状况面前，人本主义哲学派别与其他社会思潮就开始怀疑、否定与声讨近代理性主义进步观。德国学者彼得·欧皮茨有言："尽管对进步的信仰仍然是今天西方世界的重要基本特征，但这个概念却丧失了许多昔日的光辉，它开始发白，开始凋谢……在这期间，一个与其相反的概念——危机的概念——却迅速繁荣。"盲目进步观念的危害（图1-3）已在西方得到更广泛共识。

如此"理性"地对于理性进行批判，是源于理性的回归，是"理性"对其自身的反思和批判。当代建筑语言在中国遭遇的困窘引起国内建筑界的普遍争论，从这些争论中至少可以得出两个讯息：第一，久违的争论意味着中国建筑界经过若干年的沉寂后开始重新激发活力；第二，世界级一流当红大师们的粉墨登场意味着掌握西方当代建筑话语权的各色人等均在中国亮相，激烈的争论表明当代西方建筑语言在中国遭遇的不适症候。

---

❶ 罗马俱乐部是关于未来学研究的国际性民间学术团体，也是一个研讨全球问题的全球智囊组织。其宗旨是研究未来的科学技术革命对人类发展的影响，阐明人类面临的主要困难以引起政策制订者和舆论的注意。目前主要从事有关全球性问题的宣传、预测和研究活动。成立于1968年4月，总部设在意大利罗马。宗旨是通过对人口、粮食、工业化、污染、资源、贫困、教育等全球性问题的系统研究，提高公众的全球意识，敦促国际组织和各国有关部门改革社会和政治制度，并采取必要的社会和政治行动，以改善全球管理，使人类摆脱所面临的困境。由于它的观点和主张带有浓厚的消极和悲观色彩，被称为"未来学悲观派"的代表。

图 1-3　漫画：中国当代建筑盲目的发展现状

对中国建筑界而言，争论产生的第一个好处可使中国建筑界幡然醒悟，大声疾呼回归本源。吴良镛院士在《最尖锐的矛盾与最优越的机遇——中国建筑发展寄语》中呼吁："回归基本原理，发展基本原理。[1]"萧默先生在《新现代主义——现代主义的复归于超越》中指出"新现代化"一个很重要观念是"理性的回归"，并赞同荷兰建筑师提出的"back to basic（回归本体）"。张利先生提倡："重温结构正确性。"布正伟先生提出"基本逻辑就是：自身条件—不同道路—持续发展—不断创造"，就不会再陷入目标模糊和手法混乱的泥潭❶。

争论的第二个现象告诉我们：登陆后遭遇不适的当代西方建筑语言并非我们要回归的本源，毕竟它是后工业社会的产物。我们的社会还处在盼望实现工业化目标，同时叠加信息化时代更高的现代化目标。中国的社会结构、经济结构和文化认同决定了当代西方建筑语言所描绘的康庄大道，并非我们要走的一条标准化模式。因而，中国需要一个更本源的平台作为我们出发的营地。

1999 年的《北京宪章》面对西方发达国家建筑流派纷呈的现状时，就提出"回归基本原理"。然而转了一大圈，在建筑界对当前畸形建筑现象批判与讨论声音渐渐多起来之后，在惊人的巨额浪费被揭露之后，终于引起了中国一些决策者及有识之士的关注。汪光焘先生重新提出"适用、经济、在可能条件下注意美观"，这说明领导部门已经意图扭转当前建筑方向。另外，学术理论的发展也在修正建筑的范畴。在英国学者戴维·史密斯·卡彭的《维特鲁威的谬误》与《勒·柯布西耶的遗产》两本书中，可以发现无论是维特鲁威的"坚固、实用、美观"三原则，还是我们的"经济、实用、美观"三方针，就严格的范畴分析来看都不是十分确切的。该书中从哲学范畴发展角度考虑，

---

❶　内容详见《世界建筑》2001.4 与 2001.5

即将"坚固、实用、美观"以来的建筑理论发展，进一步深入探索，拟定为三个基本范畴，即"形式——形式的公正性；功能——功能的有效性；意义——意义的诚实性"，以及三个派生范畴，即"结构——结构义务；文脉——尊重文脉；意志——精神动机"[2]。该书在依次讨论了以上六种原则之后提出了一个关键问题，即这些原则之间是如何协调一致的，究竟一位建筑师是应该将其目标放在所有要素的平衡上，还是说其有权力仅仅集中在一个局部的选择上？一种意见如文丘里选择了"以包容性而达成的困境的统一，而不是以拆斥性而达成的容易的统一"；而另一种意见则认为对要素的选择应该"通过强调与夸张来表达"，或"对于不同的问题，着力的程度也应该不同"。换个角度来看，无论哪一种选择，对于建筑来说无论从基本范畴还是派生的范畴来看，最首当其冲面临的问题就是形式和结构的挑战，尤其是对结构与形态的同一度要求极高的大跨建筑来说，基于"结构形态"的研究是无法回避的要务，也是最先、最需要解决的问题。

1.1.2　目的及其意义

结构形态是建筑设计与结构设计的结合点，是由两者共同关注和把握的内容。至于大跨建筑结构形态，这种结合就更为紧密了，如果这个联系出现了缺口，势必会影响设计的综合质量。

严格意义的大跨建筑现代轻型转型从欧洲工业革命时期的现代混凝土和钢铁的建筑应用时代就已经开始了。但当时的建构认识仍带有明显的前现代材料时期的印记，这也是建筑技术发展过程中必然的现象和阶段。一种新型材料与结构的诞生都会受其之前的对应内容影响，慢慢成熟之后便有了自身的建构语言和美学范式，而成为其后来者的模仿对象与设计思维桎梏。

空间薄壳结构（图1-4）的发展是在钢结构发展普及之前的空间结构的一个发展高峰，它的单位质量已经和现今全柔性的索穹顶体系十分接近，是混凝土空间结构的一种极致，由于其良好的塑性加之材料科学的继续前行，可以想象在今后薄壳结构极有可能焕发第二次绽放。而金属材料和膜结构等材料的普及，以及空间网格的开发与应用，可以看作现代大跨结构的第二次转型。结构网格将面系的形态抵抗转化成空间性的向量抵抗，而钢、玻璃和金属覆材与膜结构的牛刀初试和惊艳效果（图1-5），让建筑界看到了无限的光辉前景，越来越多的建筑师与学者投入到新材料和新结构的研发设计中。虽然张拉结构在19世纪的桥梁建设与20世纪中期的大型建筑中就已经屡有佳作和经典传世，但是张拉体系真正应用到大跨建筑中并做出和自身功能与空间的全面应变还是近20年间的事情。混合结构与柔性结构的实践与全面释放也表明今天的大跨建筑正处在这样一个伟大的、第三次轻型转型的时代。

图1-4　蛋形料理屋：空间薄壳结构　　　　图1-5　慕尼黑奥林匹克体育场：玻璃与膜结构

1.1.2.1　目的

大跨度建筑结构形态的轻型化发展趋向，是基于时代技术发展衍生和建筑艺术发展演进基础之上得出的结果。

（1）科学目的　首先是滤清概念，括定范围：界定本文的研究内容与所属范畴，对大跨建筑、结构以及轻型化的内容明确其所指，为研究定下基调。其次是缕析规律：通过研究大跨度建筑结构形态的演变——由早期围护材料与结构材料混沌一体，到围护结构与承力结构逐渐分开乃至剥离，到近现代的结构材料与围护材料重新走上一条统一化、复合化以及多元化的发展道路，逐步抽丝剥茧，结合历史与当今世界大跨建筑的设计实践，通过统计和分析，得出其建筑与结构两个层面的一个合力性的重要发展规律，即大跨建筑的轻型化发展规律。其三是提出策略：针对这一趋向分析得出符合现阶段以及未来一段时期内大跨结构形态的具体研究及发展的重点方向，使这一前瞻性的研究结论为今后我国大跨建筑设计研究与国际上相关研究的及时接轨提供有益的理论平台，并提出有针对性的、适应性的大跨建筑轻型转型设计应变策略。

（2）价值目的　通过对大跨建筑轻型化发展规律深入探讨，归纳出发展诱因与动力，阐释其历史必然性，总结出大跨建筑结构形态于轻型化趋向这一维度的发展脉络，以及在这一趋向发展中出现的新问题；梳理在现今社会最前沿的结构技术研究方法、创作理念追求以及未来的发展趋势，并对国内大跨建筑的创作以及建设误区进行理性的分析与批判，以期开辟一个适于中国国情的大跨建筑技术研究及创作的发展方向，避免因设计阶段的理论与智力支持缺失而造成后续建筑流程的系列损失。

1.1.2.2　意义

大跨建筑自诞生之日起，就成为相应时期生产力发展水平和社会经济实力的一种外显，其中一些扮演着所在区域甚至国家的标志性建筑角色，成了一种符号与代言，往往是各国家最高建筑技术水平和建筑科研能力的综合体现。之所以大跨建筑有如此重要的地位，一方面由于它系统庞复，涉及多个建筑学科与技术学科的综合协调；另一方面是因为从古代文明伊始，这个领域就不断进步与发展，与高层建筑相比具有更悠久的历史，其公众性和社会关注度在各类建筑中也最为显要。

日本的建筑教育家斋藤公男说，建筑好比织物——以技术（科学技术）为经线、以感性（形象）为纬线织成布。这两条线可以认为是"结构"与"空间"，也可以认为是"文明"与"文化"。在经线与纬线的交汇点处，我们总可以发现关于很多建筑的"故事"，在两者的往复纠葛之间我们也可以发现结构与空间互动的一些内在的规律。很多研究都是沿着这样经纬交错的路网逶巡，寻拾大跨建筑发展的各样规律。针对大跨结构形态，目前更多的研究局限于狭义技术层面、创作理念研究和基于文艺理论的美学研究等偏重于形而上性研究，而针对其结构本质发展，深刻挖掘其发展显现背后内在规律的研究却极为有限。

本书拟从历史分析和实践研究的双重视角展开论述，研究意义可概括为以下三点：

（1）建筑设计理论方面的意义　本课题属于跨学科交叉研究的学术前沿，目前尚没有本研究方向的系统专著。本研究对大跨建筑结构形态建构的演变过程进行细致的梳理，对不同时期的演绎进行归纳和深入探讨，从中发掘出大跨建筑结构进化历史中某些规律性实质，分析推动大跨建筑结构形态演进的内动力，为当代大跨建筑研究架构一套具有可操作性的框架体系。

（2）建筑设计实践方面的意义　在具体的社会、文化和历史的图底中，对大跨建筑结构形态做出客观冷静的批判；采用辩证的视角，在大跨建筑往复震荡的历史脉络中把握其独特的内在发展规律，在规律语境中推导大跨建筑结构形态的发展方向，并尝试确定大跨建筑的设计创作和本体规律的方向坐标。对于提高平均创作水平，摆脱目前国内大跨建筑设计陷入的结构上乏善可陈、缺少创新的尴尬境地具有较大意义。

在新的时代背景下，在大跨结构形态日益丰富、多元的大环境中，对大跨建筑设计主体提出相应的改进策略，大跨建筑的设计从业及研究人员要比以往的各个时期都要具备建筑和结构学科知识的双重背景，更要将相关的更大范畴的自然学科、社会学科整合到自身的知识范畴和研究体系之中，工作方式也要从传统的线性循环设计模式向动态的多学科专业人员的团队整合模式积极转变。

（3）建筑批判理论方面的意义　"……技术上的、逻辑上的净化影响及其道义上的力量被人们遗忘了，最终，便将艺术上的失败似是而非地嫁罪于技术之上，这正是我们今天所处的地位。"

——C·西格尔：《现代建筑的结构与造型》[3]

OAP 的创始人，结构工程界的泰斗 O.Arup 同样说过一段令人深思的话："……我可以确切地说，人们在已经把自己想干的事情几乎都能够付诸实现，变得如此聪颖的同时，在如何选择正确的实现方法这一点上却变得后退了。"

近些年来，国内的很多大跨建筑的建设及评标似乎卷入了一个追求新奇、迷恋表现

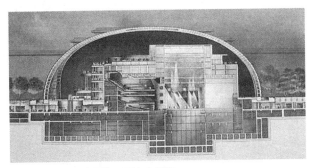

图1-6　空间网壳结构－国家大剧院

的漩涡，而且越是遇到大型的项目这样的现象就越严重，一些中小型的项目也受其影响，建筑的其他本体要素几乎被搁置在一边。每有大型项目的投标或者方案阶段，很多建筑师们首先考虑的往往不是功能的合理和结构的研发，而是先要给建筑披上一身华丽的外衣或拿捏一个矫揉造作的姿态来哗众，使广泛受众的猎奇心理在建筑本体意义的消解中得到病态的满足。这种建筑创作观念甚至影响了一批批来中国淘金的外国建筑师和设计大师们。近年来在国内的一些重大建筑项目，其中多数都属于大跨建筑或具有大跨结构，但最后采用的结构却不是最先进的形式，有些甚至是在几十年前就已经很普遍的形式。之所以用如此结构，往往就是为了简单地迎合建筑造型的需要而已。不能否认在诸如国家体育场和国家大剧院（图1-6）这样大型的项目中，同样有着很多技术创新点和让人眼前一亮的设计构思，例如新设备的整合、新材料的应用，但是我们看到"鱼"的时候却忽略了"熊掌"，这不能不说是一种遗憾，而这样的遗憾背后被遮挡的是巨大的代价。

反观国际上基于大跨空间结构建筑的研究，和我国目前的建设现实相比所呈现的是一种科学理性的态度，其间又以欧美和日本的研究为最（在国内外研究现状及分析部分有详细论述）。

大跨建筑的精品创作需要设计师和工程师的紧密合作，不断地研究和突破，超前的、追求最佳的材料及结构方法是有其必要性的，这样才可避免结构形态创作的程式化、流于泛泛，如人像摄影中摆出造型、披一层纱等用较为过时的结构以及牵强附会的装饰来摆拍出一些矫揉的姿态。

所以，从建筑学角度切入，尽早地进行在大跨结构形态上的深入研究工作，有着社会现实和学科完善的双重意义。一方面，研究可以使我们明确此领域的研究，不能单纯地等待结构工程师和专业人员的开发和研究，建筑师也要积极地参与到其中去，甚至要起到更大的作用，从空间形式的确立，材料及结构的运用，到具体的节点设计和产业加工，如果没有建筑师的积极组织和参与，一个有着"美感"与"情感"的作品是难以实现的。另一方面，国内对大跨结构形态的研究屈指可数，而这一研究切入点和成果在国际上已经前行得很远，此研究工作就更显迫切。按照亚伯拉罕·马斯洛的需求层次理论和大跨建筑对应的功能类型，大跨建筑不同于普通的建筑需求层次，它是需求层次金字塔上较高段位的归属，它既非源自最基本的需求层次同时又要满足基本需求层次的要求，而对其的批判也不应仅仅停留在审美需求层次及其以下的平台之上。"高级需求和低级需求具有不同的性质",文化概念亦应该沿着"协同作用"的方向改变——"文化可以是基本需要的满足者,而不是需要的禁锢者"。我国大跨建筑目前难以在结构上有所突破,从某种角度来说,我们目前的舆论与批判导向难辞其咎,这样的情况也是由某种程度上我们没有建立和完善大跨建筑的研究及批判体系,只能停留或依靠于文艺理论及美学理论的原因造成的。同时,在经济增长过速的情况下,大型项目的建设难免受到社会上随之滋生的浮躁求奇的心理左右,一步步导致大跨建筑的研究与创作逐渐脱离其本体规律并抹杀了其自我实现的要求,以至于出现今天恶性循环的正反馈现象。基于此,对大跨建筑结构形态进行演进规律的研究,有助于完善基于大跨建筑的批判理论体系的架构,有助于提供正确的建筑理论引导未来的建设和提供完善的批判依据,将目前设计研究和创作中的正反馈转化成一种良性负反馈机制。

1.2 实践研究现状及文献综述

关于大跨结构轻型化这个研究课题,很多国内外业内人士都有着隐约的认识理解,一定程度已经形成了一种共识,甚至一些建筑师的作品也都在以其为设计主旨。但是并没有作为一个课题立项被明确提出,本文拟通过明确这一研究方向,建立起系统性的研究体系,并通过建立的体系框架,对既有作品和设计理念进行归类,完善体系内容与支线架构,以期对之后的大跨设计研究工作起到有益的引导辅助。

当今国内外的建筑实践差距在渐渐缩小,至少在体系选择上,可以看到技术制约较大的柔性结构、混合结构在国内的大型建筑建造中也每有采用,其中不乏精品。至少在理论方法与结构计算方面,国内已有一些院所和高校完全有能力承担这些体系的设计任务。我们所欠缺的,是基于建筑学维度的具体结构形态设计创新,加工、施工技术的提高,以及建筑学、结构工程双方合作,将建筑形态与结构形态同步设计的新机制。如果按照传统的方式"建筑设计、配套结构设计",这样是很难促成结构形态创新的作品。

1.2.1 国内

在我国,虽然作为一个研究课题未曾被明确提出,但是作为一个实践性强的研究,大跨结构在相关领域与实际工程建设中却有颇多成果。尤其是建筑专业、市场国际化以后,国内与国外的交流、合作更为频繁,一些最新的国际研究成果也没有时滞,可以很快地被国内学界与建筑界吸收研究。而我国是目前世界上大跨工程实践与兴建数量最多的国家,一方面反映了发展"过快过热"的社会性问题;另一方面我们也应看到这是一种机遇,给国内业界学界带来了极为难得的自我提高的机会。

1.2.1.1　实践研究

20世纪80年代以后，国内的大跨建筑建设进入一个加速期。这个时期的大跨建筑相对于之前的国内建筑有所创新，无论是在结构形态上还是跨度实现上都有所突破。但同时需要承认这些技术和形态的创新在一定程度上是吸取了国外的成功案例经验，其中很大一部分是来自近邻日本。例如亚运村的游泳馆是吸取了日本代代木体育馆的设计经验，亚运会石景山体育馆（图1-7）采用的是和日本驹泽体育馆等类似的空间扭壳结构形态，朝阳体育馆（图1-8）采用的是"悬索＋边拱"的混合式悬挂体系。由于亚运会等赛事的刺激，体育建筑是这个时期发展最快的大跨类型建筑。这些场馆形象优雅，结构形态与建筑形态的契合度很高，是建筑设计与结构设计俱荣的典范之作。1990年代，空间网壳结构得到较为普及的应用，大量的体育场馆、会展建筑、交通建筑多采用空间网架体系。空间网架体系结构技术较为成熟，在国内已经有相当程度的研究基础，无论是在结构设计、计算还是在施工方法上，都有一定的技术积累及科研力量。到了2000年前后，以张力为主的杂交体系、复合体系逐渐被引入到大型公共建筑的结构选型之中，例如较新的大型机场航站楼、火车站、会展建筑、部分奥运会及部分省市地区的大型体育建筑等，都引入了张力承担主要结构作用的结构构件，同期一些大型的开合结构也有实现。与国际接轨的步伐正在加快的同时，应该看到的是，国内的建筑形态创新以及结构形态应用多是亦步亦趋地模仿国外的新建筑、新思路。这样的模式和20世纪60、70年代的日本极为相像，其同样也是经过模仿、积累，然后在一定的契机下促成了自主创新，最终实现在世界范围内领先的目标。

而教育输出的回报也渐渐显现效果，很多留学回国的人才也将国际设计的新思维与设计工具逐渐引入国内市场。另一方面，建筑的国际交流日益频繁，也打破了原有的明显阶梯格局，很多国外的新设计方法和形态创作思路都会很快地引入到国内并被"破解"。我们现在的局限在于，还没有完全摆脱创作机制的固定和僵化带来的时滞性。同时，广义的多学科协作性研究还无法真正的建立起来，多数实验室与实验性研究还停留在大

图1-7　亚运会石景山体育馆

图1-8　北京朝阳体育馆

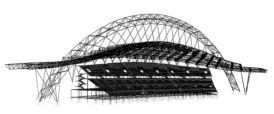

图 1-9　大面积天窗 – 蒙特利尔奥林匹克体育馆　图 1-10　大悬挑 – 锦州滨海体育中心体育场

建筑学范畴内的协同，例如建筑、规划、结构、设备等专业；而与计算机、机械、材料等专业等"跨行业"的专业协作就相形见绌。从而导致国内运用软件、跟随标准与趋势的能力强大，但是开发适用自身研究的软件、制定标准、形态开发的基础性实验的能力与条件却相对落后。

　　而从"轻型化"的层面来观察，在 20 世纪 80 ～ 90 年代的总体趋势是结构的单位面积自重在逐渐减轻，越来越"轻质"，而结构置换与新材料的逐渐投入，也使得建筑创作表现手法随之变化。从形态上讲，屋盖结构渐趋轻薄，天顶采光面积渐趋增大（图 1-9），悬挑部分渐趋自由出挑（图 1-10），支承构件渐趋纤细考究等，都是建筑结构表现越来越"轻态"的反应。但是 2000 年以后，很多新的设计工具与形态思维的涌现，让国内大跨创作一定程度上产生了"不适"：虽然主流依然是轻型化的张拉强势发展，但是也常有"标新立异"的建筑出现，其背后往往是高昂的结构代价。从文化多元性的角度来看，再怪异的建筑、再奢侈的结构也有其道理，但是从理性科学发展的角度出发，多数的大跨建筑应该走一条高效能与高情感相结合的轻型建构之路。可喜的是，在"体育、会展热"之后，无论是业界还是社会上，都在对有些"失控"的"求大求异"有所反思，理性正在回归平衡。

1.2.1.2　文献综述

　　在国内的理论文献中，以"大跨建筑、结构"为题的理论成果多见于结构专业，一方面是由于建筑学方向的学者多以研究"空间"为主，大跨建筑的相关论述必然多见于结构、设备和建筑安全相关领域的文献；另一方面，虽然以"大跨"为题的建筑理论研究相对有些数量，但也十分有限，这反映了我国在建筑学领域对大跨建筑、结构形态研究力量的不足，从这个侧面也反映出造成我国难出大型建筑精品的一个重要原因——缺乏足够的理论与智力支持。对于大跨建筑的形态研究多停留在类型建筑的层面，例如体育、会展、博览、交通等专项建筑的研究文献中，会有部分说明建筑的结构形式，对大跨形态的专述却不多见。最早的系统性论著有吴海遥的《人类扩大室内空间的成果——

大空间结构》（1986，根据其硕士论文《外国建筑技术史》改写）系统地梳理了大空间结构的历史发展，并总结了一些大空间结构的发展规律，对一些建筑教训也进行了批判，并提出修正。刘先觉先生的《当代国外大跨度建筑的新动向》（1997）则从横向角度介绍了国外大跨建筑在当时的最新进展与发展倾向。李晋、刘德明的《大空间建筑的形式创作规律初探》（2000）、《地域气候与大空间张拉膜结构建筑的形式创作》（2001）、《大空间张拉膜结构建筑的形态构造技巧》（2004）等从结构形态创作入手，进行较为严谨扎实的形态研究，并且得出有实践指导意义的结论。史立刚、刘德明的《形而下的真实——试论建筑创作中的材料建构》（2005）一文中着重从大跨建筑的理性建构着手分析论证，提供了当今大空间建筑材料建构理论依据，是国内的大跨建筑理论的一个有益的补充。而沈士钊院士的《大跨空间结构的发展——回顾与展望》（1998）主要对大跨建筑空间结构的形态分析理论、大跨柔性屋盖的动力风效应、网壳结构的稳定性和抗震性等问题的研究提出了看法，虽然此文是从结构专业的角度来行文组织的，但是对于今天的大跨建筑发展仍具有高屋建瓴的引导意义，为本书的研究展开也提供了更开阔的视野。这些最新成果使本研究能够在既有类型的理论平台上得以综合提炼并升华为大跨建筑发展的共性理论，当然这些文章中不可避免地留有时代所特有的或偏于定性研究的烙印，又是本书所要努力超越的。

　　正式出版的大跨建筑理论著作同样屈指可数，大多数亦为相关功能类型建筑的专著或者结构及设备专业的著作。梅季魁先生的《现代体育馆建筑设计》（1999）是国内体育建筑研究的扛鼎之作，其中一部分篇幅针对体育建筑的结构选型与结构形态的类型进行了整理归纳，对体育建筑的形态创作手法论述也极为详尽，对其他类型大跨建筑的形态创作亦有裨益。由梅季魁、刘德明、姚亚雄三位老师合著的《大跨建筑结构构思与结构选型》（2002）是国内大跨结构形态创作研究的经典作品，该书从建筑学的设计思维入手，对大跨结构选型与形态设计的整合构思提出了系统的见解，为本书的深入研究起到了引领的作用。刘锡良编著的《现代空间结构》（2002），张毅刚等编著的《大跨空间结构》（2005），以及由陆赐麟、尹思明、刘锡良三位先生所著的《现代预应力钢结构》（2007），从建筑结构领域对大跨空间结构建筑进行了系统分类与专项研究，对一些新型柔性结构、混合结构也有详尽的分析和计算，证明我国学者已经有能力独立完成一些最先进结构的设计任务，目前我们所需要完善的是促成建筑师、结构师的合作设计，以提供创造优秀大跨建筑与结构形态设计的条件和机制。

　　大跨结构形态领域正逐渐受到关注，相关领域涉及"大跨"、"大空间"内容的建筑学博士论文也在近几年才有缓步增加，但仍待逐步完善，同时一些相关的硕士论文也从不同的维度对大跨建筑形态与结构形态做出探索，对笔者的研究有借鉴价值。2000年以后的论文有：哈尔滨工业大学李晋的《大空间张拉膜结构建筑的形式创作研究》（2000），该文从结构、单组构、审美表现等方面对张拉膜结构应用规律与创作方法进行了探究；哈尔滨工业大学郭兀的《大空间公共建筑空间形态演变研究》（2001）通过对大跨建筑的发展演变形态和特征进行比较，提出了制约、控制大跨形态发展的一些规律；华中科技大学杨锦的《大空间体育馆建筑节能及其性能模拟分析研究》（2003）从建筑形态、朝向、自然的采光与通风方面进行了模拟实验研究，以辅助生成优化的建筑与结构形态，定性与定量相结合的理性研究为经验强势的国内建筑学研究体系开拓了研究领域；武汉理工大学邓中美的硕士论文《大跨度建筑的空间形态与结构技术理念探析》（2003）从结构形态与空间形态关系切入，讨论了如何用结构技术理念对大跨空间结构形态设计进行完善；哈尔滨工业大学赵军的《大跨建筑中张拉结构的艺术化应用研究》（2009）开始介入到结构形态轻型化课题的研究，对以混合张拉为主的大跨结构构思和造型问题进行归纳，初步构建了张拉结构的艺术化建构理论。虽然这些论文与本课题的相关性程度不一，但都在一定程度上触及到了大跨结构形态的研究内容，其中的一些观点对笔者的研究也很有启发，虽然针对轻型化与轻型结构等内容没有在题目中体现出来，但是已有部分内容对大跨结构的轻型"追求"作出思考，一些切实的轻质结构创作方法也被提出，虽深度有限但方向已然明确。

相关的博士论文介绍如下：哈尔滨工业大学吴爱民的《金属结构建筑表现形态研究》（2002）从材料结构的角度入手，对金属结构的历史进程、形态特征、技术发展水平、设计思想和美学趋向进行了分析，在这些内容的论述中有和本课题相契合的成分；哈尔滨工业大学陈剑飞的《会展建筑研究》（2005）中对会展建筑功能、形式、技术、经济进行研究论证，其中关于形态与技术、经济等相关领域的思辨，对于全类型的大跨建筑设计具有通用性；同济大学胡仁茂的《大空间建筑设计研究》（2006）将大空间公建作为整体来研究，剖析了大空间建筑的本质特征和规律，探讨了大空间建筑的空间建构及其设计理论；哈尔滨工业大学陆诗亮的博士论文《体育场馆建筑创作与建筑技术》（2006）以建筑技术为研究对象，论述了当前体育场馆建筑创作中建筑技术运用的问题，提出了体育场馆的技术创作原则和技术的"整合的价值观"，对具体的类型建筑创作及研究具有较强的现实意义；哈尔滨工业大学史立刚的论文《大空间公共建筑生态化设计研究》（2007）属于交叉学科的横断研究，重点阐述了目前大空间建筑创作中的生态化趋势，其搭建的大空间生态化设计的系统理论与本课题的轻型化属于建筑本体规律的两种不同表现，这两种规律又相互渗透，互为补充和支持；同济大学刘宏伟的《大跨建筑混合结构设计研究》（2008）的研究核心"混合结构"与本课题中的轻型化结构同出一辙，混合结构属于本书中当代轻型转型中最为常见、变体组合也最多的一类刚柔杂交体系，文章对其进行了家族式的体系划分，对混合结构的美学范畴进行了深入研究，系统性地提出了混合结构创作手法与分支模式。同济大学徐洪涛的《大跨度建筑结构表现的建构研究》（2008）从 5 个层面对大跨结构理论、历史、物质、情感与文化、设计操作展开研究，将"建构"理论与大跨建筑创作融合，提出了大跨建筑理性表达与诗意建构并重的结构表现观，与本书研究的内因外显部分具有部分观点的一致性。

以上总结难免挂一漏万，综合来讲，目前尚缺乏较为系统的基于建筑学视阈的大跨建筑形态整合性理论研究，由于大跨结构对相关学科和专业基础的要求较高，硕士论文研究触及有限，已有的研究中只有博士论文对此领域课题的研究有实质性系统化深入，而非停留在经验总结的层面。过粗的理论谱系已经影响到当前时代大量相应建筑项目的设计品质，它们往往"徒有其形"，设计师对于形态背后的"义理"却不甚了了，得其形而不得其意，就会导致出现不合逻辑常识性的"乱搭"，暴露的是创新能力缺失的事实。要扭转这样的尴尬，需要尽快深化完善大跨建筑结构形态的创作理论基础，保持敏锐的观察和持续的研究，拓展刺激形态发展的诱因范畴，从多领域汲取营养，以滋沃其生长基础以及创作发展空间。

1.2.2　国外

在国际上，关于大跨建筑的结构理论成果颇丰，但是和国内近似基于建筑学的理论出版物数量有限，大多是将设计理论寓于工程实践之中，或者是针对具体的建筑类型和设计阶段的相关作品集与作品综述。

1.2.2.1　实践研究

日本是一个注重技艺传统与建造术的国度。大跨建筑是建筑工艺与建造技术的集大成者，因此日本对其研究与开发的程度也十分深入细致，在很多相关性的研究中，如构造、施工、建造控制、形态试验、教学、抗震研究、开合结构、叠层木建造等方面，都处于国际领先的地位。早在 1964 年落成的东京代代木体育馆，为丹下健三和日本赢得第一个普利茨克奖奠定了基础，也奠定了日本大跨建筑在国际研究及建造领域的地位，日本的结构工程实力也以坪井善胜为代表的工程师们的进取得到了证明。这个时期的日本的大跨建筑设计也对我国的体育建筑设计产生了较深远的影响。20 世纪 80 年代中后期，"张弦梁"的概念就首先由日本学者斋藤公男（M.Saito）提出，在今天已经成为完备的结构体系家族，有很多的变体和衍生，甚至在 2022 年的卡塔尔世界杯赛场（图 1-11）的设计中同样可以看到环索屋面（一种环布式张弦梁整体结构）的身影，一定程度上证明这类结构的先进性。张弦系统可以用于强化很多已有的结构体系，除梁外，柱、拱、推

图 1-11　卡塔尔世界杯赛场的环索屋面

力网格、膜屋面等都可以采用张弦或弦支的措施得以加强，同时也丰富了结构形态。而弦支的逆向弦吊系统适用于柔性结构，如弦吊膜结构也是在日本首先实现。初云穹顶、飞翔鸟穹顶、穴生穹顶（图 1-12）等作品已经成为国际工程界的典范，启发了很多后续的作品。川口卫则提出了具有世界影响力的弦支穹顶（图 1-13）与攀达穹顶两种体系，弦支穹顶是一种高度张拉化的混合体系，在实现低自重的同时，亦确保了结构刚度，这种体系已在我国近年的实际工程中有所应用；攀达穹顶在结构设计与施工方式上都具有划时代的意义，也拓展了大跨结构在轻型化转型之后的建造能力，它的顶升机制可以大大缩减施工工期，是一种有效解决设计周期短与设计质量之间矛盾的途径。

　　欧美则有着很好的技术与科学背景，张拉化技术在 19 世纪前后就已有所应用。但在富勒（图 1-14）与奥托（图 1-15）提出张拉整体与轻型建筑、自然设计之前，张拉化技术在建筑界应用有一段沉默期。期间有奈尔维、托罗哈等结构工程师的建筑设计引导大跨建筑的发展走向，也是他们理性追求和美学修为让人们看到了结构表现的可行性，也让人开始逐渐接受并认识到理性建构的过程和结果是有其美学意义的，这也大大拓展了建筑的美学范畴。在富勒的"拉力海洋与压力孤岛"的理论导引下，里维与盖格尔体系的索穹顶设计相继取得了专利并有十余座作品问世，虽然这是目前空间结构技术的最高水平，但是由于实现的技术难度大，缺乏普适性，因而在现阶段一些折中的方案逐渐普及，同样取得了很好的效果。虽然结构效率有所降低，但是调整结构体系的刚柔比率，采用适度的阈值才是有利于建筑实现的最优化方案。而富勒的测地线穹顶则引发了全世

图 1-12　日本北九州穴生穹顶

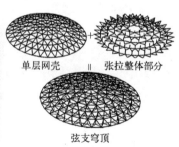

单层网壳　＝　张拉整体部分

弦支穹顶

图 1-13　弦支穹顶结构组成示意

图 1-14　富勒与耶拿天文馆

图 1-15　奥托与张拉膜结构

图1-16　滑铁卢车站结构细部　　　　　　　　图1-17　柏林中央火车站

界对于格构壳体的青睐，这也是20世纪中后期壳体结构风靡世界的一个契机。奥托与施莱希则是欧洲倡导轻型结构的代表人物，奥托推动了现代帐篷结构的发展与普及，张拉膜结构与形态发展于今天依然是大跨建筑的一个主力军；施莱希则侧重于以"索"为核心的各类结构形态创作。两人也同时强调了轻型结构对于促进政治、文化健康的积极意义。慕尼黑奥林匹克体育场就是他们合力打造的经典。除了这些理论与实践家，我们可以看到，活跃在世界大跨建筑领域的一些明星建筑师与设计机构也无不是有着深厚的结构背景，或是在工程设计中与顶级结构设计师和设计机构保持着密切的合作关系，如英国的阿鲁普（O.Arup）结构设计事务所曾与R·皮亚诺合作关西机场，为N·福斯特设计的雷诺中心以及斯坦斯泰德候机大厅做配套结构设计；格雷姆肖设计的滑铁卢车站（图1-16）与GMP事务所的柏林中央火车站（图1-17）都采用不同形制的索拱体系，巧妙的反弯点利用与弦支单元的内外变化显示的是设计者对于结构的驾轻就熟的游刃能力，此二建筑也是在各类教科书中被反复用于引证的经典案例；S·卡拉特拉瓦就是一位有着建筑、结构双重背景的设计师，对于结构的谙熟使得他在创作中时常采用夸张化的结构形态，将不同性能的材料制成一种性能极致化的构件形态，利用强烈的对比和序列，控制人的感知节奏。

通过对国内外的实践观察可以得出，若要在大跨建筑设计的市场竞争中取得优势，除了考虑建筑的功能、设备等要素，结构形态的创作对于建筑形象的塑造与信息传达至关重要，这也是建筑可以"打动人"、与人情感联通的一个重要渠道。在深入了解一个建筑之前，人的视觉感知对于人认识建筑占了绝对的比重。好的结构形态不仅能够传达美感，同时还能传递认知共鸣，这样的共鸣来自意识深层的理性认知逻辑。对结构形态的研究进行拓展和深入，不仅具有学术意义，也是设计机构提高自身市场竞争力的必由之路，也是国内大跨建筑创研工作需要从国外学习和吸纳的紧迫要务。

1.2.2.2　文献综述

日经建筑的《穹顶建筑的全部》（1997）从建筑、结构及多专业配套技术出发，总结了日本各类穹顶建筑的案例与建造技术，并对一些创新的构造技术进行了深入阐述，是一本技术性的综合手册，对于指导具体的大跨设计有很强的参考性。Kazuo Ishii 的《开合屋盖结构设计》（2000）通过对开合屋盖案例比较研究，从建筑、结构、驱动机制角度深入剖析了开合结构的机制设计与结构对应，进而提出了开合屋盖结构设计的指导原则，为大跨开合结构可变适应性提供了有益探索，也从一个侧面说明轻型结构可以带来建筑的机能拓展，新机能也要求结构形态做出相应的适变。由日本建筑构造技术者协会（JSCA）编纂的《日本结构技术典型实例 100 选》（2005）中有 1/3 以上的内容为选用大跨空间结构案例，分别从设计、材料、做法、施工等方面甄选，这些案例具有不同年代、不同用途、不同结构类别，社会关注度高，同时也都是采用了当时具有革新性发展的结构技术。以上三本书都是偏重于结构技术与具体建造施工的介绍，通过不同的年代案例比较，可以看出日本的空间结构起步早，研究较为系统，对一些新式的结构与建造术的开发十分积极，对新型材料使用与对应建构方法的研究也很多，这与其重"技艺"的历史传统不无关系。斋藤公男先生的《空间结构的发展与展望》（2003）是关于空间结构的历史、杂论、案例与理论等综合性著作。他将大跨空间结构分门别类地梳理，深入探讨了大跨建筑的结构优化与系统组合问题，对一些结构形态的设计方法和研究课题进行了系统归纳与详细的阐述，并用一定的篇幅重点介绍了日本大跨建筑技术的实践和相关基于建筑教学的实验（这是我国建筑界以及建筑教育上所严重欠缺的），对建筑师的结构构思极具启发性，也是启示本文课题确立的重要理论来源。Marcus Binney 的《航空港建筑》（1999）和 Hugh Collis 的《现代交通建筑规划与设计》（2003）则廓清了以航空港、火车站为代表的现代交通类大跨建筑人性化、精致化、结构形态多元化的发展态势，并佐以大量值得借鉴的大跨工程典例。Annette Bögle 等人编著的《轻·远》（2003）系统总结了著名结构大师约格·施莱希和鲁道夫·贝格曼的轻型结构优化思想和设计探索，展示了当今建筑空间结构发展最前沿的设计理念与结构形式，令人耳目一新。以高桥鹰志为委员长的日本建筑学会建筑设计资料汇编委员会编著的《建筑设计资料集成 [休闲·住宿篇]》（2006）中，"休闲"系列部分（仙田满执笔）简要介绍了一些世界上极具影响力的大型体育设施的结构和历史变迁，尤以介绍曲面的穹顶建筑为主，可以看到不同年代跨度和结构的发展与选择变化，资料翔实，具有很好的参考意义。

随着大跨结构形态研究的趋热，近年来一些纯理论性出版物也开始相继出炉。新西兰学者 A.W.Charleson 所著的《建筑中的结构思维》（*Structure as Architecture——A Source Book For Architecture and Structural Engineers*，2008），以大量结构与建筑形态高度统一的建筑设计案例为依托，探讨了结构美学的营造理念以及如何将大型结构设计融于建筑设计阶段的可能，对当今的大跨建筑设计深度进行发掘，提出强化建筑师与结构师无间合作的整合效应的执行流程，其文章观点对本课题具有建设性意义。Martin

Bechthold 的 *Innovative Surface Structures—Technologies and Applications*（2008）单从"表皮结构"的创新技术与应用的角度（一个很有新意的研究方向）进行探讨，和本书的部分研究观点也有相近之处。大跨建筑的轻质建构，可以使表皮更具表现性，同时一些表皮结构也和屋盖结构相统一。轻型转型的大跨结构不仅仅在结构能力的方面要有长足的进步，对于表现性同样不能缺失，甚至比以往更要强调突出结构自身的表现能力。但 Martin 的研究更多地倾向于在技术理性的层面来阐述设计建造方法，以及形态的生成与形态设计的建筑学内容。弗兰姆普敦在《建构文化研究》（2007）就曾批判"纯工具理性主义"可能带来的"失魅"危险，他提出"成为现代又回归本源"[4]的观点，强调了理性建造不能只关注在纯技术挑战，还要注重同为建筑本源的艺术性，这也是轻型化大跨建筑的一个重要特点，在理性建造的基础上兼顾美学与艺术的表达。D·萨迪奇的《权利与建筑》（2007）则是一本独辟蹊径的论著，作者从权利、政治等社会因素讨论了大型建筑形态的社会心理建构，以及不同形态的体验与象征意义。萨迪奇使我们意识到，一些社会因素对大跨建筑的选型与结构选择的影响远比我们想象的要大，结构形态"轻"与"重"显现，有可能意味着不同政治文化的内容。Bjørn Normann Sandaker 的 *On Span and Space：Exploring Structures in Architecture*（2008）则全面系统回顾了现代空间建筑以及结构与空间沿革与逻辑关系的各种演变，里面有很多历史性、思辨性的内容，对于空间结构演绎沿革的探究很有深度，理清了结构形态与多种建筑要素之间的关系，虽然对当代建筑设计影响有限，但是对结构形态的刺激因素与其在多领域的物质与非物质呈现都有着很清晰的逻辑关系说明，对于本课题的研究框架搭建具有工具性的帮助。比尔·阿迪斯的《创造力和创新——结构工程师对设计的贡献》是一本由结构工程师撰写的供建筑师、结构师共同阅读的作品。作者强调了大型建筑团队合作的重要性，若单由建筑师作为主导，则很难实现同样富于创造力的结构精品。不仅对建筑师，同时对结构工程师提出了要求，当他们对彼此的领域有所渗透和通汇协作的时候，结构设计才可能成为一门艺术，这也启示我们在大跨建筑的结构形态最优化探索中，通过纯美学直觉与计算公式都无法完成构思，但"用少做大"[5]的优化过程自身就是让人迷恋的一种极致美学追求，这也是轻型化的美学意义所在。

1.3 课题的研究内容

1.3.1 概念范畴

进行课题研究，首先要明确"大跨建筑"、"结构形态"、"轻型化"三者的界定与范畴。虽然这些概念已有相应的定义或研究基础，但当它们组合在一起的时候，彼此产生新的关联影响，相应的范畴也有所调整。尤其有些概念原有定义就较为模糊，那么对它们重新划归界定是确立明确研究对象与理论落实的基础。

1.3.1.1 "大跨建筑"考据与再界定

结构的跨度值是大跨建筑的传统衡量指标——"大跨度结构"指横向跨越 30 米以上空间的各类结构形式的建筑❶。关于大空间建筑则常被定义为"屋盖结构跨度在 80 米以上的建筑,在这个概念的范围内,有一些建筑如体育、观演、会展、交通建筑等,由于功能要求,要求内部空间必须是完整的无柱大空间,这些建筑称之为大空间建筑"[6]。但是这样的定义只能算作大跨与大空间建筑的诠释性定义,而不能算是严格的概念定义,因为其文字叙述的内容缺乏逻辑的自洽性,不够严谨;而 80 米的数据由来也缺乏足够的论证,只是来自部分案例的量化统计,对于 80 米以下的无柱大跨度结构空间的归属缺乏指向。而按照行业内日常的分类方式,很多中小型体育场馆、观演建筑和交通建筑的结构跨度多数都没有达到 80 米,但是他们仍被算在大跨建筑的范围之内,其分类方式缺乏足够的现实依据以及合理性。

而国际上也一直没有关于大跨建筑的"定量"的定义,多数的定义都停留在"定性"的层面上。因为大跨建筑涉及的要素是多方面的,无论是跨度,还是实现跨度的材料以及建构的手段都是多元化的,我们不能用钢结构可以实现的结构跨度来作为砖结构和木结构的标准。而且时至今日,很多不同物理性能新材料被陆续开发并投入到实际的工程应用之中,尤其是作为结构的材料,在于今天更趋于材料复合化和构件的精巧化(这个现象可以看作轻型化的衍生现象),每种材料对应的可以实现的跨度突破都是不同的,对于这样的技术突破,不能按照一成不变"放之四海而皆准"的标尺来衡量。例如德国的耶拿(Jena Planetarium, 1924)天文馆(图 1-18)——作为第一个现代意义的壳体作品,其跨度(25m)甚至小于古罗马时期的万神庙(Pantheon,跨度直径 43.43m),但其是在纯科学结构理论指导下设计完成的现代第一件空间结构作品,因此在大跨建筑的历史书写下了重要的一笔。天文馆的穹窿壳厚只有 60mm,其跨厚比达到了 116 : 1。流行世界的壳体结构中的钢筋按理论上的主应力线布置的方法,是蔡司·迪威戴格(Zeiss-Dywidag)专利,为广泛使用薄壳结构开辟了捷径。如果单纯地按照今天的技术水平和既有的文字来定义,耶拿天文馆还不及 30m 的规范下限,但其产生的启示意义和对后来薄壳的发展产生的深远影响又岂是大跨建筑的跨度所能涵盖的。再比如日本的岩木市林业博物馆(Woodpia Iwaki Museum)(图 1-19)是一栋以展示当地支柱产业——林业的技术和现状为目的的展览建筑,建筑的性质决定了该建筑必然大量地采用当地的木材作为结构和室内设计

---

❶ 参见《中国大百科全书:建筑园林城市规划》中"大跨度结构"词条。大跨度结构多用于民用建筑中的影剧院、体育馆、展览馆、大会堂、航空港候机大厅及其他大型公共建筑,工业建筑中的大跨度厂房、飞机装配车间和大型仓库等。

图 1-18　耶拿天文馆

图 1-19　岩木市林业博物馆

的主要材料。主体结构由大直径的圆木构成,跨度为 16m,这对于天然木材料(非集成材)来说是一个不小的数字，尤其是还要和钢索、纤维膜结构而成的屋面系统构成稳定的复合结构，在天然木材的技术上是一个突破性的进展，对于以后利用天然木材建构大跨结构具有很好的示范和实验意义。就其对应的博物馆功能来说，其建构也具备书写大跨结构空间的语言性；从研究角度看，也不应拒之于大跨建筑的门槛之外。

　　"大跨建筑结构"对应的英文为"long-span structure"或"large-span structure"，但国际上对其讨论基本是在基于结构学计算和实验分析的范畴之内，近年来比较权威的建筑学范畴之内的相关文献论述是苏格兰爱丁堡大学(Department of Architecture, University of Edinburgh, Scotland) 的建筑学教授 Angus J. Macdonald 所著的 *Structure and Architecture* (Second Edition, 2001) 一书中关于"long-span structures"的章节❶。MacDonald 认为，当实现跨度技术因素突出足以作用于建筑的美学讨论范畴之内的情况下，就可以认为其为大跨建筑。当然，这只是 MacDonald 所认为的一种诠释角度。但他相对简单的叙述却颠覆了国内建筑界对于大跨建筑的教条式的定义风格，开拓了我们认知大跨结构的思路。大跨建筑的所指不仅仅是建筑跨度的量度,同时"大跨"一词所能反映的是技术审美层面上更为丰富的意味。单纯地将大跨建筑解构成"大"与"跨"，于技术、理论与工程实践都已经取得相对斐然成绩的今天来说，并不是一种与时俱进的态度。

---

❶ 原文如下：When is a span a long span? One answer is: when, as a consequence of the size of the span, technical considerations are placed so high on the list of architectural priorities that they significantly affect the aesthetic treatment of the building. The technical problem posed by the long span is that of maintaining a reasonable balance between the load carried and the self-weight of the structure. The forms of longest-span structures are therefore those of the most efficient structure types. In the pre-industrial age, the structural form that was used for the widest spans was the masonry vault or dome.

　　MacDonald 在其后的论述中还提到："维系荷载传递与结构自重间合理的平衡是实现大跨要解决的技术问题，因此跨度最大的结构形式往往都是那些（传力）最有效的结构类型。在前工业时代，用于跨度最大的结构形式就是石构的 vault（拱顶）或者 dome（穹顶）。"其中"dome"一词的法语词源为"dôme"，意思为"穹顶、大教堂"；意大利语词源为"duomo"，意思为"大教堂"；拉丁语词源为"domus"，意思为"房屋，人类的住所"；古英语中，"dome"还具有"雄伟的建筑物"的含义；可与 domus 联系起来的民居在叙利亚和巴勒斯坦有圆盖结构的住居形式。这个词属于先有形式，然后生成概念，再然后人类的创造力本能不断追求规模的扩大与精致，寻找象征性的价值，最终穹顶成为宇宙或神的住所的象征（典型的如万神庙和教堂）。在今天，"dome"（图 1-20）一词往往用来指代大型的体育建筑（此类型建筑多被译作"穹顶"、"巨馆"），尤其是尺度在 150 米以上的超大规模建筑，但其平面形式已不限于圆形。因为追求"更高、更快、更强"的体育运动精神与人类追求的终极意义相一致，所以"dome"一词的意义才得到了继承和扩大——凡是当代冠之以"穹顶"之名的建筑，几乎都是结构技术先进，跨度也远超常规大跨建筑的数值。通过对"dome"一词的探源，不难了解到，大跨建筑的起源并不是基于满足人类"庇护所"的基本需求层次的需求，而是源于更高的精神需求层次，这种精神需求体现在对美的追求和信仰的追求之上（这两点也是统一的）。

　　综合以上介绍和讨论，可以得出不能给予大跨建筑一个"过于"精准的定义的结论——任何一个尝试给出大跨建筑精准定义的行为都是不够严谨和科学的。我们可以，似乎也只能对大跨建筑进行一个定性的概念界定。据此，本书尝试着给出适合于当今建筑相关科学及专业的大跨建筑的界定范围：大跨建筑是一个动态的、开放的、相对的概念，它并不能用精确的数字作为量度［通常的国际划分是以 30m（100 feet）无柱空间跨度为指标的，但个别具有大跨建筑意义跨度却低于此的建筑也应划归在大跨建筑范畴之内］；同时由于新结构体系、新材料和新技术的应用，以及各种新情况的不断出现，大跨度相对可以实现的跨度值（相对于结构体系和材料而言）也在不断更新，并不存在

图 1-20　英国伊甸园项目的测地线拱顶

也不应该人为地为了定义而定义地设定"通用"的标准。本书支持 MacDonald 诠释大跨的方法，即实现大跨建筑跨度的技术因素同时是可以作用于建筑的美学范畴因素。

笔者认为，只有这样，才能将结构之"真"、功能之"善"、造型之"美"整合到一个意义范畴之内，即建筑的范畴。以往的界定似乎都是在分别界定结构与功能，也就是分别在界定"大跨"和"建筑"，然而单独列出这两样都不是健全的建筑——建筑必须是结构与功能的整合，同时还要具备美学的旨趣。

"大跨"与"大空间"的表述选择方面，本书之所以采用"大跨"，旨在强调建筑的结构演进于本书的意义，同时也是作为呼应"轻型化"这一概念的需要。若将"轻型化"作为谓语，其对应的主语部分应该是具有更多结构与技术含义的词汇，由此而见，"大跨"更为适合本书的内容与研究目的。而文章中相应的轻型化的概念也即对应于结构而言的。

1.3.1.2　"结构形态"之辨析与约定

哲学上的"结构"概念与功能相对，是系统内各组成要素之间的相互联系、相互作用的方式，是系统组织化、有序化的重要标志。物质系统的结构可分为空间结构和时间结构。任何具体事物的系统结构都是空间结构和时间结构的统一。结构既是系统存在的方式，又是系统的基本属性，是系统具有整体性、层次性和功能性的基础和前提。研究系统的结构和功能，既可根据已知对象的内部结构来推测对象的功能，也可根据已知对象的功能来推测对象的结构（《简明哲学词典》，323 页）。结构作为一个概念，发轫于西方哲学与科学的诞生期。概念的定义往往是刚性的、终结的，而结构却是开放的、生动的，构化结构与结构是同等问题。在动态系统里，结构就存在于每一整体与局部关系的无穷变数之中；局部可以表现整体，而局部的意义又由整体来决定。

一般的"形态"（form）概念是指事物外部的形状、外观及形式，和其构成的物质、内容或材质等相对❶。在有形的领域里，形态是物体实质在三维空间中的特殊分布状态。

在自然与技术中的物质形态各自以明确的方式在运作，它们均履行功能。在此背景下的功能不仅是机械的和器具的，并且是生物的、语义的与心理的，或者是单纯的，是实体存在的原因与结果。

特定的功能依赖于特定的形态。因此，如果形态被侵害或消灭，功能同样也会如受殃及的池鱼。因此在物质环境里，形态的保持是功能永存的先决条件。

每一个物质形态，即由该形态所体现的物体，必然受重力的作用。而其他力量的作用首先取决于物体的功能，其次是实体的特征与类型（articulation），最后是来自周边的情况。换言之，要让一物体及其自身的形态能存在，先决条件是使物体能承受上述的

---

❶　因而语言结构学上有这样一个观点：话语即使有着良好的论证（好的物质），但其风格、文法和排列（结构）却可能是不好的。对应的建筑结构也可作如是观。

那些力量。物体依靠自己的能力来应付并"承载"各种不同种类的力量，赋予这种能力的坚实度就是结构。

结构在自然与技术里所起的作用是，不仅要控制物体本身的重量，而且要接收外加荷载。承载过程的本质并非以相当外显的作用来吸收力量，而是以内在的工作过程传递力量。实体如果缺乏传递荷载及释放荷载的能力，则无法承载其本身的（静）荷载，也无法承受即使是较少的外加（动）荷载。

因此，结构整体上以三个操作顺序在运作：荷载接收—荷载传递—荷载释放，这个过程即"力流"（flow of forces）。力流既是结构尤其是大跨结构

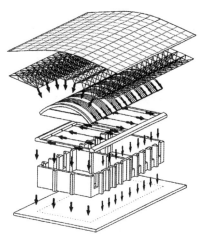

图 1-21　力流轨迹图示意

设计的基本概念的物化，也是结构形态设计的基本依据。力流轨迹（图 1-21）即传力的路径，因而它也可作为结构效率的衡量指标。

本书的"结构形态"范畴，从物理意义上说，令空间成立的根本是"结构"。根据结构形态不同，建筑的空间及形态产生变化，并决定了其性质。另外建筑的结构也具有有机体的特征，外部可视的形式及形状将根据很多支配因素的选择来决定出一个"解"。其生成过程可以说是相当重要的。这里的"形态"一词有着非常令人瞩目的出处。

所谓"Morphology"这一词汇起源于 19 世纪中期，是出自希腊语的"Morphe"（形态）与"Logy"（学）的综合（另一种说法"Form"是"Morphe"的反语"态形"）。它意味着生物学中的形态变化及组织体，它与"form"、"shape"、"type"及"configuration"等类似词语不同，有更深一层的细微差别。

而"结构形态"（Structure Morphology，本文中简称"SM"）一词首次出现在空间结构世界中大约是在1991年前后。以T·韦斯特为首的四人小组（Gang of 4-Huybers，Gabriel，Motro，Wester）发起成立的 WG.15（SMG）从那时起吸引了很多人参加，并开展了一系列的活动。韦斯特说"SMG 是时代的产物"，以其为背景出现了由于计算机的发展引起的设计行为的急剧变化。由于现代主义的流行使有魅力的结构表现主义丧失，在结构设计中出现了表现性的衰败等现象。SMG 的目标并不是编写标准及手册，它是着眼于与"结构形态"密切相关的材料、构造方法、施工方法及节点设计技术，并将焦点放在包括美学、成本、生态学的观点的综合性上。

结构形态学是基于结构形态的专门研究结构承重构件与形式之间的关系的学科，包含了形状、材料、荷载与结构体系四大要素，其研究需要建筑与结构的设计研究人员共同参与。也有学者认为形态是"形"（form）——结构的几何形体、外观形制，与"态"

(system)——结构的网格划分、构造组织的综合。并行于各类时代思潮的世界，我们可以发现"结构形态"的世界是更具有普遍性和说服性的。只有对"空间与结构的结合点"中存在的原理及创造的关心，才能在这里产生相关多学科合作整合机制的实质性的对话。

建筑形态与结构形态在设计中存在必然的辩证联系。建筑形态与结构形态在各种各样的情况中相适应。尤其在大跨建筑的设计中，有时在自由的建筑形态的构思中产生秩序，并被结构化处理；而在另一些场合以其合理性为基础的结构形态方案又被建筑化处理，并使其造型产生变化。既有强烈地意识到两者关系的设计，也有相互之间不受影响的设计。总之在决定最后一个"形态"的过程中，不断重复着"构思与选择"，因此必须进行相应的"验证与判断"——这也就是"设计"的过程。

为了创造出所谓视觉上的"形态"，结构形态所起到的主要构思有两种方式：第一种是"力学上的"形态，即由平衡形状与力流或者由形态抵抗而联想到的"形与力的结合形态"；第二种是"几何学形态"，其中最简单的就是球与圆筒，利用切割、倾斜、连接及相贯等拼接方式，可以展示出各种各样的变化形态。

1.3.1.3　"轻型化"范畴廓定与实质

在明确约定"结构形态"的范畴之后，本文所讨论的"轻型化"特指在结构形态范畴下的轻型化演变与转型。

从古希腊的毕达哥拉斯，到笛卡儿、康德、牛顿和莱布尼茨，都醉心于寻找一种数学美，即明确而清晰的逻辑关系，严谨而周密的理性精神，由此产生了重要的美学价值——"理性之美"。另外，人们从大自然中发现了以最少结构提供最大强度的系统，并由此产生了中世纪的"奥卡姆剃刀"原则（Occam's Razor）（图1-22）。奥卡姆是英国中世纪一位经院哲学家，他的原则中有一条，即认为在不同的理论竞争中，经过认真比较，诸理论中最简单的那个理论，就是比较美的理论，就能在竞争中取胜。也有人概括为"理论忌繁复"几个字。R·罗杰森说过，科学家"在构造一种理论时"，他采取的方法与艺术家所用的方法具有某种共同性；科学家的目的在于求得简单性和美（而对他来说，美在本质上终究是简单性）。L·英菲尔德也指出："评判一个理论是不是美，标准正是原理上的简单性。"现代建筑史上，不乏许多建筑师和结构工程师从最少、最经济的角度出发，探索事物的美的形式和内在和谐的经典案例。精确、经济、优化已成为重要的美学评价和判断标准。"化"代表过程和策略，结构形态的"轻型化"则指轻型结构与结构形态的轻型表达的生成方法与适变策略。这个形态既对应着结构的物理形态，又对应建筑的文化形态，

图1-22　奥卡姆剃刀原则的应用：百事可乐包装的演变

因而形态的应变策略既要对应物理的、材料的、机械的层面，又要回应文化、地缘、社会的层面。

"轻型化"相当于大跨建筑结构形态的"奥卡姆剃刀"。轻型化趋向，其实质是结构内力流的传递方式向更直接、更明晰的传递方式转变，结构材料的受力更为合理地遵从"材料的意志"，以及在此基础上大跨建筑结构形态顺应变化的一系列过程。

而狭义的"轻型结构"的概念，可以看作是结构形态轻型化的一种"现象"或是具体表现，可以将其看作是结构形态轻型化过程中的一种物理的机构形态。往往采用膜材、钢架及钢索的混合体系，构件多为受拉构件，充分利用材料的最佳受力性能。同时经过计算机辅助设计，构件通常都为工厂加工工地组合，加快了施工的工期。

通过研究可知，大跨建筑结构形态的轻型化趋向，其实质是结构内力流的传递方式向更直接更明晰的传递方式转变，结构形态与力流体系更为契合统一，以及在此基础上大跨建筑结构、空间、美学形态三者同步互动的演化过程。

1.3.2　研究内容

文章采用层进式的论证结构。由于大跨建筑类属繁复，命名方式不一。首先理清结构体系的划分，掌握其规律后，对于复杂的结构名称也可以通过体系来断定具体归属。在此基础上即可展开演进的脉络的探究和主体实践关系的考据。在此研究基础上得到初步的直观性大跨结构形态的发展趋向认识，并了解到一些影响结构形态的创作因子和制约条件。之后则对大跨结构形态的发展动因进行探源，为轻型化趋向提供理论支撑。

在这个大趋向下，结构形态在物质与非物质的层面都有特定的形态显现和体验传达。在当代大跨建筑的创作实践中，绝大多数的精品建筑都是在追求用少量的材料和能源，建造高效的"高情感"含量的结构，这是理性回归与感性诉求的统一。因而无论在几何、力学、材料还是结构自身的角度，它们轻型化的建构特质都具有双重性，即合乎理性的力流组织、形态裁剪、材料运用，同时又注重用这些理性手段进行结构的自我完善，在保证甚至提高结构性能的前提下，又兼顾美学效果和结构形态的体验性丰富。而将光作为建构要素收编到形态特质中也是出于相同的目的，光是物质的，又是非结构的，但是它却对结构形态产生了切实的效应，不仅调控了结构的形态，也作用在人对于结构形态的感知效果。

通过以上内容对课题完成深化研究，之后在研究成果上，针对轻型化大跨结构提出工程实践的设计应变策略，目的亦是为指导实践，间接完善理论。策略从三个支线——整体形态、构造组织、关联领域——相继展开。

文末则利用结论的梳理，提炼课题的创新研究成果，对研究及行文中出现的问题与差强人意进行归纳总结，并提出了展望和今后的研究主导方向。

1.4　结构框架（图 1-23）

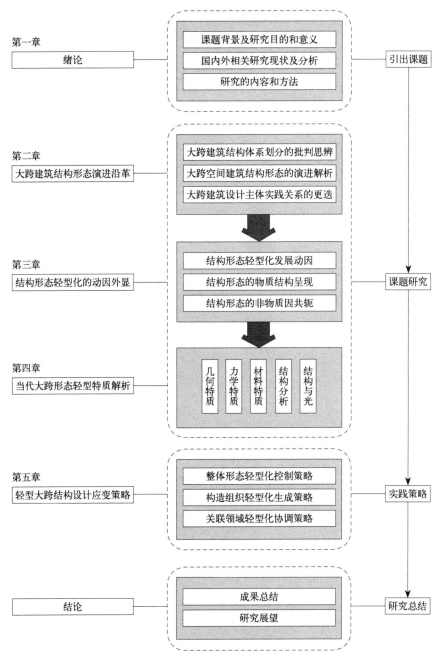

图 1-23　课题框架结构

参考文献：

[1]　吴良镛．最尖锐的矛盾与最优越的机遇——中国建筑发展寄语 [J]．建筑学报，2004（01）：18-20．

[2]　（英）戴维·史密斯·卡彭．建筑理论（上）[M]．王贵祥，译．北京：中国建筑工业出版社，2007：14．

[3]　Siegel Curt. Structure and Form in Mordern Architecture[M]. London：Krieger Publishing Company，1962：3-20．

[4]　（美）肯尼斯·弗兰姆普敦．建构文化研究——论 19 世纪和 20 世纪建筑中的建造诗学 [M]．王骏阳，译．北京：中国建筑工业出版社，2007：384．

[5]　（英）比尔·阿迪斯．创造力和创新——结构工程师对设计的贡献 [M]．高立人，译．北京：中国建筑工业出版社，2008：2．

[6]　史立刚．大空间公共建筑生态化设计研究 [D]．哈尔滨：哈尔滨工业大学学位论文，2007：6．

图片来源：

图 1-1：四面体张拉单元，http://www.szmjg100.com/news/html/741.html.

图 1-2：深圳大运会中心主体育场单层折面空间网格结构，http://www.sz2011.org/cg/xwdt/7123.shtml.

图 1-3：何籽．中国当代建筑论坛上的"炮声"[N]．南方周末．

图 1-4：山脚下的蛋形料理屋，http://www.searchouse.net/op/arch?bid=252.

图 1-5：慕尼黑奥林匹克体育场，http://sports.huanqiu.com/Olympic/tj/2012-08/2658275_5.html.

图 1-6：国家大剧院空间网壳结构，Image courtesy of Paul Andreu Architecte© Paul Andreu [EB/OL]．（2007-01-19）http://divisare.com/projects/17051-Paul-Andreu-The-Grand-National-Theater-of-China.

图 1-7：亚运会石景山体育馆，http://www.choseal.cn/anli/index.html.

图 1-8：北京朝阳体育馆，http://www.sinomach.com.cn/templates/T_basicIntro/index.aspx?nodeid=143.

图 1-9：蒙特利尔奥林匹克体育馆，http://www.nipic.com/show/1/73/dded6c5145b37771.html.

图 1-10：刘志伟，张晓新．锦州滨海体育中心体育场 [J]．建筑结构，2013（9）．

图 1-11：环索屋面 - 卡塔尔世界杯场馆，http://www.gizmag.com/khalifa-international-stadium/34926/pictures#6.

图 1-12：日本北九州穴生穹顶，http://www.baisi.net/thread-1218256-1-1.html.

图 1-13：陈志华，刘红波，王小盾，周婷．弦支穹顶结构研究综述 [J]．建筑结构学报，2010.

图 1-14：富勒与耶拿天文馆，http://www.futurumdomes.com/die-kuppel.

图 1-15：奥托与张拉膜结构，http://www.weixinyidu.com/n_394174.

图 1-16：滑铁卢车站，http://60.28.15.135/proj/detail32892.html.

图 1-17：柏林中央火车站，http://www.shijiebang.com/u16554/blog-13316.

图 1-18：耶拿天文馆，http://scenery.nihaowang.com/scenery8856.html.

图 1-19：日本岩木市林业博物馆，https：//www.pinterest.com/pin/473159504576700109.

图 1-20：伊甸园工程，Geodesic domes of the Eden Project in United Kingdom，http://en.wikipedia.org/wiki/Dome.

图 1-21：Francis Kere 在非洲筹款并设计的小学，力流轨迹图，http://www.douban.com/note/163652646.

图 1-22：奥卡姆剃刀原则的应用：百事可乐包装的演变，http://www.52design.com/html/201404/design201443113201.shtml.

图 1-23：作者自绘。

第 2 章　大跨建筑结构形态演进沿革

通过演进与沿革的梳理，可以得到大跨建筑及其结构形态历史发展的脉络，从而得到轻型化倾向的直观认识与把握。要梳理脉络，首先要提供梳理的工具，这个工具就是大跨建筑结构体系划分的框架原则。大跨建筑的结构体系错综盘结，标准不一，名称各异，从不同的角度出发即便是相同的结构也会有不同的名称说法。但是依据一些基本的体系划分，不论是怎样复杂的名称方式，都可以被归结到最基本的体系框架之内。而在一个平台标准内，有利于比较、分析，发现规则，并导引策略。

2.1　大跨建筑结构体系划分的批判思辨

要梳理结构形态的演进及划归，首先需要明确结构形态的存在基石——结构体系的分类。目前结构体系分类的标准不一，科学性与严谨性也不尽相同。常见的分类标准有按照结构材料、结构空间布置、结构受力、结构形态分类以及杂交命名分类等分类方式。其中针对大跨结构形态领域的研究相对有限，另外四种的研究成果与文献相对较多。

2.1.1　恩格尔结构体系划分原则

海诺·恩格尔（Heino Engel）从结构的力学本质（力的改向）出发，将结构体系划分为五个体系（4+1）：形态作用、向量作用、截面作用、面作用与高度作用（此作用系非典型机制）。

恩格尔分类体系的划分基本原则是清晰合理的，但是从更广义的范围来看，恩格尔对形态作用结构体系的定义是值得商榷的。首先，将形态作用区分于其他作用体系，就可能带来歧义。因为其他体系的结构选型与构件组织方式也都脱离不了形态的范畴，通常都是构件的集合组构成一个整合体系——可以看成是具备独立形态的个体体系。换言之，这些独立的结构体系的系统内可以具备向量、截面、面及高度的作用，但从整体上看是可以被看作具备独立形态的单一个体；其次，将形态作用体系定义成可挠曲、非刚性物质体系是缺乏依据的，这也与其后列出的拱结构（刚性）相矛盾。如此的体系划分是缺乏包容力与说服性的（表 2-1）。

恩格尔结构家族体系　　　　　　　　　　　　　　　　　　　　表 2-1

结构体系	定义	特征	力的改向机制	结构类型
形态作用结构体系	形态作用结构体系是由可挠曲、非刚性物质构成的体系。体系内的力量改向系通过特定的形态设计与特有的形态稳定来实现	推力线 垂曲线（悬链线）圆形	形态作用	悬索结构 帐篷结构 气囊结构 拱结构
向量作用结构体系	向量作用结构体系是由短、坚固、直线杆件构成的体系。体系内的力的改向系通过向量分解，是以各单一力量（压力杆或拉力杆）的多向分化来实现	三角形	向量作用	平面桁架 传导平面桁架 曲桁架 空间桁架
截面作用结构体系	截面作用结构体系是由刚性、坚硬、线形组件构成的体系（包括它们紧密结合成像板一样的形态）。体系内的力的改向系通过引发截面（内部）力来实现	截面形状	截面作用	梁结构 框架结构 交叉梁结构 板结构
面作用结构体系	面作用结构体系是由可挠曲、但却是刚性的面（等于抵抗压力、拉力、剪力）所构成的体系。体系内的力的改向系通过面抵抗及特殊的面形态来实现	面形状	面作用	墙板结构 折板结构 薄壳结构
高度作用结构体系	高度作用结构体系乃是将高度伸展所需力量改向，及楼层荷载与风荷载的汇集及达地，通过典型耐高度能力的高楼结构来实现的体系	荷载达地稳定	高度作用	节间式高楼 外筒高楼 核心筒高楼 桥式高楼

2.1.2　斋藤的空间结构划分原则

　　与恩格尔相比，斋藤公男（M.Saitoh）的空间结构体系分类更具概括与可操作性（图 2-1）。大矩形之内是 3 种基本的荷载抵抗体系（悬索、拱、梁），以及当列基本体系经空间序列化组合后得到的形式。图中的弯、压、拉分别表示抗弯（剪）、抗压、抗拉的体系。

　　九种基本结构中，除梁以外，通常都被称为空间结构（梁的特殊变体以及空间组构方式亦能形成空间结构）。空间结构荷载抵抗体系，除依靠形态来抵抗外力者外，将构件配置,形成三维的空间抵抗体系也是其特征。换言之,利用大跨结构自身的形状和构成,形成更加合理的结构方式的三维空间的总称，就是空间结构。

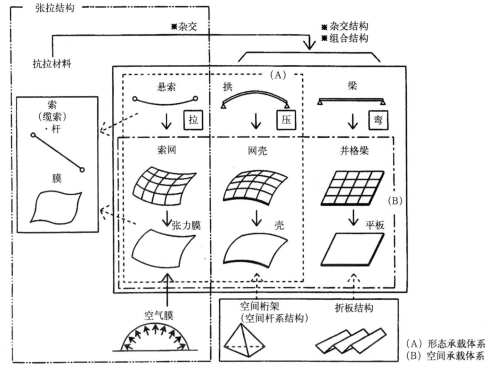

图 2-1 斋藤公男的空间结构划分体系

空间桁架（空间杆系结构）和折板结构在 20 世纪中叶是较为常见的很具代表性的结构。抗压、抗弯、抗剪体系可以被看作刚性的基本单元。而用抗拉材料（仅能抵抗拉力的构件）组成、对外力作用仅产生拉力的结构称为张拉结构。另外，通过内部空气平衡外界荷载的空气支承式（气承式）膜结构，从体系内部应力的观点来看，也应包含在张拉结构中。

其他张拉构件，如索、膜等，与刚性构件组合形成的结构也可纳入空间结构的范畴。这样，结构同时由刚性构件和柔性张拉构件作用，从结构整体看，也称为杂交结构、混合结构或组合结构，但尚未有明确的标准化定义。

2.1.3 结构形态轻型化体系化约

综合比照两种体系原则，可以发现斋藤体系更适用于阐释当今大跨结构的发展趋向，并可以提供更清晰地解析结构案例的工具。同时此原则也兼顾了"形"与"力"的双重要素，认识到了"力"是"形"之本，而"形"为"力"之解的深层辩证关系。因此可以通过此体系来辅助化约轻型化的结构形态体系。

　　预先假定结构形态的发展趋向未知，但可以确定的是，结构跨度的增大趋势与结构实效的逐渐提升是必然条件。同时已知的是索缆、膜材等受拉构件是结构实效最大的，而刚性的梁拱类构件的结构实效则要低很多。将条件代入，则梁拱类的构件及其衍生结构若要提升实效就必然要借助张拉构件，即"张拉化"是刚性结构的增强实效的必然途径。但"张拉"构件是柔性构件，这样得到的张拉化刚性结构已然是一种刚柔"杂交"体系。

　　可以说，在决定性的程度上，大跨结构轻型化对于结构形态的作用，主要体现在张拉化构件参与比重的扩张之上。鉴于此，本书提出一种大跨结构形态的化约方法（图2-2），将张拉体系作为"轻型结构"的代表体系，即高度轻型化的结构体系；而以梁拱构件为基础衍生的结构体系在空间格构化之后形成的空间结构，可以利用张拉构件置换部分刚性构件，或利用附加张拉构件加强原刚性体系，形成杂交混合结构。这样的两种体系化生成都可以视为轻型化的结构体系，本文的结构形态讨论范畴也基本定位于此。在这个化约标准下，具有张拉化结构要素，且张拉构件在整体结构中起到主要或关键性作用的结构体系，都可视为轻型化结构，例如预张索加劲的单层网壳，以及悬索贯通式混凝土薄壳等较为特殊的结构亦可以作为轻型化大跨结构。本书的研究内容也是围绕这个化约范畴下的结构形态来展开。

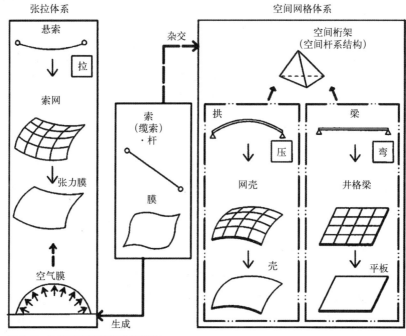

图2-2　结构形态轻型化体系化约

2.1.4　空间结构的结构形态思辨

2.1.4.1　空间结构的特性

空间结构主要基本特性有如下两点。其一是结构体本身所具有的形态性抵抗明显。最简单的是拱与悬链线所具有的轴向受力结构。也可以说，与梁所具有的"量的抵抗"相比，可被认为是"质的抵抗"；结构体更纤细、轻质，且柔性。因此，出现了压曲及大变形这一特有的结构问题。

其二是立体的构件布置所带来的空间的结构抵抗。由交叉梁及平板向索网及索膜方向发展，再由格构拱向壳体的转化中，一根梁、悬链线与拱将向完全不同性质的抵抗系统中转变。在使应力分散化同时，大幅度地减少了不均布及集中荷载作用下的变形。

2.1.4.2　结构形态的课题

对于空间结构造型来说，"形态"与"结构"都是至关重要的。对于具有"形态抵抗"与"空间抵抗"的空间结构，"结构"以"形态"来"表现"自然而然地就成了重要课题。空间结构形态可利用基本形态自身的变化、相互杂交或者组合作为设计的基点。

而未进入到基本形态中的结构作用也很重要。例如立体桁架及折板等就是"作为要素的结构"，在任何时候均可与刚性的连续体进行置换。另外充气膜结构是以"内压"为媒介令其状态有所改变，而张拉结构则可以由梁式拱形成板式穹顶。其中最有意思的是张力混合结构——20 世纪 80 年代前后，作为体系的"混合结构"在国际建筑界里真正开始被重视起来（国内的起步要晚一些）。自此为追求"纯粹的"结构中所没有的、新的可利用性作了很多尝试。对于张弦梁及复合型张拉整体结构体系的重新评价与开发研究也是其内容之一。

2.1.4.3　形态构思的始点

建筑形态可在多种情况中与结构形态产生适应性、适从性的关系。一方面，可在建筑形态的构思中使形成序列、秩序，并被结构化处理；另一方面，结构形态的合理化方案亦可以被建筑化处理，并使其发展成造型的变化。很多设计可以让人产生强烈的意识，找到两者的密切关系，也有一些设计是二者相互之间不受影响的结果，这两种情况在现实的建筑界都较为常见，很多建筑师与理论学者也都各执己见，各执一词。总之，在决定最终呈现"形态"的过程中，"形态构思"与"形态选择"会不断地交替、颠覆，因而相应的"验证"与"判断"的推敲计算或模型试验也是必要的方法与步骤。"形态"直接作用于人的视觉和意识逻辑。结构形态作用于人的感知，同时作为形态构思的始点，主要通过两种方式：一是"力学形态"，即由力流、视觉上平衡感或由"形态抵抗"引而联想的"形与力的结合形态"；二是"几何学形态"，其中最简单的就是利用立体几何的球与圆筒的切割、倾斜、接合及交错等组合方式，展示出多样的变化形态。近年来，大跨建筑形态设计引入了拓扑几何学的理论与模型，传统的几何形态由脱离简单的平面与立体几何的平曲面形式，向更自由、有机的形态发展的趋势。近现代以来的大跨建筑都是通过混凝土、钢筋混凝土来塑造"力的平衡形态"与"几何形态"。在大跨建筑形态造型日趋丰富、复杂、多元、自由化的今天，如何创造这些曲面将成为一个重要的课题。无论是利用钢筋混凝土或其他材料的预制拼装构件，还是金属线性型材组合式构件，其研究都要着力于网格的划分，各单元的划分与整合。例如富勒（Richard Buckminster Fuller）的短程线穹顶（亦叫作"测地线穹顶"，图2-3）的概念与实践。短程线（Geodesic Line）是连接任意的平面或曲面上的两点的最短距离。依据这个穹顶设计理念，富勒在1968年提出建造一个直径3.22km的短程线网壳，覆盖纽约市第64街～22街被两岸河流夹持的大片区域，覆盖了相当大面积的城市系统，网壳重8万吨（平均自重轻至惊人的10.5kg/m²）。这个宏伟计划即"曼哈顿计划"（图2-4），富勒曾对其装配情况作了如下设想："由16架大型西科尔斯基直升机组成的一个飞行队能在3个月时间内把这个1.6公里高、3公里宽的球顶建筑的各个组件吊装到位，代价是2亿美元……一块面积达50个街区并把曼哈顿摩天楼城全部包括在内的地皮。这种球顶能防止雨雪落到被遮盖的面积上，并能控制日光的影响和空气的品质……"[1]虽然只是一个构想式的方案，但是富勒的短程线式穹顶却给之后的大型展馆和温室型建筑以重大的启示作用。比如1960年建成的直径53m的圣路易斯气象控制室（图2-5），可说是后来英国伊甸园工程（Eden Project）的概念原型（图2-6）。

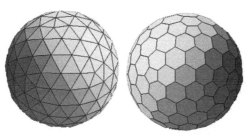

图2-3 短程线穹顶和其二重碳晶结构外壳

图2-4 富勒的曼哈顿计划

图2-5 富勒和圣路易斯气象控制室　图2-6 伊甸园工程

　　每种材料都因不同的材料性状有其特定的建构手法。目前在混凝土与钢材之外，业界正日益加大对工程用木材（涵括传统木材和集成材）、铝制型材、玻璃以及透明膜等材料的研究与工程应用，一些较新颖的构成手法创造的新结构形态也相继出现。

　　斋藤公男的观点，将结构形态视角广义化（即所有空间结构的结构形态部类），"空间结构"可以涵盖 4 个主要体系，即形态抵抗、空间抵抗、张力混合、可动及变形（图 2-7）。

　　对这 4 种体系进行归纳，可以将结构形态拆分成 2 组（4 个）基本要素，亦即结构形态的 4 个主要研究对象——"形态"（Form）与"力"（Force）、"结构"（Structure System）与"构造"（Detail）。利用这 4 个体系及 4 个要素进行选择组合（图 2-8），是将"空间结构"与"结构形态"的研究深入拓展的重要手段，亦是形态创新的着眼点。

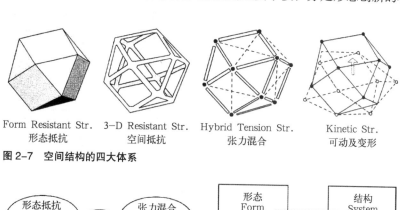

Form Resistant Str.　3-D Resistant Str.　Hybrid Tension Str.　Kinetic Str.
形态抵抗　　　　　空间抵抗　　　　　张力混合　　　　　可动及变形

图 2-7　空间结构的四大体系

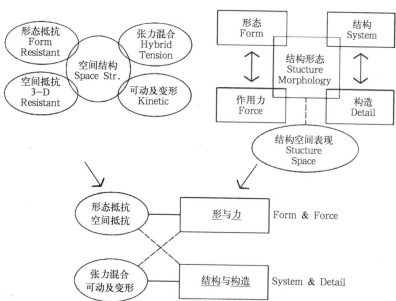

图 2-8　空间结构与结构形态的要素组合

2.2 大跨空间建筑结构形态的演进解析

历史上，梁柱平面体系和空间体系像是一对双胞胎，几乎同时诞生于人类文明。而历史的发展也证明，平面体系和空间体系也因各自的特长而在人类历史长河中得到了相应的发展。而空间体系更是由于其三维的受力特征与可充分发挥材料的力学性能，既可获得很大跨度以实现覆盖大面积的自由空间，又可达到相对理想的经济效益。更是因为其与人类追求本体的终极意义的精神暗合，大跨空间建筑在建筑历史上一直受到人们的重视并逐步发展成熟起来。历史上的每次大跨建筑的演进，也是建筑技术领域的一次革新。

参照表 2-2 可以得到一种直观的认识，大跨结构建筑在历史演进之中的确是变得更薄、更轻了。跨度的增长只是一个直观的表象，厚跨比和屋盖自重的变化则是有着几百倍的变化。本节将对各个时期大跨结构形态发展进行深入解析，探究其历时性发展演进背后的深层本质。

不同历史时期代表性大跨建筑参数比较   表 2-2

建筑物（或实物）	建成年代	材料、结构形式	跨度（m）	壳厚（cm）	厚跨比 D/L	屋盖自重（t/m²）
罗马万神庙	公元前 26 年	砖圆顶	43.5	400	1/11	9
圣彼得大教堂	1590 年	砖圆顶	40（41.9）	260	1/16	6
鸡蛋	—	—	0.04	0.04	1/100	—
苏联新西伯利亚歌剧院	1933 年	钢筋混凝土圆顶	60	8（平均）	1/750	0.37
罗马奥林匹克大体育馆	1960 年	钢筋混凝土波形拱壳	100（122）	6	1/1667	0.15
休斯敦太空穹顶	1970 年代	钢网壳	196	—	—	0.03
亚特兰大超级穹顶	1996 年	索穹顶 + 膜	235×186	—	—	0.012+0.03

2.2.1 原始构筑技术的筚路蓝缕

按照史家的观点，人类文明起源的一个重要动因就是来自对各种刺激的积极能动的反应 [2]。早期人类生产力水平极为有限，单体独立的生存能力也极为有限，这使得群体、部落必然成为人类早期社会的基本组织单元，群体生活也是早期人类生活的基本特征和基本内容。"树栖穴居"基本成为早期人类的生活聚集模式，天然洞穴也是人类最早开始利用的自然界的大跨度空间，但人类开始亲自动手创造大跨度建筑还是在掌握了基本建筑技能以后的事情。当技术能力和智力支持到达一定程度，大跨建筑的实践才成为可

图 2-9　大跨建筑"原型"——自然洞穴

能。这种用于早期人类聚集生活的天然洞穴,就是人类的大跨度建筑的原始意向(原型)。而同济大学的胡仁茂博士在其博士论文《大空间建筑设计研究》中则认为,大空间建筑的原型是早期人类聚落中位居聚落中央位置的"大房子",且把建筑技术作为一条依据。这是与本人观点不一致的地方。按照"原型"的概念,其更多的是人的集体无意识以及心理结构的一种反应,不应该用过于物化的标准来衡量。而"原型"和"原始意象"可以类比于"体"和"用"的关系,所以笔者认为,将早期人类聚集的天然洞穴作为大跨度建筑的原始意象更为合适。

　　这个时期的原始人类还并未掌握一定建筑技术,穴居大型的聚居空间多为可利用的天然山洞以及竖井式地洞(图 2-9)。而巢居序列则是发展到后期,才出现大型的木架建筑。在原始社会的后期,生土建筑和木构泥墙的建筑规模逐步扩大,跨度也有所增加,但还远未达到之后大跨建筑的量级,结构技术也未有大突破。

2.2.2　古代支承与围护暧昧纠缠

　　壳体结构是最早出现的大跨空间结构(张力结构历史最悠久,但是在 20 世纪后才成为独立应用于大跨建筑的结构类型),当今世界上很大一部分比例的大跨建筑仍是采用壳体结构或与壳体结构有着很近血缘关系的其他结构体系,对其进行较为系统的研究梳理对本课题的研究是大有裨益的。

　　壳体结构的前身可以上溯到公元前的迈锡尼文明,这里可以看到如砌筑结构中的拱券与穹顶的原点相似的巧妙结构形态——叠涩穹顶(图 2-10)。在迈锡尼城塞外山丘的斜坡上留下了"阿伽门农墓"或者是被称作"阿特流斯的宝库"(Treasury of Atreus, 1352 B.C.)拱券状大空间。其底部直径 14.5m,高 13.5m。叠涩拱的雏形在公元前数世纪的埃及、美索不达米亚、希腊等多处遗址中也均可看到。而在古埃及有一句谚语叫

图 2-10　叠涩穹顶

作"Arch Never Sleep"，反映了人们对楔块拱安全性能的担忧。

　　早期的穹窿并没有将结构与屋面区分开，而是合为一体，由于技术和材料的限制，穹窿的厚度还远未达到"薄壳"的标准。真正的拱券（True Arch）是最大限度发挥砖石的抗压能力，它的原理发现要归功于伊特鲁利亚人，而其征服者罗马人继承了这一技术，更使拱券技术得到了突飞猛进的发展。拱券的成熟逐渐使结构得到初步的解放，也完成了人类在大跨建筑历史上第一次的"轻型化"演进。罗马拱券技术的特点是：无论采用直接砌筑法，还是用水泥砂浆❶砌筑，拱券的形状几乎全是半圆形。他们追求制作施工的单纯性和统一性，使其在广阔领土的任何地方，任何人都可以容易建造，这既反映了罗马人的务实态度，也促成了古罗马时期曲面结构的迅速发展。很多重要的大尺度公共建筑诸如万神庙、罗马大斗兽场以及卡瑞卡拉浴场都采用了以混凝土为材料的穹窿或交叉筒拱结构。

　　另外值得一提的是，罗马人在当时制造出史无前例的具有多种特性的混凝土。即将烧熟的石灰与火山灰搅拌并加入骨料。这种建筑材料产生于帝国政治时代的公元前27年，它的出现开创了土木建筑的新时代。空间的规模与建筑的自由度由此发生了质的变化。历史上每一次建筑材料的大突破都可以带来建筑换代性的更迭，这是一个值得注意的现象，而每一次建筑材料的突破也是"轻型化跃迁"的一个重要标志，一方面和材料自身轻质高强的趋向相统一❷，其间还包括更深层次的社会和文化发展的选择，这将在论文的正式行文中用独立的章节加以详述。那个时代另一个重要的发明是在板壁拱中浇注混凝土的技术，也即在混凝土中掺入各种骨料，并将其浇注在有一定承载力的模板中。万神庙的施工就是将作为模板的砖砌成环状，在其空隙中浇注混凝土。其原理是由砖类形成

---

❶　当时的水泥是将石膏或石灰烧熟后磨成的粉末状物质，和现代意义的水泥有本质的不同。

❷　时至今日，"建材的发展一直未能赶上结构理论的进展"[14]，世界上最大的"大厅"——英国伦敦的千年穹顶跨度也只有罗马万神庙的 7.4 倍而已。现代建材的优势并不是在尺度上，而是具有经济上的惊人特性。现代大型建筑与古代相比都要轻盈很多，同时也实现了大量缩减造价的目的。历史上大跨建筑的发展也是沿着这一脉络沿革的——目前国内出现的造价过于高昂、自重也令人惊异的大型建筑只是国内的特色现象，并不能代表客观的发展规律，这样的面对历史规律的挑战也似乎看不出睿智和勇气，这种现象的推动力更多地是来自于社会的浮躁和自身文化沦丧后的价值盲从。

的拱来完成在混凝土硬化前对木模板施加
的大部分荷载。

　　万神庙（图 2-11）对那个时代的人
们来说是一个近乎技矣的奇迹，在大跨建
筑的历史上也是一个里程碑般的标志。其
直径超过了在其 1400 年前建造的阿特流
斯宝库的 14.5m，达到 43.2m。而使其
得以实现的是多项结构技术的革新：第一
是材料的匀质性和结构的整体化，抵抗水

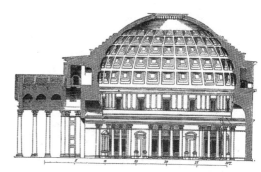

图 2-11　万神庙剖面

平推力的宽达 9m 的梯状扶壁越往上越薄，在等厚（14cm）的穹顶上半部分没有纵横肋
（格子）；第二是穹顶的轻质化，即混凝土中加入的骨料，底层采用碎砖，中层采用较轻
的混凝岩，顶部采用更轻的浮石，格子的凹凸纹路不仅起结构上的作用，而且在视觉上
起到景深的作用；第三为促使厚板壁均匀干燥，在各处设置了凹部即用于增强的肋条，
这种板式拱成为板壁设计的外在表现形式。

　　这座单纯伟大的建筑是古罗马建筑技术的结晶，也是西方文化中所有穹顶的先驱，
它在建筑和技术上的成就对那些后来者有着巨大的启示意义，其影响甚至波及至今，依
然作用于现今的大跨建筑设计。

　　到了东罗马帝国的拜占庭，建筑以扁穹窿为特征（如伊斯坦布尔的圣索菲亚教堂）。
在这之后很长的一段历史时期内，穹窿结构的发展进入了一个相对休眠的时期，直到文
艺复兴时期，人们才重新点燃了对穹窿结构的热情。这期间菲利普·伯鲁乃列斯基在佛
罗伦萨的作品——花之圣母玛丽亚大教堂，可以说是文艺复兴时期的先锋。

　　在这两个时代之间，哥特式建筑出现过一时的繁荣，但其与罗马式建筑并没有本质
上的区别。虽然 11 世纪中期和 13 世纪末期的大教堂存在着巨大的差异。但这样的差异
主要是由肋形交叉拱顶、飞券等所代表的因技术创新的不断进步而产生的。外表上看与
拱券、穹顶毫无关系的哥特式建筑的砌体结构，其在力学原理上的合理性是与拱券和拱
顶同出一辙的。拱券和拱顶的力学合理性在于抵抗轴向力，压力在拱内形成力流。两者
的共同点是：第一，抵抗拱脚的水平推力；第二，避免压力线溢出构造体的核心。而哥
特式的力学原理（图 2-12）就是这一原理基础上的发展：架设在中舱纤细柱列上石砌
尖拱的水平推力通过飞券传递给外侧的挡壁上，用竖立的雕像和小尖塔的重量将力的矢
量逐渐改变方向使其朝下传给地面，力的矢量流过的路线在扶壁中的任何一点都经过其
断面的 1/3 处。“中央三分点原理”是砌体结构中最重要的设计原则。

　　米开朗琪罗设计的圣彼得教堂（1547 ~ 1589 年）在 1743 年由 3 位数学家对其面
临倒塌的情况进行调查。他们在报告中指出，根据当时已被广泛认同的科学手段“假想

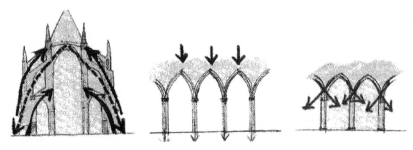

图 2-12　哥特式建筑的力学示意图

变位原理"，对教堂进行了箍环加固，终于使穹顶安然无恙。该事件是建筑历史上第一次对包括破坏机构的设计方法进行了理论探讨，因而倍受重视❶。这也预示着靠长期积累经验和感觉的时代已经结束，导入科学的客观评价方法的时代已经开始。在这一阶段的末期，钢结构也正在孕育出现，时代即将揭开新的篇章。

2.2.3　近代工业带来的巨大变革

"铁是建筑史上首次出现的人造建筑材料。在 19 世纪，它的发展步伐不断加快。1920 年代末，机车经过试验证明只能在铁轨上使用，这个事实给铁的使用以决定性的推动。铁轨是最早的建造部件，也是大梁的先驱。铁未被使用在居住建筑中，而是被用来建造拱廊、展览大厅、火车站等人流集散的建筑。与此同时，玻璃在建筑中的应用范围扩大了，但作为建筑材料而大量使用的社会条件是在 100 年后才具备的。在西尔巴特（Scheerbart）的《玻璃建筑》（1914 年）一书中，它仍然在一种乌托邦的文脉中出现。"

——瓦尔特·本杰明（Walter Benjamin）《巴黎——19 世纪的首都》[3]

工业革命带来了城市化和人口向城市的转移，这使得城市的建筑需求开始膨胀。蒸汽机、焦炭、铁和钢是促成工业革命技术加速发展的四项主要因素。其中蒸汽机促进了交通业的发展，交通的快速崛起促进了近现代大跨度桥梁的诞生，同时这也为其"近亲"——之后的大跨度建筑——提供了有利的技术支持。钢铁在桥梁中的成功应用使得现代的建筑材料参与到建筑的建造之中。焦炭的应用也大大提高了钢铁的产量，同时打破了价格瓶颈，降低了工程成本。

18 世纪末期，开发矿藏资源的技术促进了制铁技术的诞生，航海业的繁荣也促生了

---

❶　这也和当时聘请 3 位数学家的人是当时的主教圣威尼迪克特有关，从这个侧面可以看出教会已开始对科学发生态度转变，对科学由打压逐渐转为接受。这个转变既是文艺复兴时代所取得巨大社会成就，也是当时科技及宗教哲学进步的一个写照。

现代的混凝土，而这两种材料彻底解放并大大
拓展了人类的建筑能力，使得建筑从这里开始
起步，在空间跨度上和高度上不断地进行突破。
时至今日，钢和混凝土仍是人类建筑活动所依
赖的最主要的两种建材。19 世纪工业革命以后，
铁和玻璃倾入了建筑市场，在教堂、交易所、
会场、剧院、售货廊及图书馆等公共建筑中大
量采用了铁肋的穹顶。这个时代桥梁技术的大
发展也为后来的大跨建筑的繁荣做足了技术上
的积累，为一场建筑跨度和结构形态上的革命
蓄积了足够的爆发力。

图 2-13　19 世纪的英国尤斯顿火车站

　　最早采用钢与围护玻璃的大跨结构，在建筑上面的应用也是运用在交通建筑之上，
例如当时欧洲伴随着铁路发展的大量的火车站。但是当时的建筑设计还困囿于之前建筑
形式的影响，也没有可参照的形式解决车站主楼与站台之间的关系。建筑艺术的发展落
后于工业的突飞猛进的后果，使得当时的火车站具有工业建筑和临时建筑的特点，而非
现代意义的公共建筑（图 2-13）。

　　谈及近现代大跨建筑的历史，无法避及的一个里程碑就是 1851 年园艺师约瑟夫·帕
克斯顿（Joseph Paxton）按照植物暖房的原理设计建成的伦敦"水晶宫"（Crystal
Palace），即同年世博会展馆。为了保留一组大树，帕克斯顿采用高曲面屋顶的中央袖廊
的双向对称形式，这种形式的确定却具有超越形式本身的意义：首先对称的形式为建筑
的模数化构件的生产及安装施工提供了方便，保证了在 4 个月的时间内，完成从构件生
产到系统组装的全过程；更重要的是，从"水晶宫"的设计构思，构件的制作、运输、
到最后的建造和拆除，是一个完整的建筑周期和运作体系，这与现代当代的大跨建筑"设
计—施工—拆除—再利用"的全寿命周期如出一辙，可以说其开创了现代大跨建筑以及
其他大型建筑（尤其是钢结构建筑）的设计范式之先河。这对其后的建筑设计起到的作
用是醍醐灌顶式的，在水晶宫出现之前，人们的观念还停留在砖石与混凝土的建构方式
层面之上，还没有完全跃迁到现代建筑的设计理念与审美认识的层面。当时的很多大型
建筑的设计，虽然应用钢铁作为构件，但通常是将之处理成砖石构件形态来作为装饰镶
嵌在建筑之上，抑或有作为结构构件，如拱，亦同样被施之以镂空、雕花等砖石工艺的
样式处理，而非现代意义的纯工业施工工艺和技术美学的对应式转换。无论是当时的设
计师还是广泛的社会受众，都没有从工业革命之前的建筑功能与形式的藩篱之中跳脱出
来。生产力的爆发式增长与工业技术的三级跳，把艺术的审美与批评发展暂时甩在了身
后。有趣的是，引领人们拨云见日的水晶宫的设计者却是一位园艺师，对建筑师来说的

图 2-14 "水晶宫"的室内效果

观念瓶颈，对帕克斯顿来说是根本不存在的。因为当时的花房温室虽然型制尚小，却已经普遍采用了"玻璃房子"式的结构，帕克斯顿也在暖房的建造实践中发展了一套比较成熟的建造方法。"水晶宫"的成功可以说是有一定的"误打误撞"的成分，它的设计初衷是在短时间内实现一座覆盖近 9.3 万 m^2 的大型博览建筑，由于时间所限，英国人已经对其美学意义不做过多的要求，只期望它能实现足够的面积，满足基本功能。在一个仍然以砖石和混凝土为主要建材的年代里，这几乎成了"不可能完成的任务"，而新材料、新技术的引入却举重若轻地化解了世界博览史上的建筑危机。建成的"水晶宫"却以其简约大气的外形以及堂皇玲珑的室内空间效果震撼了所有的参观者（图 2-14）。

和许多的里程碑式建筑一样，"水晶宫"显然不是仅由一个新奇想法一蹴而就，它是由因地制宜地汇集的一系列特有的设计思想促成的。它向世人展示了如何用铁和玻璃以一种前所未有的形式建构大空间屋顶。其在结构与形态等方面的突破归纳如表 2-3 所示。

"水晶宫"的结构与形态等方面创新总结　　　　　　　　　　　　　　　　表 2-3

模数型制	平、立面都采用模块化的尺寸设计（基于 8 feet）
构件连接	梁、柱之间采用刚性的连接方式以提高框架的稳定性
连接方式	使用嵌入式构件以适应梁和柱，而不是简单采用螺栓或铆钉
施工特点	建造时框架具有足够的初稳定性，不用使用脚手架
框架系统	采用一种可以双向形式扩展的框架（之前的通常只能单向扩展）
形态稳定	采用袖廊的设计为中庭提供侧向稳定性
构件稳定	采用明晰的交叉支撑构件提供额外的稳定性
地面承重	采用双向跨的次级结构使展廊地面承力更为平均
快速安装	采用预制构件实现快速安装，无需在耳堂搭建脚手架
水平支撑	在平屋顶的一定位置采用水平支撑，为传导木拱的侧推力及风的水平推力创造明晰的力流途径
力流传导	水平交叉支撑构件将风荷载从玻璃幕墙传至主框架，经由竖向支撑最终传至地面
建造材料	铸铁材料的使用使得批量化的构件生产变得快速而便宜
量化生产	批量化生产带来很多方便，尤其是不需要培训工人学习掌握很新的细部构造施工工艺，使得工程得以快速推进
轻型构件	尽量采用小而轻的构件（最重 1t），使得施工仅采用简单的起重装置就可以顺利进行

由表 2-3 可见，"水晶宫"所采用的无论结构概念、设计思想还是施工工艺都和现代的大跨建筑建设流程极为接近。虽然这在当时是一种"应急式"的方案，是英国人急于"多快好省"解决问题的产物，但是其意外成功却影响了人的体验，高、大、轻、透的建筑可以令人体验升华、光明、开敞的精神洗礼；之后建筑设计（不仅限于大跨建筑）的走向，不同于以往神秘、厚重。同时，"水晶宫式"的结构设计与施工工艺为现代建筑的启蒙与觉醒做出了示范性的意义，之后的火车站、大型集市以及其他的博览建筑等单层大跨建筑的建设都深受其影响和启示，大量地将铁与玻璃应用在其中。到 19 世纪 70 年代初，锻铁框架结构几乎可以运用于所有类型的建筑之中，如银行、图书馆、美术馆，甚至教堂……采用铆接式铸铁大梁的建筑此时已经和传统的砖石建筑一般为人们所熟悉。

2.2.4　现代技术美学的限定释放

岁月流转，进入现代建筑时期（1920 ~ 1960 年）最令人瞩目的大跨结构形态发展来自两方面：一是来自壳体结构的空前发展，另一方面即张力结构的大量研究与建设。

2.2.4.1　壳体结构的黄金时代

在 20 世纪初叶，真正具有壳体结构特征的空间结构出现了：1920 年代——半圆球壳发展；1930 年代——扁壳和筒壳出现；1950 年代——壳体结构发展的黄金时代。壳体的形状不断变化，建造的数量也逐渐增加，遍及世界，成为建筑师和结构工程师最闪亮的建筑舞台。同时也出现了一批极具影响力的建筑师和结构师，可以说，他们的作品和设计理论开启了壳体结构黄金时代。

在 20 世纪 20 ~ 30 年代，当时很多工程师与科学家展开了一系列的针对薄壳曲面混凝土建筑（图 2-15）的实验，同时针对混凝土与钢筋混凝土的材料特性的研究也在逐渐深入❶。人们发现由于极强的可塑性、抗压性能（钢筋混凝土同时具备良好的抗拉性能），混凝土的曲面结构可以实现与其他建筑材料完全不一样的——同时也是其他材料无法实现的——结构与表现：它可以实现一种理论上相当大的跨度的薄壳结构来承受荷载；可以被塑造成任何自由的三维造型；可

图 2-15　1939 年瑞士世博会 6cm 厚水泥馆

---

❶　像水晶宫的实现一样，壳体结构的发展同样得益于新材料的发明。在 18 世纪末的航海用混凝土导致了 19 世纪 20 年代的"波特兰水泥"的诞生。在 19 世纪的中叶之后,钢筋混凝土被发明。在 20 世纪初叶以后,钢筋混凝土才被广泛用于大跨建筑的实践。

图 2-16　薄壳结构的耶拿天文馆

以根据特定的应用采取特殊的配筋加强方式以获取足够的强度及刚度。这样的材料特性对工程师来说会形成一种独特的吸引力，即如何在实现结构的同时只采用必要的最少量的建筑材料。一个钢筋混凝土结构的设计师，同时也应该是一个材料特性的设计者。

由于混凝土壳可以很理想地塑造屋顶的形式，其设计势必会追求更大的跨度及更薄的厚度。巧合的是，最大限度地发挥材料的使用效率也与自然界动植物结构形式的进化目标相一致。很多设计也开始从自然界的存在寻找灵感启发，例如鸡蛋壳、花瓣、贝壳、蟹壳之类的天然壳体结构。饶是如此，这一阶段初期的壳体结构仍是处于"计算＋试验"的起步阶段，很多结构的理论与计算方法还不能完全支撑起新材料的构筑术，需要搭建一些模型预先做实验性的验证。但混凝土技术的发展是飞速的，在 1920 年代中期，已经有跨厚比达到 1：666 的混凝土薄壳结构出现（图 2-16）。

在这一时期，有 3 位结构工程师的成就值得关注：迪辛格（Dischinger）、芬斯特瓦尔德（Finsterwalder）以及休伯特·鲁施（Hubert Rusch）。他们做了很多壳体结构、薄膜结构的基础测试和研究，并确立了在圆形、矩形、多边形平面上采用单曲或者双曲屋面的各种形式及方法。同时他们将结构整体应力分布的分析引入到结构设计之中。例如通过仔细测量壳体模型表面的取样点的位移，以及边缘的位移情况，设计者就可以确定壳体的应力以及实现跨度的曲度。通过这种方法，他们能够调和各种压力和计算，从不同的数学模型得出挠度值，然后可以据此做出很小的预测值变化，成为确定混凝土厚度规格、钢筋的规格及配筋的依据。

最后，对壳体部分剖面进行数学模型验算以及小尺度模型试验以确保全尺度条件下的可行性。按照这一流程可以有效地将壳的厚度减至几近最低。而壳体瘦身后的厚度（或者说"薄度"）则足以令人惊叹：一个跨越数十米的壳体屋顶可以做到仅几十毫米厚。这样瘦身的结果可以节省相当多的建筑材料，例如罗马圣彼得大教堂圆顶重约 10000t，布勒斯劳世纪大厅带肋拱屋顶重约 6340t；而莱比锡市场大厅屋顶（图 2-17）（其涵盖了比前两者更大范围的区域）的钢筋混凝土外壳仅 100mm 厚，重量为 2160t。

在 20 世纪 30～60 年，以奈尔维为代表的一批优秀的建筑师与结构工程师在壳体大跨建筑的设计研究上取得了很多突破性的成果，并留下很多传世经典，其中一些人的作品与相关研究仍是今天教科书中的圭臬。关于奈尔维有很多相关的研究论著，在此不再赘述。与奈尔维同时代的还有一些与其不相伯仲的优秀人才，例如爱德华多·托罗哈（Eduardo Torroja）。

图 2-17　莱比锡市场大厅屋顶

西班牙工程师爱德华多·托罗哈自 20 世纪 30 年代中期开始使用混凝土壳，创造了其同类结构中最有创新性的形态。例如马德里赛马场顶篷（1935 年），他用一个混凝土外壳塑造了"一张"轻轻弯曲、折叠的纸张的形态，顶棚悬挑 13m，但只有 50mm 厚。为了定位配置拉筋的最佳位置，托罗哈通过研究一个简单由薄卡纸制作的模型来辅助理解结构的状态，勾勒出结构内部应力的近似样式（图 2-18a），这个实验帮助他得以计算出厚度和配筋的间距。为了验证托罗哈对这一前所未有的结构性形式的安全性以及其设计计算的可靠性，承建商建造了一个原型试验单元，试验的另一个目的也是为了实际建设的顶棚制作可重复使用的模板做准备。由于当时钢材的供不应求，在进行了一次试验验证之后，承建商将实验用的原型毁掉，然后将其中的配筋取出用在实际的竞技场顶棚的建造。

托罗哈设计的最大胆的结构是马德里的一个体育馆屋顶（1935 年）。他提出将一个圆柱形的壳体分成两个叶片的形态，覆盖 55m×32m 的面积。除了在两片壳体交接部位厚度达到 150mm，混凝土壳的其他位置均厚 80mm。和赛马场的屋顶一样，托罗哈首先研究了此形态的结构工作状态。同样是制作了卡纸模型，固定在模型末端的木墙上，验证了弯曲形态的整体刚度，以及曲壳边缘特别是在两叶相交的部位所需提供纵向支撑（图 2-18b）。由于对这种非对称的结构形式进行必要计算在当时是十分复杂的，因而其数学模型必须大大简化。这使得包含窗口在内的壳体穿孔部件的应力和挠度计算，变得难以确定。为了能充分验证此设计，托罗哈制作并测试了一个 1∶25 的比例模型。他分别测量了静荷载及模拟风荷载和雪荷载之下的结构变形量，并将这些测试结果与计算的预测相比较。比较的结果证明两者足够接近，从而可以确定托罗哈对结构的理解与计算是可以支撑实际工程的。当屋顶建设完成后，托罗哈将实际测量的变形量和模型测试的计算预测相比较，发现预测和试验的差值在 100mm 之内。这不仅使托罗哈最终确认了结构设计的合理性，也使得其他从事类似项目的工程师，都可以采用与此模型试验结合相对简化的数学计算方法，进行结构设计。

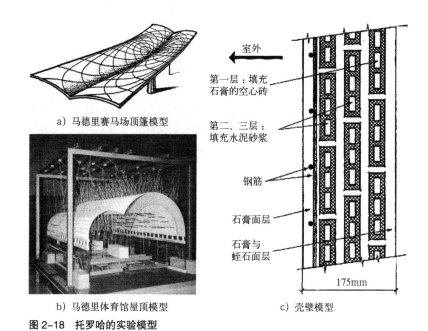

a) 马德里赛马场顶篷模型

室外

第一层：填充
石膏的空心砖

第二、三层：
填充水泥砂浆

钢筋

石膏面层

石膏与
蛭石面层

175mm

b) 马德里体育馆屋顶模型　　　　c) 壳壁模型

图 2-18　托罗哈的实验模型

在西班牙比利牛斯的蓬特·德·苏埃尔特教堂（1952 年），托罗哈设计了一种新的建造复杂曲面的方法。当时的标准建造钢筋混凝土壳的方法都是采用木模板建模，而托罗哈则另辟蹊径，他用钢筋引入到传统的砖拱顶施工工艺之中，确定了围合中殿的五组壳壁。每个壳壁都由三层 30mm 厚的空心瓷砖的砖层组成，不建模板砌筑，使用辅助的参考线来确定拱顶的曲线形式。内层使用速凝灰浆，钢筋铺设在外，然后用水泥砂浆做面层。拱顶截面却不是放样线（如砌体拱顶则必须是放样线），需要具备一定的抗弯性。而每片壳的曲面形态所具备的形态抵抗能力使得壳体可以做到只有 200mm 厚，同时赋予结构贝壳一般天然而强力的抗弯性能（图 2-18c）。

法国工程师伯纳德·拉法耶（Bernard Lafaille）在 20 世纪 20 年代开始就设计建造过多种形式的混凝土外壳。在 1933 年前后，他开始试验一个新的壳结构的结构形式——双曲抛物面。这鞍形曲面的近亲在结构历史上有着特殊的地位，因为其可通过移动空间直线生成，故可以使用数学和工程科学方法确定（图 2-19）。它最实际的好处是可以利用平直木板材支模来制作混凝土曲面，即当今通常被称作"扭壳"的结构，就是由这位法国人发明的。

到了 20 世纪 40 ~ 50 年代，双曲抛物面引起了不少建筑师的关注，一方面因为新颖的形态，另一方面它只需要在周边用少量的支撑就可以提供无柱大空间。公认的运用此种结构形式的大师是西班牙工程师费利克斯·坎德拉（Felix Candela）。坎德拉建造了数以百计的钢筋混凝土双曲抛物面屋顶，其中大部分作品建在他的第二故乡墨西哥。

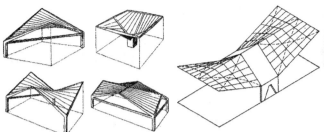

图 2-19　拉法耶的双曲面结构形态创新

图 2-20　坎德拉的 4 片双曲壳体组合结构形态

有些被用作普通的工业建筑，但更多地被用作更具建筑艺术价值的教堂建筑，这些建筑的外观总是令人称奇的。坎德拉的代表作是在墨西哥城附近的泉水旅店（1958 年），它跨距 42.5m，但是壳厚仅有 42mm 厚，其形态是由 4 个双曲抛物面交接生成（图 2-20）。

　　壳体结构在这个时代已经被广泛应用并大量建设，壳体结构结构形态的确定生成方法也逐渐成熟。从壳体结构形态的确定方法以及形状来划分，壳体结构的主要分类如表 2-4 所示。

壳体结构的结构形态分类方式　　　　　　　　　　　　　　　　表 2-4

		旋转壳体	平移壳体
单曲壳体		圆锥壳	筒壳（长壳、短壳）
双曲壳体	正曲率	球壳	椭圆抛物面的双曲扁壳
	负曲率	马鞍形壳	双曲抛物面的扭壳

　　用不同的方法来"切割"组合以上基本壳体，就可以得到丰富多变的造型，这也是壳体形态造型的一个最基础的手法。壳体结构先进与否的一个重要依据即是"跨厚比"。在这个意义层面上，壳体结构发展史就是从厚壳到薄壳的演变史❶。壳体比之传统的梁柱

---

　　❶　由厚变薄这一现象的更进一层的关系可以被转译成由重变轻的演变过程。通过初步研究表明，这一过程也即是所有大跨建筑结构形态演变的一个重要趋势，这个趋势甚至可以扩展到其他的建筑类型。在历史和文化范畴内也可以找到类似"轻逸化"的演变现象。这也说明建筑作为人类文明的一个现象载体，和文化本身具有同构性。在系统科学范畴内属于"共济进化"（coevolution）现象，即"系统和环境在所有层次上的共同进化，是小宇宙和大宇宙的共同进化"。（（美）埃里克·詹奇. 自组织的宇宙观. 曾国屏等译. 中国社会科学出版社，1992：26.）处于一定演化阶段的自然系统，它微观进化的环境和条件，它所形成时空连续统一整体，表现为以确定性、必然性的形式制约着自然的微观结构的进化；而微观结构面对着宦官环境的变化，则改变自己的行为方式，以自身的新奇性、灵活性和随机性来影响宏观环境的变化，反过来又改变者自身进化的宏观条件。这样，宏观环境和微观系统在共同进化中密切联系，相互依赖、相互渗透，分化和综合，从而共同创造出进化的复杂分支和自然等级的不同层次。

结构有着更明确、更直接的传力路线，受力性能也更好，特别适于钢筋混凝土，在很短时期内得到较大的发展。另外，壳体结构还把承重和围护两大功能融为一体，所以具有特殊的优越性。壳体结构也从早期厚壳的承重、围护结构混沌一是，到后来承重、围护结构分离，又到薄壳黄金时代的再一次合而为一，完成了一次螺旋上升的阶跃式回归 ❶。

2.2.4.2　张力结构的初显峥嵘

张力结构建筑最早可以追溯到原始人类的兽皮帐篷结构，到近现代的发展端倪初现在 19 世纪末。当时的俄国工程师弗拉基米尔·舒霍夫（Vladimir Shukhov）致力于三维结构的开发研究，在俄罗斯第一百货商店的屋顶设计中，他将钢缆引入拱架穹顶结构，使用钢缆作为张力构件加固钢肋，协同抵抗风雪荷载；同时在视觉上将钢肋的尺度降为最低。其将张力与压力构件巧妙利用的方式是与传统的桁架设计模式大相径庭的。他的一些设计也成为 20 世纪后期即已初现的轻型结构标准技术的早期例证。

舒霍夫在 1896 年为在诺夫哥罗德举办的全俄艺术展览会设计了 4 个显要的展馆，屋顶部分由若干相互铆接交织的钢条及覆于其上的膜布组成。其中两个长方形展馆长70m、宽 30m（含一排中轴钢柱）。圆形的工程与建筑馆直径 68m，而最大的椭圆展馆仅使用两根支撑柱就实现了长轴 98m、短轴 51m 的大空间平面（图 2-21）。这些空前的结构形式直到 1950 年，当弗雷·奥托（Frei Otto）采用了轻型聚酯膜结构才得以再次展现。

舒霍夫的钢杆交错式创建拉伸膜的方法，在理论上可以创造一个完全由构件编织式"织构"而成的格构式穹顶。虽然到近百年后的今天仍没有严格意义上采用此种方式建成的大跨屋顶，但他以此方法创造了几十个结构形态精妙绝伦的水塔、无线电桅杆和

图 2-21　编织式张力膜，诺夫哥罗德展馆

桥塔。每个结构塔在视觉上都由若干尺寸递减的双曲面组成，其中高度最高的塔达到 150m。其间舒霍夫也不断改进他的设计，使得这些构筑物不仅仅实现了高度上的功用，同时在美学上亦达到了不一般的高度——纤细的钢杆件取代了铸铁时代厚重的梁臂与支柱，整体上呈现了一种优雅精致的工艺美感（图 2-22）。舒霍夫的结构设计方法的成就，在于他找到一种将大型和巨型构件消解、分散化处理的方法。这种方法具备多方面的优点：首先，纤细小巧的构件不需要大型构件的吊装设备，在减少施工人员的同时可以缩短工期，尤其是在建设展览类建筑方面具备先天的优势；其次，结构承力传力更为合理，均布化的杆件与加固的环形圈肋组成了一个整

---

❶　部分代表性壳体结构建筑沿革与统计列表详见附录表 1。

体的结构系统，这样使得结构自身的静荷载可以均匀自上而下传递，风雨雪之类的动荷载则由于细杆的小截面与大缝隙而大大减小，即使在表面覆以张力膜，结构也会由于自身的整体性强势而具备优异的抵抗能力；另外，这种用一维的构件元素加二维的施工方式形成的三维空间结构，在结构形态上是一个跨阶性的跃进。无论是在大跨建筑室内，还是远观其塔式构筑物，如此形态给人的视觉冲击都是极大的，在形式上呈现的是一番渐变蔓延的律动张力，在工艺上呈现的是精湛奇巧的灵动大气。这样的结构形态在近年来多应用在大型建筑的表皮，而非作为外围主结构出现，可以说其还具备很大的开发潜力与应用价值。

图 2-22　舒氏编织态双曲环式桅塔

　　而真正具有现代意义的张拉结构应用出现在富勒与奥托的时代。

2.2.5　当代技艺颉颃的大巧之工

　　20 世纪 60 年代之后，二战的创伤已经在表层愈合。社会发展稳中有序，速度逐渐加快。大跨建筑的发展亦进入了技术成熟期，已有的跨度已经可以满足建筑的功能需要和社会功能需求。但人的心理需求与社会文化的扩容却一直没有放缓速度，功能的健全与技术的完善也不能完全满足这样的社会心理。无论是建筑师，还是结构师都在寻求一种突破，这样的突破并非是完全结构意义上的进化，而是一种基于结构的、理性的、但又可以依附情感的表达，建筑史家称之为"结构的诗意表达"。

图 2-23　沙利文代表作：纽约担保大厦

名曰"诗意"，充满感性意味的定语，但其实质是源于对完全的理性至上主义以及力学的精确表达的一种反动，是一种理性的"反理性"思考。

　　路易斯·沙利文（Louis H. Sullivan）为代表的芝加哥学派是以"功能主义"为学派的圭臬，沙利文（图 2-23）提出"形式追随功能"的思想。这一经典名言，几乎成为彼时设计哲学的唯一陈述，也成为其后德国包豪斯学校奉行的教义。沙利文说，"自然界中的一切东西都具有一种形状，也就是说有一种形式、一种外观造型，于是就告诉我们，这是些什么以及如何和别的东西区分开来"，"哪里功能不变，形式就不变"。他认为"装饰是精神上的奢侈品，而不是必需品"，他要完全避免装饰的使用，以使人们高度集中于体态裸露、完美的建筑，体验强劲有力的简单形式带来的自然从容感。对沙利文来说，大自然通过结构和装饰而不需要人为添加就能显示出自己的艺术美来。这些观点，后来成为20世纪前半叶工业设计的主流——功能主义的主要依据。在当时，几乎所有的建筑类型都受到其影响，大跨建筑由于空间的特殊性，建筑自身的功能矛盾相对较小，对其功能矛盾的指向基本集中在结构功能。追求结构功能的实效增益与结构去装饰化是当时大跨设计领域的主旋律，因而回首去看当时的大跨结构，会蓦然发现当时的结构形态与结构表现都具有极为强烈的理性主义思辨色彩，可以说是功能主义的理性取向一定程度上导致了大跨建筑的技术理性与结构理性主义的走强。在这一段时期内的建筑与工程领域也涌现出很多宗师级的人物，例如将现代建筑科学实验与大跨实践工程紧密结合的托罗哈（图2-24），混凝土诗人奈尔维（图2-25），无不是在自己的时代引领风尚的旗手型人物。他们对结构技术与设计思维的探索，成为大跨建筑加速发展的助力。而这种进步的局限性不都来自个人，更多的是一个时代自身的局限属性。二战的创伤伤了整个世界的元气，战后有大量的恢复性建设，而大跨建筑往往需要新建，在那样一个物质材料和人力资源都相对不足的时代，理性实用的建造必然成为首选，"功能主义"在当时不仅仅是建筑界，也是整个设计领域所奉行的原则。另一方面，现代大跨建筑也刚刚脱离近代设计的半古典主义设计风格不久，虽然已经脱离那些繁琐的装饰性元素和竖向立面的限制，转向了空间式的立体表达，但多数的建筑仍是采用严谨的几何式的对称，建筑平面也多是圆形、矩形之类的基本型，空间形态也多是以筒壳、球冠、球壳为主；建筑的美学表达依附于秩序、序列的几何形态，这样的美感往往来自数学式的美学传达。

　　20世纪60年代前后，战后的恢复期基本结束，社会的生产力也得到完全恢复并加速增长。建筑界也开始对功用主义反思与批判——当然，不可否认的功用主义和理性建造在今天仍发挥着积极作用，尤其是大跨建筑从本体属性上来讲更无法与之脱离，但是新的设计思维与哲学的引入可以促进设计的多元化，给予建筑发展更多的演化形式与适应性，多元的意义也在于存在意义的拓展，为自身与文化的互动发展提供了更多的可能性。

图2-24　托罗哈的阿尔赫西拉斯市场　　图2-25　奈尔维的罗马小体育馆

大跨建筑的形态发展有了物质和经济的基础，之前的技术、知识储备也提供了客观条件。富勒与弗雷·奥托是这一转型过程中的两位先锋人物。

富勒提出了张力宇宙哲学，他将宇宙的结构原理缩放到建筑的应用中，"受压的孤岛存在于受拉的海洋之中"，这个观点也体现了他创造的张拉整体结构的基本思想。富勒的成就在于将张力结构的思想普及，做了大量的以张力为基础概念的建筑实验，使得人们对这种建筑形式从感到新奇到接受，更主要的是使张力结构的影响力得以扩大。他发表过很多著作，做过很多次的演讲，致力于将他的建筑哲学普及化，到今天，很多建筑的结构概念和实现仍在受其萌荫，如前文提到的伊甸园工程（图 2-6）。

奥托是"轻型建筑／结构"这一概念的提出者与实践先锋。在他看来，"不同的轻型建筑的形式很少有相同的。一般来说，它们都是不同的结构按照减少材料用量的原则进行发展和优化得到的结果"[4]。他的研究对象不仅仅是结构，而是"自发地"对轻型物体的形成进行了相关的研究。他也通过研究认识到，更合理、更智能的建筑并不是对自然结构的简单模仿，还需要通过试验研究对自主构形过程进行深入的探索。他研究自然结构成形的机理，并在掌握这样的机理之后，研究如何合理地在实际过程中进行运用。奥托成立了"轻型建筑研究所"，将轻型建筑按照以下三种方式来实现：轻型建筑材料、轻型结构以及轻型建筑构造。他提出，"总体上来讲，形式比材料对结构的影响更大。结构的优化往往是一个对结构形式进行优化的过程"[5]。他也指出，仅仅从经济角度出发所作出的一些目光短浅的决定将对轻型建筑的发展形成阻碍，另一点需要考虑的是轻型建筑的文化价值。轻巧纤细的结构将比笨重的建筑带来更加优化的氛围。精心设计的轻型建筑将很好地揭示出其中的传力路径，其设计简明合理、主题鲜明，所以轻型建筑总是显得开敞度高，令人喜爱。奥托对自己的研究（图 2-26）做了诗意的概括："对于建筑最小化的探寻过程同时也是一个对于材料本质的探寻过程。"[6]其轻型建筑概念和形式的文化表达概念，对同时期和稍后的建筑师的设计哲学都产生了较大的影响，他的

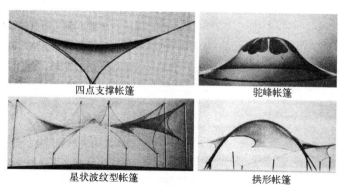

四点支撑帐篷　　　　　　　　　驼峰帐篷

星状波纹型帐篷　　　　　　　　拱形帐篷

图 2-26　奥托关于不同帐篷形式的皂膜模型的实验

建筑设计和研究方法、成果给予很多建筑师、结构师灵感，比如在其后的很多高技派的建筑师代表，如罗杰斯、福斯特、皮亚诺、冯·格康、格雷姆肖的设计中都可以看到很多的"奥托印记"；而另一派以卡拉特拉瓦为代表的建筑师则是吸收更多他在结构上的文化表现思想。

20 世纪 60 年代以后，大跨建筑的发展正式进入了多元发展时代。技术的自信与发达使得建筑形态的呈现变得多样纷繁，技术理性、结构理性也不再是建筑师们在大跨结构中的唯一聚焦点。在近几十年的大跨作品里面，我们可以看到太多的创意形式表达，可以听到太多不同思想的声音，甚至会偶有反技术、反结构理性作品出现。从文化角度来看，这并不是一个"坏"的现象，这恰恰证明了建筑、社会文化变得更有包容力和活力。反结构理性的作品，往往形式夸张，骨骼惊奇，打破了人们对于传统结构与空间的认知。但实际上，这样的作品实现往往需要更复杂的技术操作，是一种基于技术自信的反技术表达。因而从另一个侧面更证明了结构理性的普及。

但多数的大跨结构，仍是在理性与感性的并行双轨上前进发展的。结构的成立是理性的，但是纯粹的理性不能使建筑成立，只能是构筑。因而在理性的基础上需要某种表达和抒发，或投映文化，或传递情感，或赋予受众种种体验——建筑的复杂性与矛盾性也在于此，工程的过程和艺术的过程混杂一体，因而弗兰姆普敦会说，"建构文化就是建造的诗学（the poetics of construction）"[7]，今日的大跨建筑的主导方向也即"理性的诗意建造"。

本书的研究主体，也立足于这一时期的成果。更多的案例和讨论将在后文的论述中有所涉及。

2.3　本章小结

结构形态的演进与大跨空间的演进历史，同脉而不同步，同源而不通枝。它们仿佛是两根双生的藤蔓，盘绕生长，纠缠渗透。这个历史演进的过程是复杂的，在其他科学领域可以找到很多相似的类比现象，因而可以通过复杂科学的相关视点来对其进行定性研究，把握其脉络（见第 3 章）。

从划分原则上来看，恩格尔体系的分类细致而且讨论详尽，尽管有一些范围的交叉和缺漏，但是便于从直观上把握，恩格尔的研究对于了解大跨结构的各种概念和形态类型有很大的裨益。国内也有很多学者（尤以结构工程领域为众）在恩格尔体系的基础上，提出相关的概念体系和划分体系，可以看作是恩氏体系的完善与发展，恩格尔提出的很多形态原型构想对今天的大跨建筑设计仍具有极高的启示价值。斋藤的体系可以说是日本空间学界的公认体系，它更适用于当代空间结构的发展趋势和认知体系，这个体系标准也更适用于形态设计研究。本书的研究也主要是基于此体系的平台。结构形态的研究是近年来空间结构研究的热点问题，该领域研究可以狭义地看成是"大跨建筑设计及其理论"的基础科学，此研究不仅仅在于为实际的工程设计提供指导和参考，更能改进从业者的相关知识结构，把握到大跨结构的发展脉络及趋势，加大设计思维深度，提高行业整体的设计水准，并促进行业尽快地提高施工技术（与国际横向比较相对落后），与设计同步，形成良性互动。

对大跨结构发展历史的梳理可以帮助把握结构形态的演进脉络，这样的演进和所有的历史进程一样，是复杂的，有反复的，但通观全程，结构形态是沿着一条"轻型化"的脉络发展蔓延的，这样的轻型是广义的，不仅仅是结构的自重和厚度上的轻质转型，更是在材料策略、结构概念、形态呈现、文化表达等多方面的共济追求。诚然，大跨结构发展历史上出现过数量可观的优秀建筑与设计者，但是具有高度的巅峰之作数量是有限的，那些宗师巨匠的设计思想与研究成果，到今天仍在蒙泽着我们的设计思维。建筑作品可以作为遗产传世，但是对设计追求的一腔热忱与精妙思想，却可以使得我们能在建筑传递的情感与精神中，感受到他们灵魂的延续。这些划时代的建筑师和里程碑式的作品，也都体现了结构思想对大跨建筑的重要意义，对于"用少做大"、最优化的轻质以及结构形态的表现性追求，也贯穿着他们职业路线的始终。

参考文献：

[1] （美）肯尼思·弗兰姆普敦．现代建筑———一部批判的历史 [M]．原山，等译．北京：中国建筑工业出版社，1988：316.

[2] （日）斋藤公男．空间结构的发展与展望——空间结构的过去·现在·未来 [M]．季小莲，徐华，译．北京：中国建筑工业出版社，2006.

[3] Benjamin W. Paris：Capital of the 19th Century[J]. New Left Review, 1968, (48).

[4] The free encyclopedia From Wikipedia. Euston railway station[DB/OL].（2010-01-17）[2010-03-29]. http://en.wikipedia.org/wiki/Euston_Station.

[5] The Course of Iron and Glass：Scott, Paxton, Labrouste and the Oxford Museum[G/OL].[2010-03-30]. http://intranet.arc.miami.edu/rjohn/ARC%20268%20-%202003/Iron_and_Glass.htm.

[6] Homepage of "Zeiss-Planetarium Jena"[EB/OL].（2010-03-22）[2010-06-22]. http://www.planetarium-jena.de.

[7] （美）肯尼斯·弗兰姆普敦．建构文化研究——论 19 世纪和 20 世纪建筑中的建造诗学 [M]．王骏阳，译．北京：中国建筑工业出版社，2007：396.

图片来源：

图 2-1：斋藤公男的空间结构划分体系．（日）日本钢结构协会．钢结构技术总览［建筑篇］[M]．陈以一，傅功义，译．北京：中国建筑工业出版社，2003：51．

图 2-2：结构形态轻型化体系化约，作者自绘。

图 2-3：短程线穹顶和其二重碳晶结构外壳．The free encyclopedia From Wikipedia．Geodesic dome [DB/OL]．(2010-04) [2010-11-11] en. wikipedia. org：http://en.wikipedia.org/wiki/Geodesic_dome．

图 2-4：富勒的曼哈顿计划．（美）肯尼思·弗兰姆普敦．现代建筑——一部批判的历史 [M]．原山，等译．北京：中国建筑工业出版社，1988：316．

图 2-5：富勒和圣路易斯气象控制室．（美）卡思琳·麦圭根．巴克的巨型穹顶 [J/OL]．新闻周刊，2008（10）[2010-09-21]．http://www.iatonewsweek.com/hknw/contents/?id=1520．

图 2-6：伊甸园工程，http://www.cornwalls.co.uk/photos/eden-project-christmas-3705.htm

图 2-7：空间结构的四大体系．[日]斋藤公男．空间结构的发展与展望——空间结构的过去·现在·未来 [M]．季小莲，徐华，译．北京：中国建筑工业出版社，2006：184．

图 2-8：空间结构与结构形态的要素组合．[日]斋藤公男．空间结构的发展与展望——空间结构的过去·现在·未来 [M]．季小莲，徐华，译．北京：中国建筑工业出版社，2006：184．

图 2-9：大跨建筑"原型"——自然洞穴．[美]路易斯·海尔曼．建筑趣谈 A-Z[M]．闫晓，译．北京：机械工业出版社，2004：176．

图 2-10：叠涩穹顶．http://www.thehistoryhub.com/treasury-of-atreus-facts-pictures.htm．

图 2-11：万神庙剖面．https://www.flickr.com/photos/psulibscollections/5833317924．

图 2-12：哥特式建筑力学原理示意图．Sir George Trevelyan, http://www.sirgeorgetrevelyan.org.uk/books/thtbk-arch09.html．

图 2-13：19 世纪的英国尤斯顿火车站．The free encyclopedia From Wikipedia．Euston railway station[DB/OL]．(2010-01-17) [2010-03-29]．http://en.wikipedia.org/wiki/Euston_Station．

图 2-14："水晶宫"的室内效果．The Course of Iron and Glass：Scott, Paxton, Labrouste and the Oxford Museum[G/OL]．[2010-03-30]．http://intranet.arc.miami.edu/rjohn/ARC%20268%20-%202003/Iron_and _Glass.htm．

图 2-15：1939 年瑞士世博会 6cm 厚水泥馆．http://www.douban.com/note/290959766．

图 2-16：薄壳结构的耶拿天文馆．Homepage of "Zeiss-Planetarium Jena" [EB/OL]．(2010-

03-22）[2010-06-22]．http://www.planetarium-jena.de.

图 2-17：莱比锡市场大厅屋顶．http://shells.princeton.edu/Leipzig.html.

图 2-18a：马德里赛马场顶篷模型．http://www.douban.com/note/279852019/?type=rec&start=30.

图 2-18b：托罗哈的实验模型．ZUAZO/TORROJA. Maure, Lilia. Secundino Zuazo/Eduardo Torroja：Fronton Recoletos, Madrid, 1935[M]. Editorial Rueda. 2004：26.

图 2-18c：作者自绘。

图 2-19：拉法耶的双曲面结构形态创新，作者自绘。

图 2-20：坎德拉的 4 片双曲壳体组合结构形态．N.Burger, David P. Billington. Felix Candela, Elegance and Endurance：An Examination of the Xochimilco Shell[J]. Journal of the International Association for Shell Structures, 2006, 47(3)：271-278.

图 2-21：编织式张力膜，诺夫哥罗德展馆．The free encyclopedia From Wikipedia. Tensile structure（Wapedia version）[DB/OL]. http://wapedia.mobi/en/Tensile_structure.

图 2-22：舒氏编织态双曲环式桅塔．Photo by Igor Kazus. Shukhov Oka Towers. 1988.

图 2-23：沙利文代表作：纽约担保大厦．Prudential Building, also known as the Guaranty Building, Buffalo, New York, 1894. http://en.wikipedia.org/wiki/Louis_Sullivan.

图 2-24：托罗哈的阿尔赫西拉斯市场．http://zhuxiaobao.blog.163.com/blog/static/175475204201111032713153/.

图 2-25：奈尔维的罗马小体育馆．http://zhuxiaobao.blog.163.com/blog/static/175475204201111032713153/.

图 2-26：奥托关于不同帐篷形式的皂膜模型的实验．http://www.wtoutiao.com/a/1955913.html.

第3章 结构形态轻型化的动因外显

"建筑仍具有二重性，它在人类的自我实现和追求技术的最大进步之间摇摆不定。"[1]

—— 肯尼斯·弗兰姆普敦（Kenneth Frampton）

从第2章论述的形态演进的结果来看，大跨建筑无疑是在沿着一条结构形态趋于轻型化、物质呈现与美学表现的双轨路径波动发展的。历史上的建筑师、结构师，也都在追求更大的跨度和更为优异科学的结构组织方式。如此演进，除技术进步、材料发展的原因，还有来自建筑与人的精神和情感统一、生态观的介入、审美变化拓展等一系列因素的密切关联，这些因素的合力推动了结构形态的变化发展。

同时结构形态的发展也演绎出多个层面，例如在物质结构层面与建筑物质建构要素的对应呈现，以及在非物质层面的多元呈现。

3.1 结构形态轻型化发展动因

建筑的结构是作为建筑空间成立的支承体系出现的，既是建筑内部空间的构架（frame），又是外部形态依附的骨架（skeleton）。从物质构成的维度来研究结构形态的发展诱因，可以此为切入角度。在建筑自身的自组织演化的同时，它必然与作为设计者与使用者的人在意志作用与行为需求发生互动的关系，基于交互的刺激作用，建筑形态成为人内化精神的外显，同时新的建筑与结构形态又给予人以反作用，激发人对建筑的新追求。而在坚固与实用的物质功用追求满足的基础上，审美需求必然作为更高阶的需求左右着建筑的发展，而形态呈现必然作为最直接、直观的载体来落实审美的递进。在工业革命之后，环境问题成为日益尖锐的全球化问题。生态问题已经变成了人类族群以及其他物种的生存问题，生态美学已经不是作为一种概念炒作的锦上添花，而是人类必须严肃面对的燃眉之急。大跨建筑的建材使用量大，空间的采光、通风工艺要求高，对城市环境的作用明显，因而必然首当其冲地面对生态需求的考验。

综合以上各要素，它们共同构成的大跨建筑的演化动力，并在大跨结构的形态层面产生影响。

3.1.1 基于协同自组织的历史必然

"建筑是技术文化演化发展的一个很重要的公共场所……"[2] 伊恩·里奇（Ian Ritchie）将技术作为一种文化的承载装置安置于建筑之上。而大跨建筑的结构技术与大跨建筑自身之间的关系比前者还要紧密。往往大跨结构选型对最终的建筑形态具有极高的参与度，且建筑形态与结构形态的同步程度较之一般的非大跨建筑要高出很多（图3-1）。在大跨建筑的范畴，技术与文化是一个"共生体"。

从"共生"的概念来看，技术不仅仅是文化的折射和寄生体，往往还是文化等非物质结构的能指❶，通过技术的实践和阅读，人感受到的是文化倾向与脉络；同时技术又参与到文化之内，技术即文化的一个分支、一个分形，文化的繁荣意味着技术发展的活力增长，同时技术选择的多样性也对照着文化的活性。建筑结构形态的演变，一方面可以看作是对建构技术之外因素的他组织响应，另一方面可以看作是建构技术逐步成熟的自组织[3] 的响应。结构形态的发展就是对技术与文化内外共同作用的双重响应与建构。自组织现象无论在自然界还是在人类社会中都普遍存在，一个系统自组织功能愈强，其保持和产生新功能的能力也就愈强。例如大跨建筑结构演进过程中的自组织要素远比一般的房屋要多，功能要强，则其发展出的新的结构类型与结构功能也更为丰富。从历时性的角度来看，结构形态的演变具有"自组织"特点，没有特定的控制者，它是在时间的维度上于文化、艺术、技术等因子发生互动作用的结果，并没有以某个特定的主体意志为转移。而从现时性来看，具体大跨建筑的设计者与社会需求是具有控制能力，可以改变结构的组织形式、建构过程的，因而具有"他组织"的特点。

两种不同系统在相变时具有共同规律说明了事物之间的统一性，虽然不同的系统性质不同，但是由新结构代替旧结构的质变行为，在机理上却有相似甚至相同之处。结构

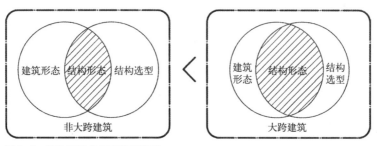

图 3-1 结构形态参与度关系比较

❶ "能指"和"所指"都是索绪尔语言学的术语。索绪尔认为，任何语言符号是由"能指"和"所指"构成的，"能指"指语言的声音形象，"所指"指语言所反映的事物的概念。比如英语的"tree"这个单词，它的发音就是它的"能指"，而"树"的概念就是"所指"。

技术与建筑文化的共生、渗透决定了此二者在发展过程中具有相似的行为和程式。协同学的创始人哈肯（H. Haken）指出："类比的好处是显而易见的，一旦在一个领域解决了一个问题，它的结果就可以推广到另一个领域。一个系统可以作为另一个领域的模拟计算机。"[4]因而对技术文化发展脉络中的倾向性研究，可以有助于多维度理解结构形态的演进趋势。

从系统论的观点来说，"自组织"是指一个系统在内在机制的驱动下，自行从简单向复杂、从粗糙向精细方向发展，不断地提高自身的复杂度和精细度的过程。在M·海德格尔（Martin Heidegger）看来，技术是对自然界的"揭示"和"支配"，是一种"解蔽"[5]方式。技术来源于经验与科学，伴随文明与科学的发展，结构体系演化作为人的思维与创新能力提高的物化，结构理性的成长也使得经验技术慢慢向科学技术过渡。在这样解蔽的过程中，结构形态从对自然的模仿与深层无意识记忆中慢慢解脱出来，从自然的结构现象过渡到理性型构，从假设与经验过渡到实验与计算。社会与科学系统的复杂度增长决定了结构系统的增殖，其导致的直接结果就是结构系统的控制层次和结构层次的增加，对应的具体结构内容即力流的传递层级的明晰与秩序化。因而高度秩序化与可阅读性，代表着结构体系的控制力强，反之则弱。从用于研究复杂系统的分形图（图3-2）来看，在特定系统内，系统越复杂则组织层级越多，而从视觉与内涵意义来看，系统也更"轻盈"。

图3-2 分形几何模型

从热力学的观点来说，"自组织"是指一个系统通过与外界交换物质、能量和信息，而不断地降低自身的熵含量，提高其有序度的过程。结合系统论的观点，在大跨建筑的早期形态中，结构的层级模糊，混沌无序，是一种人化自然的模拟式、经验式建造，并非科学理性的有组织建造。无论是自然、技术、社会人文都没有跃迁式的发展，则在建筑熵系统之内没有对建筑的外来能量输入，系统能量相对均匀，熵值大。到文艺复兴与工业革命，以至于当代的科技浪潮，每有外界的社会变革和技术文化跃迁、繁盛，能量场的相对匀质平衡被打破的时候，根据熵系统的能量由高处向低处输送的原则，能量场就会向建筑系统传递能量，降低其熵值，提高系统的活性。建筑结构也受其波及影响，提升系统的有序度，丰富组织层级（图3-3）。在形

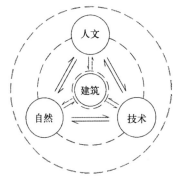

图3-3 建筑熵系统关系示意

态层面则是创新形态的涌现 ❶ [6]，样式更为丰富，更高级的序列组织和更合原理的形态输出。

综上，建筑结构形态的发展历程可以看作是一个复杂系统的演变过程，其具有一定的普遍意义，同时又包含了大跨建筑结构形态的内容。借助复杂性科学模型工具的帮助，可以明确结构演化的列车是从技术与文化的轨道上，从一种有序驶向另一种有序，而这样的序列递进呈现的是一种树状分岔生长的态势。

3.1.2　基于刺激与需求的人性折射

历史学家汤因比（Arnold J. Toynbee）认为，安逸对于文明是有害的，适度的刺激与挑战可以保持文明的活力，并给予其发展的动力 [7]。最适度的挑战不仅刺激它的对象成功应战，而且刺激它积聚能量继续向前进展，从一次成就走向新的斗争，从解决一个问题走向提出另一新问题，从阴过渡到阳。从动乱到恢复平衡，再要求发展，不断地发生有节奏的运动，就必须有一种生命之流把挑战对象从平衡推到不平衡，好让它面对新的挑战，不断前进以至延续。

历史的法则同样作用在建筑层面。诺曼·福斯特曾说过，"从某种意义上说，人类的历史也是技术的历史"，借此引申到结构领域，则在一定意义上，建筑的历史是结构技术的历史。尤其是在如何建造坚固、安全的无柱空间（column-free space），自人类文明诞生起就成了人类的梦想。拥有这类空间的建筑是人的集体生活、祈祷、娱乐、庆典，抑或提供人、物分离的收藏、展览场所。这样开阔的横向大空间（大跨结构）的历史，与高密度的城市经济活动和居住生活的需要刺激发展出来的纵向空间相比，要更为悠久。在历史的长河漂流，大跨结构也由于源自人类需求的不断提升和集体无意识的作用，从来不缺乏发展的刺激动力。

3.1.2.1　人为环境的刺激

汤因比对刺激的作用效果的研究得出两个结论：一是"困难越大，刺激就越大"；二是"新"比"旧"具有更大的刺激力量，尤其是在新旧差别较大的情况下，这个现象就愈发明显 [8]。

自然环境的刺激可以分成两方面来看：

（1）困难环境的刺激　"困难越大，刺激就越大。"相应的，对刺激的应对越积极，则发展提升的速度越快，即在适度困难环境条件下的积极应变带来的变化往往是最可观的。

人类历史上早期的大型建筑是陵墓、宗庙、浴场、教堂，即便是倾一邦之力，往往

---

❶　就涌现而论，整体行为远比各部分行为的总和更复杂。

图 3-4　拉斐特之家城堡

都需要上百年建成。建设难度之大、技术需求之高可想而知，其间亦难免有失败重建、损毁维修。也正是这样的难度刺激，和建筑师、结构师们的积极应对，使得大跨建筑在同侪之内一直是发展最速、结构技术含量最高的建筑类型。这个积累的效应可以看作是历时性的困难应对。

而前文（见本书 2.2.3 章）提到的英国水晶宫则是一个很好的现时性例证。在不到半年的时间内完成如此大型的工程，采用在此之前的建筑术几乎是不可能完成的任务。因而在新问题前面必须做出不一样的应对才能找到解决方法。在没有强刺激的情况下，人往往会故步自封，通常只是沿着将既有的成果精细化、熟练化路线漫步。巴洛克风格（Baroque style）建筑（图 3-4）和宋、清时代的中国木建筑都有这样的倾向。概因为当时的社会相对稳定，技术进步缓慢，已有建筑已可以应对绝大多数的社会需求，因而建筑没有本质上的突破，继续以"散步"的速度前进，只是步履更为"优雅"了一些。而水晶宫的"跨越"式的革命，是在社会环境、经济、技术等条件完成了足够的积累，具备这样的能力；但提供这个契机的，却是当时的英国所面临的信誉危机。在一个国家必须面对短期内兑现自己的承诺的时候，其引发的爆发力是巨大的。以往建筑所不会采纳，甚至不去考虑的因素，都会被重新导入。看似不可能、甚至外行的方法也被重新讨论。而事实上，正是一个"外行"的帕克斯顿举重若轻地化解了这场危机。

大跨结构所面临的"困境"，通常会出现在空间效果、结构跨度、建构材料、施工难度、工期时间、结构形态等方面。但"面壁"往往意味着"破壁"，结构上的困难与挑战恰恰是其创新的突破点。"困难环境"是外在的刺激，而积极地应对则是内在地主动刺激。纵观大跨历史上的数次突破，无不是从一个个"困境"之中突围而出的。而那些各具特点的经典案例，也都是在上文言及的各种挑战中独辟蹊径，在一方面或者多方面做到创新的结果。

（2）新旧对比的刺激　在结构技术的层面，人是"喜新厌旧"的。"新"是突破，"旧"是墨守。文明的前进根植在社会发展和技术进步。大跨建筑由于自身强势的结构"基因"，必定在结构实效提升的方向上进化。由于技术、经验以及科学知识积累的马太效应❶，社会及技术的发展是具有加速度的，因而人对大跨建筑的功能、数量、规模、审美的需求

---

❶　马太效应（Matthew Effect），指强者愈强、弱者愈弱的现象，广泛应用于社会心理学、教育、金融以及科学等众多领域。其名字来自圣经《新约·马太福音》中的一则寓言："凡有的，还要加给他叫他多余；没有的，连他所有的也要夺过来。"

无不是在变化，且越来越苛刻的。当百年的建筑工期、滞后的施工技术、多年的审美疲劳已远不能满足人们日益增长的建筑追求的时候，求变、求新必然成了结构的使命。

另外要注意的是，"新"、"旧"是可以迭代转化的。一时的"新"，是对其"旧"有的突破。但此时的"新"，也必将成为彼时的"旧"，到时则需要更新的结构、形态与理论取而代之——这个现象具有周期性。

无论是困境的刺激，还是新旧对比的刺激，这两方面在本质上是具有一致性的，都是作为大跨建造和使用主体——"人"——所要作出积极应对的问题，应对的结果落实到建筑的应变。对应到结构形态，则是结构形态的确立、表达与营造的应变。而就现实意义来说，则是如何运用新材料、新的结构技术和建构理念（例如传统建筑材料的应变应用，结构的非结构表达等）。

3.1.2.2　需求层次的对应

建筑作为一种人工产物，可以被看作人需求的物化。因而建筑的物化形式在一定程度上是由人的需求层次所影响甚至决定的。

美国人本主义心理学家亚伯拉罕·马斯洛（Abraham Maslow）把需求分成生理需求、安全需求、社交需求、尊重需求和自我实现需求五类，依次由较低层次到较高层次[9]。大跨建筑的结构形态从诞生到今日的发展也同样经历了几个层次的发展：原始意向、满足功用、彰显实力、形构一统。经过分析比较，大跨建筑结构形态发展的不同阶段在一定程度上可以被解释成需求层次理论（Need-hierarchy theory）的表现，是人的集体意志与集体无意识的表征外化（图3-5）。并且，大跨建筑结构形态的发展与跃迁都是符合需求层次理论原则的，利用这些原则作为分析类比的依据，一方面可以更清晰地把握此结构类型建筑的历史演进脉络，另一方面可以让我们在大跨建筑造型纷杂争鸣的今天，找到一个可以拨云见日的诠释角度。

早期人类个体生存能力有限，都是以群体、聚居的形式生活，于是容纳多人的空间成为需要，但在石器时代这样的大空间还无法用人工实现。人类开始自己动手建造大跨度建筑还是在人类掌握了基本建筑技能以后的事情，于是自然界的

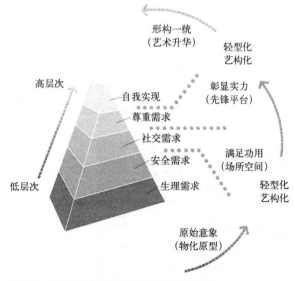

图 3-5　结构形态与需求层次对应关系示意图

天然洞穴成为人类最先利用的大跨空间。当技术能力与智力支持达到一定的程度，大跨建筑的实践才成为可能。这种早期人类生活聚居的天然洞穴即为大跨建筑的原始意向，它具有典型的庇护所意义，但它提供的大空间比一般的小型地穴、树屋、屋舍能给予人更多的生活便利及安全感。

低层次的需求满足以后，其刺激作用就会降低，其优势地位也不再保持，高层次的需求就会取而代之成为推动行为的主要原因[10]。有些需要满足后，便不再成为激发人们行为的诱因，会被其他需要取代。当人类的社会行为随文明发展进一步丰富起来，大规模的集会、观演、比赛作为人社交与尊重的媒介成为更为迫切的需要。大跨建筑不再是安全与庇护的场所了，虽然它依然要满足安全性的需要。这个现象也与需求理论的原则相符——任何一种需要并不因为下一个层次需要的发展而告消失，各层次的需要相互依赖与重叠，高层次的需要发展后，低层次的需要仍然存在，只是对行为影响的比重减轻而已。

社交的需要也叫作爱与归属的需要，它包括社交欲和归属感的满足。在人类文明进入近现代社会之前的时代，大跨建筑也基本以浴场（沐浴、社交、文娱和健身的综合场所）（图3-6）、竞技场和宗教建筑为主。这一时期的大跨建筑跨度有限，支承结构与屋盖结构混淆一体——即便随技术的发展促进了"肋"的发明，使得大跨结构的自重相对大大减轻，但依然属于一种形态抵抗的阶段。工程科学还并未被引入到大跨建筑的理论体系，建筑师的经验积累与感觉仍是建筑结构设计及实施的主宰。

尊重的需要可分为自尊、他尊和权力欲三类。工业革命以后，人类在各方面改造世界的能力都得到空前的提高，生活水平也随之水涨船高，人口数量也从此进入了高速增长的时期。相应的，人的需求也在这样纷扰繁复的世界里面实现了一种跃迁。各个国家与民族无不在这时体现出比以往任何一个时代都要强烈对尊重的渴求，于是一幕幕大规模的战争、和平、发展的历史剧在人类的舞台上争相上演。大跨度的交通、博览与体育等类型建筑，一定程度上也成了各个国家、民族展示自己实力、文化与科技的先锋平台，而且大跨建筑自身亦是平台之上的展品。在这一时期空间抵抗结构形态逐渐成为大跨建筑舞台上的主角，尤其在20世纪60年代之后，当建筑钢材不再是限制结构选型的因素，数学理论也已经发展到能分析和预测结构性能，空间抵抗结构形态以其更优化的结构方式、更"轻盈"的结构自重实现了更大的空间跨度，拓展了更多的功能，也满足了人更上一层的使用与精神需求。空间抵

图3-6　古罗马浴场

抗结构形态在当代依然有着很旺盛的生命力，以空间网壳、空间刚架为结构的空间抵抗形态依然是今日大跨建筑创作的首选结构形态之一。2008 北京奥运会有多个场馆以此为结构形态，但部分场馆结构形式过时，为实现新奇造型导致用钢量的严重浪费。这样的现象按照技术的发展创新要求以及从可持续发展的角度是无从解释的，但是在需求层次理论中我们可以找到对应的原则：人在不同时期表现出来的各种需要的迫切程度是不同的——人最迫切的需要才是激励人行动的主要原因和动力。当代的建筑评论家迪耶·萨迪奇有过这样的论述："建筑……尽管表面上看来它或许扎根于实用主义，实际上它已成为人类心理的一种有力表述，具有非凡的启迪作用。"[11] 为了满足特定时期部分受众的心理或社会集体意志需求（例如迷恋表现、获取尊重），建筑的本体意义就有可能在形式的选择中被消解。一个实现成本高的建筑在直观上可能是造成了过多的经济损耗，但是其带来的社会效益往往是无法估量的，这是建筑文化的深层力量，需要通过更长的时间来检验，而不应短视地把它放在建设周期内，作为价值的度量衡。当人对建筑给予足够的尊重，包容它的瑕疵才能给予突破的力量，当这种突破成为现实，建筑又会反作用于人以一种心理刺激，扩大了人的心理评判尺度与疆界。

最高需要即自我实现就是以最有效最完整的方式表现自身的潜力，"外在的美好"与"内在的本质"都得以高度发展并和谐一致。路易斯·康曾有过"砖喜爱拱券"的经典论述，正是建构方式应满足材料"意志"，发挥材料潜能的形象说明。材料的理性表达要通过拓展材料的物理性能与潜力来实现，而材料的感性抒发则要通过艺术的处理手法来完成。大跨建筑实现跨度是其第一成立要素，因而结构技术无疑是大跨结构的主导者。但是当代建筑师已经不满足于结构的单纯实现，大跨建筑自身的技术升级与跃迁也昭示着结构表现理念的诞生。

传统的大跨建筑通常都会将结构"包装"起来，人们最终所见的建筑往往都或多或少地消隐了结构的痕迹。而结构是其成立的根基，是自身"灵魂"的依托——剥夺了结构的话语权，建筑自身的表达往往就会显得羸弱，仅仅成为使用空间的傀儡。而大跨建筑的品质不单单体现在内部的空间品质之上，其同样需要优秀的结构形态品质——不单单是高技术，而是使用高技术的同时传达"高情感"。近年的大跨建筑实践证明，技术理性不是造型千篇一律的元凶，艺术表达也不是建筑不能承受之轻的负担，它们是"一枚硬币"的两面，丢弃哪一个，建筑自身的价值都会随之流失。当代的大跨建筑实践证明，结构形态自身就可以成为艺术表现的载体，除了构建空间，结构自身亦可以有着艺术化的诗意表达。

西班牙建筑大师卡拉特拉瓦将"结构即建筑"作为自己的设计宗旨。他继承并拓展了奈尔维的结构表现思想,将其应用在钢和混凝土结构"塑造"之中。在他的设计作品里，我们可以感受到静态的建筑释放的自然、运动与力量之美，这使得他的作品从众多凡品建筑中脱颖而出。建筑的成立依托于结构对荷载的抵抗，卡氏的结构将荷载的分布、传递和平衡这些原本抽象无法目视的"力"，通过构件的划分、组合、集聚，或是将力的性质赋予特定的材料、独创夸张"力感"的构件形式来传达出人视觉可以接收的信息。甚至通过建筑师对结构臻于化境的理解，将结构的受力集中点结束在物理结构之外——这样的结构状态在实现稳定平衡的同时，却大大拉伸了受众的心理张力，这种心理暗示的刺激运动使人与建筑呈现的运动感产生共鸣，获得审美愉悦（图3-7）。结构的艺术表达在成就空间的同时，亦成就了自身——"当技术实现了它真正的使命，就成为艺术"（密斯）。

上面的分析仅从鸟瞰的角度粗略地将结构形态的发展与基于社会心理的需求层次理论进行了类比联系。通常对于大跨建筑的研究都是从结构及空间入手，以往的建筑心理研究亦多是从空间及功能的角度切入，本研究尝试着从大跨结构形态表现层面的发展找到与社会心理之间的共通性。一方面，它们是具有同构性的，因为建筑是人化自然的产物，人的需求的变化必定会影响到建筑。科学与技术一般独立于意识形态之外，而建筑则不然。它本身可以承载大量的特殊信息，既是一种实用的工具，又是一种有表现力的语言。既然建筑是人类改造自然的一种语言，人类的一些需求也必定通过建筑的方式来表述。另一方面，大跨建筑时至今日的发展，其起源是来自人的需求，其实现又受到技术的限定与释放，可以说是社会心理需求和结构形态技术双重建构的结果。大跨结构形态的确立总是在技术理性与艺术感性的天平上摇摆不定，其决定因素往往不完全依赖于小众的判定，而是对应社会意志的一种化合反应，因而将心理学的理论引入到结构形态学的研究内是有其建设性意义的。

本文的讨论不尽准确，只是一种可能性的探索。另外，需求层次模型对应的结构形态也未见得是阶级越高位越应作为首选，而应根据建筑用途、建设条件和建设规模理性选择。大跨结构可以诗意地建构，却不可以"诗意地"定位，盲目地沽名钓誉代价往往会让人更为失意。加拿大蒙特利尔作为21届奥运会的主办城市，魁北克省省长不顾建筑的合理选材和选型只为树立"不朽的纪念碑"而营建"混凝土的奥运会"（图3-8），

图3-7　卡拉特拉瓦设计的TGV车站　　　图3-8　蒙特利尔奥林匹克体育场

其主体育场由最初预算的 6000 万美元攀升到最后的 10 亿美元。奥运投资中 1.6 亿美元直接由蒙特利尔纳税人缴纳奥运特别税承担，直至 2006 年这笔奥运欠下的债才偿还清。因而，大跨建筑结构作为其实现成本的主导者，其定位当对应适当的需求层次，盲目违反规律的层次跃迁必定会造成高成本并形成黑洞的反噬。在顾及最迫切层次的需求同时，亦要顾全技术成本的底限。

在建筑学领域，对于大跨结构建筑的建筑心理研究往往都是以"空间"为研究对象，对结构形态多采取避而不谈的态度。如果说结构技术是纯理性的，那么在结构形态的选择与创造上就是理性中的感性因素。形态结构是建筑语言的表层结构，社会心理的需求层次是其深层结构的一支。通过本文的论述可以得出，大跨建筑的结构形态与社会心理的需求层次是有着隐秘的深层联系和转换关系的：随着社会心理之需求层次的提高，大跨建筑的结构形态也随之呈现一种轻型化、艺构化的发展趋向。这对当今大跨建筑设计与结构形态选择是有着很大的启示意义的。

3.1.3　基于拓展与演进的审美需求

3.1.3.1　"织品论"与轻型结构思辨

日本学者斋藤公男提出"大跨建筑织品论"[12]（图 3-9）。斋藤将大跨建筑的历史类比成"织品"。结构技术作为"工具"，即材料、施工方法、构造方法、理论作为经线；建筑形态（造型性和审美性）作为纬线。大跨建筑的历史长卷就是由经纬双向的"线绳"错综交错，织构而成。经线具有连续性和普遍性的特点，其参股数量（内涵）随时间的推移累积。随着建筑应用范围的扩张，经线也越强韧（技术的发展完善）。而纬线则是时代感知性的晴雨表，随时间推移其色彩和粗细亦随之变化。

斋藤的论述表达了至少两层意思：一是大跨建筑形态发展受结构理性技术和审美感性标准的双重制约，形态的结果是两种要因的化合产物，缺失一方等式都不存在；二是两种要因都是动态发展的，并且无时无刻不产生互动，彼此影响，因而形态设计和批评不应该片面地厚此薄彼或扬此抑彼，应该建立具有总体观的设计理念和批评体系。

谈论大跨建筑的审美和艺术，不能回避结构形态，这也是本文的论题采用"大跨"而不是"大空间"的一个考虑。大跨建筑的艺术在很大程度上应该是指涉结构艺术的。"结构艺术" ≠ "结构＋艺术"，这意味着其远比简单的建筑或者好的结构设

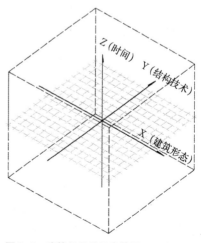

图 3-9　建筑织品论示意简图

计要多出许多内涵。因而在这里要再一次强调并重新点题——"结构形态轻型化"（SM light trend）并非简单对应"轻型结构"（lightweight structure），而是与"轻型结构"概念不尽相同，且比之更为丰富的概念。"结构形态"是一个已整合的概念，其意义多于两部分的加合，强行的拆分必然导致概念的不完整；而"轻型结构"完全是结构上的概念，指的是采用轻质材料、轻型型材与高结构实效的结构选型的结构实体以及建构工序，属于现当代范畴的建筑概念。而"结构形态轻型化"是一个具有时间意义的动态过程概括，它所指涉的不是某一种特定的意义的结构，轻型结构是它的一种历史呈现形式，但不是唯一。通俗地讲，没有语境的轻型结构是技术意义的语汇，但加入了审美限定之后，轻型结构最终的形态呈现不见得必然是轻型化的，其呈现有可能是模糊的、非轻逸的，甚至是不同于"轻与重"的另类观感。反之，非轻型结构的形态呈现，却有可能"变脸"成轻柔的表情，用坚固厚重的结构营造轻远之意境。大跨建筑的结构耗材量原本就极大，如果还要处理成厚重的效果无疑要进一步增加建材的使用量。而在人视尺度上，大跨建筑原本庞大的体量本已给观者造成一定的视觉及心理压力，如果再加重这样的观感，难免会使受众产生抵触或压抑之类的心理暗示，导致建筑接受度降低。若非特殊的文化意义指向或是政治需求，通常大跨建筑结构形态适宜做"轻"，而非"重"。而反观"举重若轻"的结构形态，则是对建筑结构理解融会贯通的一种境界。原本巨型的建筑体量可以经过形态处理得以部分消解，使大跨度得以从压抑到温和，从封闭到通透。伦佐·皮亚诺（Renzo Piano）在巴里的圣·尼古拉体育场的设计中，对建筑做了多重形态处理。例如通常采用混凝土的看台坐席外向面是连续交圈的整体，构件形式通常是对应坐席区的台阶叠落。而皮亚诺将上部的观众看台区划分成 26 块巨大的"花瓣"，"花瓣"的缝隙使建筑变得纤秀精致，同时可以作为人员的交通空间（图 3–10）。坐席的外面也被制作成竖向的条纹，是其上的膜结构视觉顺延（图 3–11），同时契合花瓣意象。在两部分结构的衔接处同样采用空隙的处理手法，但距离上缩小，避免破坏竖向的主题。在坐席区的边缘利用玻璃挡板，尽可能小地削弱对通透效果的影响。膜顶的主要支撑构件是从观众席出挑的箱型梁；次要构件采用膜顶前端的 U 形桁架，与箱型梁平行的拱肋，以及和起连接作用的侧向稳定杆。为了使得拱肋尽量纤细，它们的空间刚度通过两端之间的拉杆强化。通过这一系列的处理方式，使得原本结构巨大的体育场隐约间有拔地而起的上升欲飞之姿，皮亚诺的这个作品也堪称是"举重若轻"结构形态的经典示范。

　　另外需要附言的是，大跨建筑是对工业化生产要求较高的一类建筑，工业化生产以及与之顺应的设计方法导致了很多大跨形态的同质化严重。因而亦有些建筑师采取了一些抵制这样倾向的方式，有极端者甚至将建筑或者建筑部分做成雕塑感极强、信息容量巨大（例如印刷表皮）的外观（图 3–12），从一定程度上越界满足了受众对于雕塑、传

图3-10　巴里体育场"花瓣"缝隙　图3-11　竖向条纹处理　图3-12　斯蒂维埃勒舞蹈剧场
手法

媒的情感需求与阅读快感。但这样的方式，某种意义上将建筑推回到形式的模拟之中，放弃了对其自身构成意义的追求。安德鲁·维尔努（D. Andrew Vernooy）曾经指出过，建构的价值无论在现象学层面还是在文化层面都被大大削弱了，模仿（simulation）取代表达（presentation）和再现（representation）成为建筑的主要表达方式[13]，这反映了建筑界对于建筑自身建构意义被逐渐侵蚀的担心，但无论如何，在多元的社会里面，建筑的成立也应是多元因素介入。建构作为一种选择甚至是重要的必要条件，它一直在影响建筑的走向。而其他的社会文化因素渗透在建筑的要素之中也是一种无法避免的趋势，这样的结果必然要导致建筑的审美标准的多元化，结构技术、建构方法、呈现形态是标准，但并不唯一。结构形态的发展也必然是多向分叉的，轻型化是趋向之一，可以说是一支主导的趋向，但它也不是唯一的，必然和其他的结构形态的趋向共存，并互相作用，共同左右着建筑的形态发展，处在"风口浪尖"的大跨建筑尤其是这样。

3.1.3.2　多维并济激发美学转型

建筑科技在日新月异地更新进步，技术评价体系也随之完善，同时在社会审美认知的变化与多种艺术思潮的冲击下，建筑的美学批评体系得到了拓展。

康德将美拆分成"崇高感"与"优美感"——崇高使人敬畏，优美使人欢愉。大跨结构呈现的美学取向一直偏向于前者。时至今日，其结构已不再作为单纯参与塑造空间、组织功能的简单功用，而是逐渐演变成参与建筑形态塑造的重要元素。

早期大跨建筑的结构形态往往在"大"的层面寻找突破，为了创造更大的跨度，实现更大的空间，追求"大"所带来的崇高与神圣。在一段时间内这种"大"的追求成就了很多享誉世界的一时乃至传世经典，但其终究是在非人的尺度上做了过多的着力，结构更多的时候在参与展现建筑的体量架构与表现宏大的冲击力，其自身往往被隐匿在装饰元素的覆盖之下。这样的建筑接受的是人们具有敬意的膜拜，却没有被赋予使个体使用者得以亲近的性格。从现代信息理论的角度来看，这是一种剥夺建筑语言信息"冗余度"

的做法：其结构功能叙述地简单而有效，其技术审美与可读性却大打折扣。这一时期的大空间公共建筑也多为宗教建筑，裸露的大跨结构基本是基于技术需求自发的呈现，而非主动参与影响空间形态的塑造。结构形态处于一种模糊的、模棱两可的"遮蔽"状态。

20 世纪伊始，大跨公共建筑结构形态开始突破空间附属品的定位，以其自身的形态更为积极地参与到建筑形态的塑造之中。结构技术不仅仅是手段、工具，而被拓展成一种如 M·海德格尔所言的"解蔽"方式，其自身成为对形态的"揭示"和"支配"。不过在 20 世纪初叶，结构还没有完全超越古典建筑设计理念的藩篱。一些大跨结构构件，例如钢铸拱架被进行风格化的装饰性处理，大型钢结构构件以及立面风格仍被施加了"石筑"时代的"咒语"，"优美"的"沿袭"是被强行附加的，而并非出自结构本体自生，难免会有郢书燕说之嫌。

随着结构工程学的长足进步与人们对技术美学的认知提高，结构形态学的研究与探索开辟了创造大跨公建形态的新途径。结构形态借此释放了自身无需被隐蔽的表现力量，结构也实现了从技术产品到艺术作品之间境界的跃迁。

大跨建筑的结构技术及设计理论在 20 世纪中叶前后取得了很多突破性的进步，例如短线程穹顶的发明，薄壳建筑的大量实践及成功，空间结构的网格化，张力结构体系带来新的建筑形式，开闭结构穹顶的应用等。这些里程碑式的技术爆发，颠覆了人们对结构的片面理解，同时带来较高的一般社会及专业领域上的关注度。结构的表现力成为建筑界新的研究课题，这种关注不仅仅是停留在建筑的外在形式之上，而是突破了内外的界限，即便在内部空间也能够阅读结构的逻辑表达，体验结构形态所映射的力流传递。这样的阅读体验将空间的崇高与型制的优美统一融合，"表里如一"突破了传统"结构＋装饰"的拼盘式组合。新的设计原则与灵感被大量引入结构设计之中，结构设计也并非只是结构工程师的任务。建筑设计似乎也回到了最初的原点，优秀的大跨建筑需要建筑师承担起建筑设计与结构创新的双重任务。纵观近年来引人注目的大跨公建，其中多数都是在结构形态下足功夫，"外显"与"内显"的结构为建筑创新注入了新的生命力。"解蔽"之后的建筑也被赋予了全新的生态及美学意义。

这样的转型是双重建构的作用结果：于精神层面反映在技术美学的认知及其在两种康德式美感的共济追求；于物质层面的直观反映，则是结构形态多层次技术元素的变化与关系的调整。从多种大跨结构体系的美学潜质中都可以找到相关依据。

结构形态的嬗变正逐渐走向成熟，清晰表露的结构既是技术的表现手段，亦是文化与情感等非物质性结构萌发的沃壤。转型中的大跨公共建筑不再是一副尺度惊人、表情木讷的面孔，而是在"崇高"与"优美"两种信息输出之间调度最优的组合，颉颃而光辉。

（1）结构体系作为大跨建筑的骨架，已经发展出薄壳、悬索、网架、空间桁架、膜结构等多种空间体系。其主要结构材料又多以钢材为主，钢材本身优异的抗拉性能以及空间网格的轻质高强决定了结构的传力要清晰明确，构件的结合逻辑要与力流传递相一致。技术美学要求从结构的几何形态之中可以阅读到力学逻辑组织，从结构之间的关系之中可以识别出层级的变化与系统的协同，这与自然、生命之美是内在契合的。

（2）网格单元较之建筑整体是更为近人的尺度，使大跨建筑与人体尺度沟通的纽带。网格机理细化、柔化以及强调秩序美学的同时，却能缓冲庞大体量的压迫感，其格构的型制也成为结构形态风格的主要织构手段。对称、比例、节奏与韵律等作为一种物质结构秩序与人的审美心理秩序产生同构作用，唤起人的审美情感共鸣。

建筑的形式美构成的基本要素取决于结构形式，而结构形式则是力学的"形"和"意"的体现。力学的"形"依附于结构形态而表现出来，力学的"意"作为结构的机理而存在。网格单元的形态是其受力状态的直观映射。单元网格有规律的重复或渐变秩序是结构形式美的重要层面，同时可以使庞大的体量经由人视尺度的通道传达其他附加信息。

（3）构造成为一种把材料、意匠和环境要素联系起来并予以形态表现的手段，它所产生的部件事实上成为物质性与精神性的双重凝聚物，可看作为结构诗意的表现。K·弗兰姆普敦强调在用物质材料开始建造时节点就是最原始的建构要素，它本身构成了建造文化的独特性。建筑的全部构造潜能在于将它自身的本质转化为充满诗意而又具有认知功能的构造能力。建筑具有本质上的建构性，所以它的一部分内在表现力与其结构具体形式是分不开的。细部节点将运动、生命等带有感情色彩的意向通过构造的象征性处理手法拟态，实现从技术到艺术的升华。

（4）一直以来，建筑设计都要依赖于材料和加工工艺的发展。材料性能包括材料本身的物理力学特性和它所体现出的对人感官作用（视觉、触觉等综合感官体验）的色彩、质地和视觉情感。对建筑材料的选择和应用是影响建筑艺术效果的重要因素，不同材料要求决定了不同的建筑形式和构造方法，相应地影响了建筑作品的外观和效果。大空间公共建筑的结构材料应更注重其力学特性，并适度开发其表面性状，使其浑然一体。

（5）新的建筑形态拓展带来的建筑自身功能的变化，例如网格结构配合以覆面材料的组合可以实现更为自由的采光、通风方式，并且配合以构造及机械、机构手段可以实现各种主动、被动式调控，使得建筑的适应能力大力强化；另一方面，传统意义的建筑附加设备通过新的形式设计及整合处理，可以以构件或者表皮的形式融合于建筑之中，成为新的建筑有机体。

西奥多·阿多诺❶ 曾言，"艺术作品不应当作为阐释学的对象，由美学来加以把握；就今天看来，应当把握的正是它们的不可把握性"[14]。大跨建筑具有"技"、"艺"的双

---

❶　西奥多·阿多诺（Theodor Wiesengrund Adorno，1903～1969），德国哲学家、社会学家、音乐理论家，法兰克福学派第一代的主要代表人物，社会批判理论的理论奠基者。

重属性。新时代的美学旨趣，要求大跨建筑不单单是在形式上惊艳奇巧，甚至要超越此种观念的束缚。庞杂繁复的建筑系统是需要与之适应的美学批评的，新的建筑美学要求大跨建筑在建筑形态、结构调度、材料组织、设备配合以及生态理念等方面应有所突破，或者独辟蹊径。在当今人们可以看到很多杰出的大跨建筑，在造型上似乎并没有传统美学视野下"看上去很美"的那种强烈冲击，但是这些建筑却能给予宜人的使用环境、良好的空间感受及享受的阅读体验。这是目前大跨建筑"在路上"的转型效应，并且可以预见的是，这条路上将有更多的同行者。

以上主要是针对物质层面所做的总结，还有很多非物质层因素面同样对大跨结构形态发展产生作用，在后文将有更详尽的阐述（见本书 3.3 章）。

3.1.4　基于再生与可续的生态意旨

我国建筑垃圾的数量已占到城市垃圾总量的 30% ~ 40%。以 500 ~ 600t/ 万 m² 的标准推算，到 2020 年，我国还将新增建筑面积约 300 亿 m²，新产生的建筑垃圾将是一个令人震撼的数字。2010 年 4 月 6 日英文《中国日报》报道：每年中国消耗全球一半的钢铁和水泥用于建筑业，产生了巨大建筑废物，现在政府号召房地产开发企业提高建筑质量，将目前 30 年的建筑平均寿命延长至 100 年。

目前，我国大部分的建筑垃圾都是住宅建筑所产生的，大跨建筑产生的垃圾相对量少。一方面和其相对建设量较之所有建筑的总体建设量比例小有关，且大跨建筑采用的建筑材料通常都是以钢材、玻璃和具有高环保效能的膜材[15]（如 ETFE 膜材）（图 3-13）为主要建筑材料，除混凝土材料之外，基本都能做到回收再利用；另一方面，也应看到即便是相对建设量不大，但大跨建筑正处在一个建设高峰期，随着北京奥运会、全运会、上海世博会、广州亚运会接连召开，以及城市的加速扩张现状，大型体育建筑、展览建筑、交通建筑等大跨建筑的建设无不是紧锣密鼓，遍地开花，其建设量是空前的，并有逐年攀升的趋势。大跨建筑的寿命周期通常较长，以体育建筑为例：特级建筑的主体结构设计使用年限都要大于 100 年，甲级、乙级也要达到 50 ~ 100 年的设计年限[16]。目前建设的大量大跨结构还没有面临拆除的问题，但几十年或者百年以后，将有大量的大跨结构将要拆除，届时将集中产生大量的建筑垃圾。需要注意的是，按照我国目前建筑更新速度，即便是大跨结构，也极有可能达不到这个年限。以前沈阳五里河体育场为例，该体育场始建于 1988 年，经过两次的扩建，在最终拆卸前建筑面积达 5 万 m²，并设主席台座席 350 个、贵宾席 615 个以及 90 个包厢，可容纳近 6 万人，在投

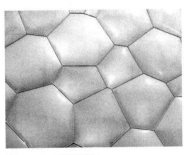

图 3-13　ETFE 膜材

入使用 18 年之后，于 2007 年 2 月 12 日被爆破拆除。

此前官方媒体都报道称，本次爆破所拆除建筑物，不论单体面积或一次爆破面积都是世界之最，是名副其实的"中国第一爆"（图 3-14）。且不说此体育场对中国足球历史的意义，单就其结构来讲，并没有出现结构安全问题，18 年的使用年限也远未到结构寿命的界限，整个建筑还处在"青少年"的阶段。如果翻新改造加建以适应奥运会使用的话，完全是可以做到的。事实上，这样的计划也经过验证计算，五里河的改造费用不低于 4.2 亿元人民币，而重建的费用则达到 16 亿元人民币，以接近 4 倍的价格来推翻重建一座尚有活力的建筑，拆掉一段历史的记忆，是否太过得不偿失？很多评论也认为，近年来，建成没几年的大楼甚至正在建设中的高大建筑被拆除的现象，在全国各地并不鲜见，其中的浪费和对环境发展的负面影响难以估量。如今这样的一股风指向了大跨建筑，是很值得业界警惕的。"五里河"现象无论从经济意义，还是从节约型社会建设上讲，都应算是负面的案例。从建筑专业的角度来看，该建筑的设计以当时的设计条件及建设水准来看，都属精品，使用率也很高。结构形态及建筑外观在当时都有很高的原创性，对其后的很多大型体育场建设起到了很好的示范意义（图 3-15）[17]。且抛开其他非建筑原因，痛定思痛，反思建筑自身的原因，或许也能找到一条可以双赢的道路。该体育场之所以没能够实现当初的改造计划，一个比较现实的原因，即原本的改造成本虽低，但是对钢筋混凝土结构的改造周期较长，无法在限定的期限内完美实现和投用。如果说曾经的两次扩建反映的是策划工作对城市发展潜力预计的不足，改建的长周期则反映的是结构先天适变能力的不足。故而在大跨建筑的策划、设计、建设的周期中，要做到：

①科学策划——合理有效地把握好建筑的规模与功用需求，既满足现有需求，又要留有余地；既要经济适用，又不捉襟见肘。②动态适应设计——在设计伊始，就要结合策划的指导，若在预期内需要扩建，则尽可能在结构上选用改建、扩建能力强的钢结构、膜结构作为主要的结构。而混凝土结构及钢筋混凝土结构的建造几乎是不可逆的，已经

图 3-14　五里河体育场爆破现场　　　　　图 3-15　前五里河体育场

建设就很难再回收利用，在这样的情况下则应避免使用，或者仅用作下部结构。抑或在设计时，考虑临时设施或者移动机构的使用。③可续建设——作为前两个环节的承接与补充，可续建设是作为充分条件出现的。"可续"指的不只是单一的建设周期，而是将"全寿命周期"❶的概念引入：若无必要，则尽可能采用可再生、可回收再利用的建筑材料与装饰材料，亦要避免二次、三次重复投资建设。在设计阶段，亦要结合当地的建设条件与技术水平，考虑到结构选型、施工技术的可实施性。简单的选型对应到一定的跨度有可能造成建筑材料的浪费，而技术要求高的选型则涉及设计能力、材料加工、施工能力等更多的因素，过于高技术也有可能造成经济上的浪费，且有可能出现工期延长，结构安全性降低的问题。同时，尝试将"低碳经济"的主张纳入到设计理念之中。对于个体建筑而言，低碳减排并非仅是一系列节能减排的策略指标，而是一种节制的、低姿态的生态情怀。我国水泥产业的碳排放量和能源消耗量在国民经济各行业中仍居于前列："据统计，2009 年我国原煤产量为 29.6 亿 t，燃烧所排放的 CO_2 为 77.5 亿 t，其中水泥生产能耗约 1.8 亿 t 煤，占当年全国总能耗消耗 6.6%，CO_2 排放总量约 13.8 亿 t（包括生产水泥用 $CaCO_3$ 分解排放的 CO_2），占当年全国 CO_2 总排放量的 26.1%。"[18] 目前尚没有大跨建筑建设的碳排放量的统计数据比较，借助钢结构住宅与混凝土结构的比较结果❷可知：在现有基础上，进一步减少混凝土的使用量是一种必然的减排趋势。钢结构相对于混凝土结构的碳排量有着 10 倍以上的级数缩减，且在建筑寿命到限的情况下，无论是拆除，还是改建，都需要更少的人力及投资。而大型的混凝土建筑则有可能需要爆破拆除，无论是从碳排量还是对环境的负面影响角度来看，都更为严重。

　　综上可得出，基于可续与减排的生态意旨，从当前的技术、经济条件来看，减少混凝土材料的使用，对混凝土结构形态进行设计调整，或与其他材料结构混合使用，或代之以金属、膜、玻璃等相对轻质的建筑材料，都是行之有效的从结构形态着手实现生态效益的措施。另外，值得警惕的是，假借生态与节约之名的绝对经济理性倾向。建筑不单单是机器和容器，其成立还需要有艺术与审美的参与。因而在选择材料与结构的时候亦不能仅仅考虑造价和纯粹技术的因素，而应该包括情感和艺术想象的精神，使建筑超越纯粹的功利，超越逻辑思维和冰冷的计算，取得和社会精神追求的同步与共鸣。

---

❶ 全寿命周期设计始终是面向环境资源（包括制造资源、使用环境等）而言的，它的一切活动都是为了使制造出来的产品能够"一次成功"并在当地的资源环境下达到最优，而不必进行不必要的返工。在设计过程中，不仅要考虑产品功能，造型复杂程度等基本的设计特性，而且要考虑产品设计的可制造性。

❷ 钢结构住宅造价与传统的混凝土结构基本相当，使用面积可以多 5%，但使用的建筑材料的碳排放量差别很大。据有关分析计算表明，钢结构住宅，每平方米建筑的钢材使用量为 100kg ~ 120kg 左右，使用的各种建筑材料的碳排放量为 480kg/m^2，而混凝土结构住宅的建筑材料碳排放为 7406kg/m^2。在房屋使用过程中，由于其采用节能设计，房子的保温节能效果好。在房子最终的拆除阶段，钢结构的拆除需要较少的人力和动力，而且大量的材料可以循环利用。

3.2　结构形态的物质结构呈显

从前文可以得出，"轻型"趋向是大跨结构形态发展必然的主导方向之一，无论历史回溯，还是未来动向；无论是现时性，还是历时性——"轻"、"远"一直都是大跨结构"灵魂最深处的呼唤"。在结构形态的复杂发展变迁之中，结构形态也必然受动因的作用，做出各式回应。本文将这些应变归纳成两类：物质结构呈现与非物质结构呈现。

本节将讨论物质结构呈现部分。

3.2.1　力学原理的镜像

车尔尼雪夫斯基对美有这样的论述，"客观的美和主观的美高度统一起来，才是真正的美"。车氏在这里强调的是一种审美客体的合规律性与审美主体的合目的性的统一。客观的自然美就在自然本身，这样的美体现在事物的合规律性。英国动物学家汤普森曾言"形是力的图解"，自然物的形态是由其内在的力决定的（图 3-16），即自然本身处在力的平衡状态（结构）中。因此力就成为自然美的规律之一。

图 3-16　黄洋甘菊与斐波那契数列

建筑的"自然态"即建筑的结构，建筑的自然形态即是其结构形态的呈现。结构于建筑好比骨骼于人，建筑师要像画师与医师了解骨骼一样了解建筑结构，才可以做出好的建筑作品，"诊断"出结构设计的问题。大跨形态与结构形态的高度统一又要求设计者对其结构有着更深入的理解和掌控能力。无论是人的骨骼还是建筑的结构，其本质都是一样的，都是作为抵抗和传递（包含外界和自身的）力、维持物质系统的平衡及稳定的机构存在的。由此可以看出，结构具有三个工作"流程"：力的接收（reception）、传递（transfer）和释放（discharge）。虽然结构从人视觉上的感官是静止的，但是从其工作流程上则不难看出，结构一直处在一个动态的过程，这个过程的核心要素即是"力流（flow of forces）"。可以说力流的设计即是结构的设计，因为建筑结构系统即力流的路径。按照西格尔的结构语境来说，当结构形态和作用力方向相适应，力流就顺畅通达，不会产生矛盾。当无法取得直接的力流路线而必须绕路改向的时候，即产生结构矛盾，需要采取相应的措施（图 3-17）❶。但这样的情况是经常在结构中出现的，尤其是作为要满足

---

❶　以同类型的多层框架为例，为了设置大空间而出现"托柱梁"，导致了传力路线的曲折复杂。若要避免这样的情况，则需要改变功能形态，或者增强型态实体或附加结构来实现。

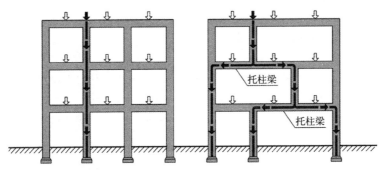

图 3-17　力流改向的结构矛盾

特定功能的形态，极有可能与自然的力流相冲突，即功能的形态与力的自然形态不一致，这时则需要设计一种与功能需求一致的力流体系来适应。这样的体系设计，很少通过改变力的大小（magnitude）来实现，更为实际常用的方法是重新组织力的方向，这个措施也将会决定物体内力的大小。因而，改变力流走向是构建力流系统图像的着手点，控制力流的原则即力的改向（redirection of forces）原则，其支撑着结构体系设计，亦是结构形态设计最核心的依据。

由上述可知，结构是否合理可以根据其内部的力的状态来判定。例如材料的轴向受拉、受压时，力学特性或承载力利用度最高，偏心次之，受弯的时候最低，因而结构在设计时要尽量避免受弯的工作状态，或采取一定措施，利用弯矩图来设计加强结构自身的形态。建筑学者罗森迟尔（Hans Werner Rosenthal）曾指出："对设计者而言，弯矩图形及其含义比一些孤立的弯矩数值更为重要。"弯矩概念与弯矩图，是利用优化弯曲应力的分布途径来设计合理有效的结构形态的力学依据，也是其设计构思的出发点之一。同时可以利用它们来判定如何加强或者精简结构，实现合规律的内在理性与扩大结构实效的双重追求与统一。结构的轻质不仅仅是采用轻质高强的建筑材料，更要注重如何应用材料。即便是相对轻质的材料，如果没有科学的依据支撑，缺乏理论认识，只能造成无谓的堆砌和为求"保险"而大量增加材料的浪费，况且这样盲动并没有为结构增加所谓的保险，甚至有可能降低结构的效率及安全。从契合力学原理的角度来说，优秀的结构应该是"四两拨千斤的"，将结构效能最大化。

通过弯矩图生成结构形态，是优化结构实效，生成合理化结构形态，乃至结构诗意表达的捷径：

（1）通过对比弯矩图生成结构形态：在大跨结构中，经常会采用斜拉钢索来悬吊屋面结构，通过弯矩图的比较可以看出，这可以十分有效地减小大跨横向构件弯矩（图 3-18）[19]，达到大大降低结构用钢量，降低结构自重的目的。

奈尔维在创作大量的预制拱顶和穹顶的同时，还创造了结构独特的其他许多作品。

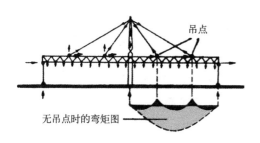

图 3-18　有无吊点的弯矩比较图

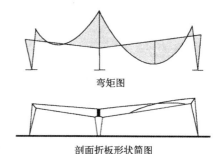

图 3-19　联合国教科文组织会议厅的弯矩及剖面对比图

设在巴黎的联合国教科文组织，其总部大厦会议厅是一个折板结构，前后墙面和屋顶是一个连续的整体。他根据结构的受力情况在屋顶部分附加一块成波浪状的连续板，其断面轮廓针对弯矩图在特定的部位予以结构加强，不但加强了屋顶的刚度和受力性能，而且达到增强聚焦主席台的导向性，同时取得了良好的声学效果（图 3-19）。

（2）结合与弯矩图一致的形态来设计结构：采用与弯矩图统一的结构系统可以使其受力呈现显性的状态，可以更明晰地传达结构受力与传力的工作状态，使结构建造具备逻辑上的真实性。这样的语言传达与人的认知规律相结合，就达到了车尔尼雪夫斯基所指的"真实美"的境界。

构成空间及形态的最基本的静定结构是悬臂梁及简支梁。两者都是根据所作用的荷载来决定弯矩的。将悬臂梁及简支梁组合利用的悬臂简支梁是最简单的基本结构之一。但单层轴力类轻型结构体系并不能满足所有情况和跨度需求，因而有必要使其自身具备抗弯刚度，或与其他结构混合组成混合结构。但无论怎么变化，其基本原理是不变的。如图 3-20 所示，左框中是三种基本弯矩图，右框中则是悬臂连续梁的结构生成运用，从简图的比较结果来看是很容易发现其间的关联性的。从总体的结构外观形态呈现上看，结构系统是与弯矩图的形状相适应的。而悬臂连续梁又可以分解成悬臂梁和简支梁，而结构的每一个分部的形态又和这两种梁的弯矩图相对应。无论采用刚性还是柔性的结构体系，总体形态上的趋势变化是与弯矩图相一致的。例如在右框的四个建筑示例简图中，每一个建筑的屋盖中部结构都相当于一个简支梁系统，形态呈现亦和简支梁的弯矩图相近。下三个建筑由于制造年代晚，引进了钢材作为梁架的材料，则整体形态上更为轻薄。其中霍伦·佩恩滑冰场与吹上大厅采用的是钢构架鱼腹梁，完全契合弯矩图的形象。而雷诺中心则引入了拉索悬吊梁构件，并且采用的是张弦梁的桁架体系，所以整体上的视觉感官更为纤细轻盈。值得一提的是，雷诺中心的屋面支撑系统采用的是张弦柱与拉索吊挂相结合的复合结构，大量张力索的引入释放了传统的杆件组合所占据的空间，同时使得结构的传力变得极为清晰，在均匀荷载的作用下，通过直觉就可以感觉到力流的走

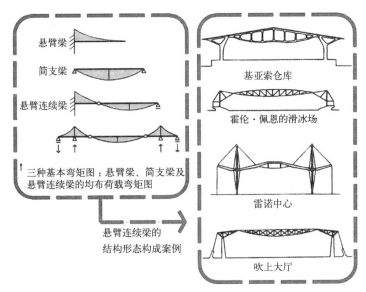

图3-20 悬臂连续梁的结构形态生成应用

向。雷诺中心的精彩，不仅仅在于建筑外观承袭的汽车工业美感，更为难得的是，它从整体到细部的每一环节都将结构与材料的力学品质发挥到极致，如此对极限的追求是人创造精神的激荡与宣泄。"技术美产生于不追求美的地方"，诚如是。

（3）严格还原弯矩图而生成结构形态：如果说前两种生成方式是以技术理性为依托的结构形态的创作平台，那么严格还原弯矩图的结构形态则是一种理性至上的极端尝试。这样的纯理性倾向对于基于地域文脉的表现式创作是一个威胁，因为它在很大程度上削弱了建筑的个性，在给定选址条件和结构选型的要求之后，即便是不同的设计师按照此种方式设计也只能基于同样的平面几何形态解，然而建筑设计通常是不寻求唯一的答案的。因而这样相对严格的几何形态，通常还要采用有设计师独特考虑的设计元素，例如空间联系、网格划分、材料组合、跨度变化、高度变化、细部设计、色彩方案等。

德国柏林中央火车站的站台雨棚剖面即采用了完全对应弯矩图的几何形态。其主结构采用单拱的形式，为了保证两端通车空间的足够高度，且节约用地，设计者GMP采用了三心拱，拱脚两端做一定程度内收。但这样的形态导致弯矩过大，必定要增加构件的截面面积来提高刚度。鉴于此，将平面的三心拱架通过一个与之匹配的辅助拉索体系，虽然向下反有一定的距离，但依然提供了足够的通行净空高度。而拉索的构件的索杆足够纤细，在视觉上几乎没有造成遮挡，保证了空间的完整性与玻璃屋顶的通透效果。通过对比无拉索和带拉索屋架的弯矩图与结构变形（图3-21）[20]，就可以看出引入张力体系的结构优越性，不仅仅是视觉呈现上的纤细和轻盈，而是力学性能的高倍率增长。

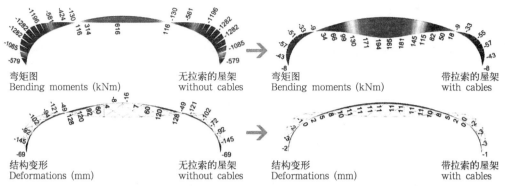

图 3-21　不带拉索和带拉索的三心拱屋架受力情况

弯矩图与结构变形的比较结果见表 3-1、表 3-2。

弯矩图数据比较　　　　　　　　　　　　　　　　　　表 3-1

	无拉索屋架（kNm）	带拉索屋架（kNm）	比值
拱脚	−579	−8	72.4
侧拱峰值	−1282	−57	22.5
反弯点（−）	−130	−9	14.4
反弯点（+）	116	34	3.4
拱中心点	616	195	3.2

结构变形数据比较　　　　　　　　　　　　　　　　　　表 3-2

	无拉索屋架（mm）	带拉索屋架（mm）	比值
拱脚	−69	−2	34.5
侧拱峰值	−145	−3	48.3
反弯点（−）	−49	/	/
反弯点（+）	128	5	25.6
拱中心点	−16	11	1.5（绝对值比值）

通过比较可知，在拱脚、拱中心点与两侧拉索的位置是无拉索拱弯矩值最大的位置；带拉索拱弯矩值最大位置则出现在拱的中心位置，但两者的数量级相差悬殊。引入了拉索体系之后，拱脚的弯矩骤然降为原值的 1/72.4；侧部峰值也降为 1/22.5；拱的中央位置由于轴向力分布较好的缘故，弯矩值并不大，但加拉索之后，依然降低到原值

的 1/3.2。结构变形与弯矩的态势基本一致，只是在侧拱位置的峰值没出现在侧拱的中心位置，而在靠近拱脚的位置以及反弯点的位置，加拉索之后相应的变形减至 1/48.3；未加拉索拱的中段变形值有正有负，加索之后统一为负值，且数值没有波动，变形量也降低很多。可见，屋架力学性能的大大提高依赖于拉索体系的引入，而这样的结构概念是依赖于对力学基本原理的融会贯通。屋架容括了 6 条轨道，跨度在建筑两端为 44m 和 56m，在两个站楼的位置处跨度达到 66m，而由于结构的优化，无论是变形还是系统刚度都得以控制和保证，因而拱架厚度被压缩在一个相当小的数值之内，与外玻璃筒壳格构的衔接通过巧妙设计的节点相连接，一脉相承，自然顺应，并无半分突兀之感。空间内部下反的索桁架由于索缆纤细，并没有破坏空间的连续性，反而为顶界面增添了几分装饰效果。

两侧的室外拉索确保三心拱承受压力，在竖向均匀荷载的作用下，钢索与三心拱的交点（穿越点）为弯矩图的反弯点。在此交点的屋架弦杆只被略作加强，用以抵抗风压和雪荷载。三心拱的固定方式采用支座铰接，可产生拱架垂直向的微量位移，用以缓冲列车运动产生的震动以及温度变形。

每榀拱屋架之间间隔 13m，拱架之间覆盖柱筒格构玻璃壳——每片玻璃网格都为平面体系，便于安装平板玻璃（部分位置置换成太阳能电池板），对角线方向用 φ12 的双股交叉式拉索提高刚度，这是一项技术上的发展，这个措施屋面网架体系不必再像传统网架一样沉厚，杆件体系的平均厚度只有 175mm。在此跨度能够用单层网壳来实现，这是此建筑的另一个重要的技术探索和示范。也正是承重体系与覆面体系的整合效应，才使得柏林中央火车站被誉为世界上最漂亮的火车站，成为柏林继帝国议会大厦和勃兰登堡门后的第三座地标性建筑。

钢材已经成了当今大跨建筑的主要材料之一，与推力结构依然盛行的状况并行发展，桁架、组合桁架、空间网架等弯剪结构的大跨屋面形式也成为主流，并隐约具备主导之势，随着结构选型与建筑材料的变化，结构形态和空间形态也产生了与之俱进的转变。对新结构、新材料的认知可以影响到结构的合理性，工巧的结构形态可以对建筑形态、空间形态、建筑功能和建筑体验产生积极的作用。同时，大跨建筑设计也不能囿于结构形态的纯理性追求的陷阱之中，要在建筑的营造筹谋中闪烁新意与个性，将建筑的设计手法、结构的力学原理、材料的应用策略等要素整合碰撞，才有可能产生精品乃至经典的作品。

3.2.2　材料意志的映射

材料是建筑的物质构成基础，材料的物理属性及视觉性质随种类不同而各异，无论是结构形态还是建筑形象的确定都不能脱离材料应用的策略。

首先，建筑结构是传力的机构，各种建筑材料的力学性质每有不同，有些抗压，有些抗拉，有些拉压兼备，因而要根据各结构部位的受力情况来决定采用相应材料；另外，建筑材料的物化形态可以反映一个时代生产力发展水平，具体表现在构件加工和施工方式上。通过与建筑材料在结构形态和表面特征方面性质相适应的形式呈现，才能使建筑最终上升到艺术层面。

3.2.2.1　材料意志说

最先提出"材料意志说"的人物是 20 世纪的设计大师路易斯·康（Louis Kahn），康认为建造应该尊重材料自身存在的"意志"（the building's will to exist），这样的意志是材料的物理性能所决定的结构能力（跨度、厚度、限值等）与表现能力（塑形力、质感、肌理等）。异质材料的意志差异使得材料对应的结构属性（承重结构或覆面结构）、结构应用表现相异，正是差异性促成了各类结构的特点，也正是材料的"性相异，习相远"使得"材料—结构"系统可以在实现结构基本功能的基础上，具备无限的表现潜力。

3.2.2.2　材料的结构意志

材料的物理性能是多面的，从建构的角度来看，发挥材料的最佳力学性能往往是第一选择。因而对各种材料的物理性质的学习与把握，也成了建筑师设计大跨建筑必要知识储备之一。

关于各类常见材料的物理性能与材料特性已经有很多专著进行过论述，本文将不再赘述，在后文（见本书4.3 章）会对一些材料应用的新观念与材料设计的新趋向有详尽的论述，并讨论一些新材料以及传统材料的新式应用。

图 3-22　木材

在现代和当代流行的大跨建筑结构，主要的结构材料基本是将以下几种材料单独使用或组合使用（两种及以上）：金属、（钢筋）混凝土、木材（集成材）（图 3-22）、织物膜（图 3-23）。这是最基本的几种材料，还有一些具体的材料种类、材料构件形式分类则是利用基本材料进行不同的工艺加工而得来，例如金属材料按金属种类有钢材、铝材、合金材料、钛金属等，按构件分类有金属杆件、金属面材、钢索缆；钢筋混凝土的分类系统更为复杂，简单按照施工工艺区分有预制构件和现场制作构件；集成材可以按照金属的分类方式分成结构材和面材；而织物膜材根据编织不同可分为平织、曲织，根据纤维材质可分为聚酯织物、玻璃织物，根据涂层可分为单边涂层、双边涂层。

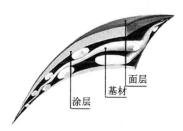

图 3-23　织物膜

　　以上的材料分类方式只是简单的列举，并不是系统分类和归纳。这样的举例是想说明材料的分类方式纷繁复杂、莫衷于一，尤其是对工程类别的分类，不同的施工方式、材料配比、制作工艺都可能产生一种新的材料分类命名方式，而且会有分类交叉的情况出现，这样的情况在结构分类的时候也同样的常见。且不管怎样细致分类，其根本的建筑学意义在于物质性（结构与覆层）和表现性。这也是结构材料对于结构形态的意义，即无论是空间构架抑或是实体结构，都要通过结构或者覆层的形态变化，来表达结构材料的力学属性。

　　以历史悠久的拱结构为例，早期的拱结构都是砖石材料（图 3-24）。砖石是典型的脆性材料，抗压强度是抗拉强度的 10 ～ 20 倍，因而石梁是无法制作成大跨度构件的。若要利用砖石实现大跨度，只能将其制作成拱或者发券，使参与构件的每一块砖石都只承受轴向受压的荷载，发挥材料的最大的结构力学效能以实现砖石材的跨度极限。故而康才有"砖爱拱券"的说法，若要挑战结构的极限能力，首先要做到的是发挥结构材料最"擅长"的力学性能，遵从其意志。而砖石最大可实现跨度也只在几十米跨度之内，这和其建造使用的最小元素——砖石块不无关系。每个个体的砖石块不可能有太大的尺寸，需要被整体性的穿箍式、拱券式的序列建造，由于集合整体性偏弱，每块砖石的加工、施工精度也很难精准控制，因而很难实现更大的跨越能力。在现代建筑以后，砖石就很少应用在大跨建筑结构之上，通常作为机理表现与质感呈现的材料而出现。

图 3-24　古罗马大渡槽

图 3-25　万神庙混凝土穹隆

　　而混凝土发明之后，就一定程度解决了砖石建造的限制——混凝土突破了砖石砌块的垒砌方式，可以按照模板的样式而被相对自由地塑形，这样就避免了砖石材料体系的加工技术和施工精度的问题，可以实现更大的跨度。不过混凝土同样存在砖石材料的抗弯、抗剪能力弱的问题，因而单一的混凝土材料无法胜任复杂建筑结构体系的任务。所以早期单纯的混凝土结构建筑也都是采用穿箍式的严格几何对称的形式（图 3-25）。

　　现代水泥的发明，是和钢铁业的蓬勃发展同一时期的。新型混凝土的抗压性能大大提高，而钢铁材料的抗拉性能也被人们所了解。到了 19 世纪中期，钢筋混凝土的原理已被人们所掌握，钢筋与混凝土的良好匹配性，使得钢筋混凝土可以有效地提高混凝土的抗拉强度，自由地被运用到各种结构部位，同时具备更高的结构整体性。19 世纪末 20 世纪初，钢筋混凝土已经投入到桥梁的使用之中。在建筑方面的应用也并不滞后，20 世纪中前叶出现了以梅耶、托罗哈、奈尔维等许多优秀的善于驾驭钢筋混凝土材料的建筑师与工程师。其中尤以奈尔维的成就最为显要，奈尔维毕生致力于探索钢筋混凝土的性能和结构潜力，凭借他超群的结构直觉，运用他创造的钢丝网水泥和多种施工方法，创造出风格独特、形式优美、有强烈个性的建筑作品。轻质高强，降低材料脆性，一直是混凝土材料的发展方向，奈尔维的发明，可以说是纤维增强性混凝土的前身，对后来的混凝土材料的发展具有重大的启示意义。例如碳纤维增强混凝土的抗拉与抗弯强度提高到一般钢筋混凝土的 5 ~ 10 倍，弯曲韧性和伸长应变提高到 20 ~ 30 倍，而同比自重却可以降低到 1/2。刨除经济因素，这样的材料发明潜在地提高了混凝土材料的跨度实现能力，给混凝土大跨建筑的创作提供了更大的自由度。同时，新的材料性能也为新结构形态的出现提供了物质基础。混凝土的初始流质态为其提供了无限的可塑性，这一材料使得建筑师的表现创造力得以像雕塑师一样得到解放，混凝土材料结构可以被塑造成各种个性张扬、力感夸张的形象，虽然从建构性上来看，耐压与抗拉兼顾的双重性是一种模棱两可的缺点，但在文化视阈的选择上，形式的精美却可以抵消建构逻辑的同一律损失（此讨论将在下一小节中有进一步延续）。

以上内容仅简单地以砖石和混凝土材料为例，论述材料的选择与材料的力学意志对结构能力与结构方式的决定性影响。具体的大跨结构材料策略与材料对形态的调控作用将在第 4 章有更为详细的讨论。图 3-26 列举了 4 种结构体系，主要的结构材料（包括结构的可能组合方案）以及适用跨度的关系，可作为结构选型与结构选材的参考之用。

3.2.2.3　材料的表现意志

即便是材料意志说的提出者，路易斯·康在最初也并非对材料的表现性有足够充分的认识。例如康在早期的方案设计里面没有意识到钢筋混凝土的塑形能力，以及这样的塑形所能传达的纪念性与象征性。他的理想是用建造来传达空间框架的非物质化能力——当时的技术霸主富勒（钢结构与张力结构设计的大师）对他有很大的影响力，但是在康早期的方案作品里面追求的却是一种技术化的、精致的空间呈现体验，这样的空间由优雅的金属结构限定。康这样描述自己梦想的空间："空间的升起和围合采用的都是没有接缝的金色闪闪的材料，它形如流水，既没有开始也没有结束。"从康的论述中不难发现这与他后期追求的相悖，他这样的论述恰好与之后 20 世纪 70 年代后期的欧洲高技派建筑师伦佐·皮亚诺、理查德·罗杰斯以及诺曼·福斯特等追求的表达相一致。但康的矛盾也正好解释了材料表现意志，一方面它可以参与到外观、造型的表现，另一方面它可以作用在空间的视觉表现上；材料策略应用可以作为物质的呈现依据，同时也可以作为象征性的呈现依托。

结构体系		主要材料	适用跨度（m）
张弦结构	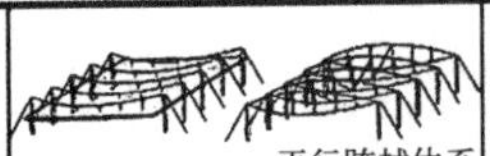 平行跨越体系	全金属； 金属＋钢筋混凝土	50　80　500
	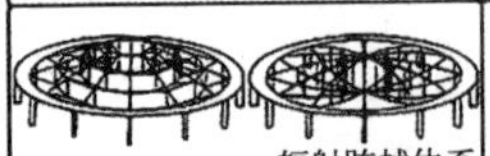 辐射跨越体系	全金属； 金属＋钢筋混凝土	30　60　200　250
	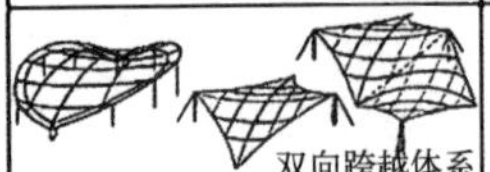 双向跨越体系	全金属； 金属＋钢筋混凝土 （＋木材）	25　60　25　200
张膜结构	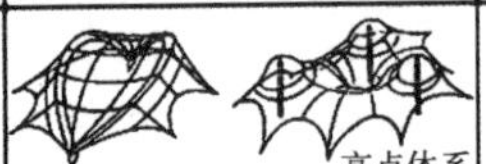 高点体系	织物膜＋金属（＋木材）； 箔片膜＋金属（＋木材）	5　10　25　40
	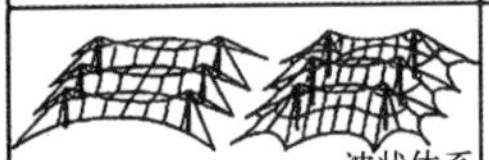 波状体系	织物膜＋金属（＋木材）； 箔片膜＋金属（＋木材）	20　30　75　100
	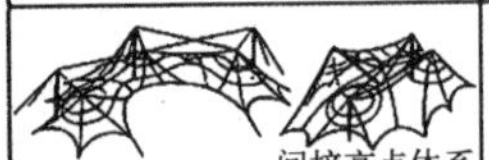 间接高点体系	箔片膜＋金属（＋木材）； 织物膜＋金属（＋木材）	20　30　80　150
充气结构	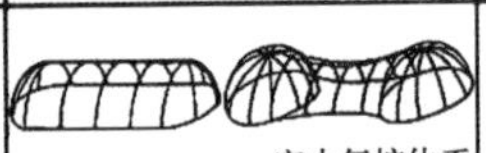 室内气控体系	箔片膜＋金属	10　40　50　70　90　220　300
	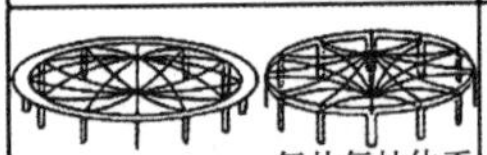 气垫气枕体系	箔片膜＋金属 （＋木材） （＋混凝土）	20　70　120
	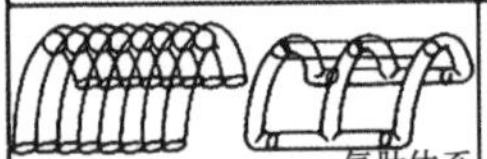 气肋体系	箔片膜	10　50　70
拱结构	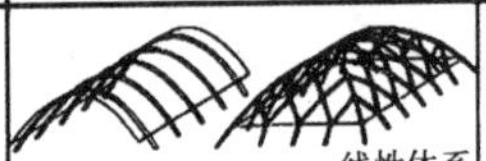 线性体系	钢筋混凝土； 木材； 金属	15　25　70　100
	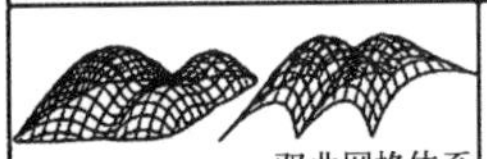 双曲网格体系	金属； 木材	10　20　90　150
	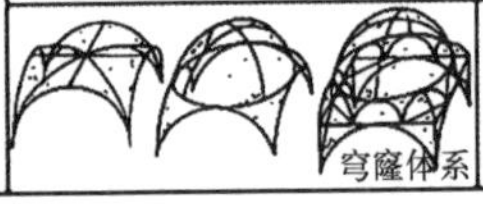 穹窿体系	砖石	4　8　20　30

可实现跨度 □　　经济跨度 ▨

图3-26　结构体系 – 主要材料 – 跨度关系

材料的表现意志可分为材料的结构呈现和材料的视觉呈现，并且这两种呈现机制会在很多设计中同时并发，尤其是当结构的材料同时作为表现的材料出现的时候（没有外覆面、粉刷等掩盖材料原本色彩、质地、肌理的处理方式），结构呈现与视觉呈现在此时会呈现建构的同一性。钢结构建筑与混凝土结构建筑都具有浑然统一的连续性，但是在路易斯·康看

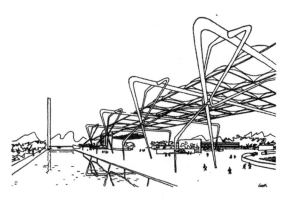

图 3-27 路易斯·康为费城设计的焊接钢管空间结构方案

来混凝土缺少钢管结构特有的轻盈感和清晰性，因而混凝土在表达现代性上就会打折扣。康还认为钢筋混凝土不如钢材容易实现真正连续的结构，钢筋混凝土的建造是浇注的，其建造过程决定了钢筋等构件不能成为最终的表现元素，而是一种被隐藏的部分结构本质，这和他的结构主义理想相违背。在康为费城设计的焊接钢管空间结构方案中，可以窥视康的空间结构理想与材料选择的联系（图 3-27），与上文的描述几乎是如出一辙。虽然在图中可以看到当时的康在结构认识上的不成熟，将钢管设计成渐收式的（实际上钢管是无法渐收的，铸铁才可以），但是该设计构思依然很能说明康的结构理性主义表达精神性与纪念性的思想。康的图面意图很明显，即用构件的管径大小来反映构件受力关系的变化。他对空间结构架构的思索也表明他对不同的材料结构方式的差异已经有了明晰的认识。康在自己的论述里面表示了对结构形式与现代材料关系的关注，并提出了材料的表现性的观点。在他看来，普通钢框架结构的梁柱结构体系僵硬，缺少有机性，因而在方案里他选择了一个整体有机的、新哥特风格的焊接钢管体系。虽然这样的构想以现今的技术和结构成就来看有些幼稚，但是启迪了在他之后的很多建筑师，以此理念为基石，创造出很多建筑的经典。比如高技派建筑师外露结构的技术表现主义，对材料的力学性能与结构节点部位形态的夸张处理，采用有机、流畅的节点形式，用结构自身的形态来限定空间形态与建筑形态，用结构的序列组织赋予空间精神性和美学属性（图3-28）；另一个流派的波及就是以卡拉特拉瓦为代表的新哥特主义式的结构表现。虽然卡氏的材料策略不同于康，善于采用混凝土与钢构件组合使用。但对于用结构形态塑造高耸神秘、光感强烈的精神性空间是一脉沿承的。不同的是，康的材料空间更为纯净、深邃、内敛，外在形态简单而严肃；而卡氏的空间则是一种俗丽的表现主义，内部空间视觉品质华丽，结构装饰感强烈，外观形态又张扬奔放，具有极强的视觉动感（图 3-29）。

通观路易斯·康的思想与作品，无论是采用何种建筑材料，砖的拱券、混凝土的塑性、钢铁的现代，都反映了他对材料建构与结构呈现的态度，即材料使用的忠实性、还

图 3-28 马德里机场第四航站楼（罗杰斯）   图 3-29 BCE 商业街（卡拉特拉瓦）

原性，以及结构形态的表现性和去物质性，亦即材料的结构意志与表现意志的双轨统一：利用材料的真实建构实现结构的精神表达，这样的选择与轻型化的大趋向在狭义层面上是暗合的。

当然，忠实的材料建构只是大跨结构建造的一种选择，它不是唯一标准，是众多可以选择的策略之一。康的观念影响了很多现代甚至当今的建筑师，他将建筑中技术与艺术的问题反思得出的观念是具有侵略性的反叛意识。但今天建筑界矫枉过正地强调理性建构与建构的理性又是一种危险，康的理想式探索在今天依然可以警醒建筑师与结构师，在实现建筑的功能之外，还必须考虑到建筑的本体性（是什么）和地域性（在哪儿）。材料除了在技术功用的意义之外，还应赋予建筑其他丰富多彩的意义和价值，材料的独立和组合都是有意义的，这样的意义挖掘决定了建造的处置方法和措施，是材料及材料的组织自身特质的反射。不能在纯理性的旗帜下，利用技术将技术自身与材料的意义进行阉割。

康将材料拟人化，意义不只在于阐释材料与相应结构的内在关系，他传递的更是一种自然和建筑文化的共通的情怀，材料的意志其实来自于人类自我发展的意志，更轻、更远、更强的空间追求决定了人对于建筑材料的价值取向。

3.2.3 细部节点的雕琢

前文所涉及的力学原理与材料意志基本是从宏观选型调度，中观材料意志角度来阐释基于轻型化发展观的结构形态物质呈现。而构造和节点的设计则是从中观向微观过渡的结构形态的精细化雕琢。于细微处见精神，可以说，构造与节点的细部设计是建筑的精华与品质的所在。

构造作为一种把材料、意匠和环境要素联系起来并予以形态表现的手段，它所产生的部件事实上成为物质性与精神性的双重凝聚物，可看作为结构诗意的词语表达。K·弗兰姆普敦强调在用物质材料开始建造时，节点就是最原始的建构要素，它本身构成了建造文化的独特性。建筑的全部构造潜能在于将它自身的本质转化为充满诗意而又具有认知功能的构造能力。建筑具有本质上的建构性，所以它的一部分内在表现力与它结构的具体形式是分不开的。细部节点将运动、生命等带有感情色彩的意向通过构造的象征性处理手法拟态，实现从技术到艺术的升华。

大跨建筑由于屋盖结构巨大，通常不会做遮蔽整个屋盖的巨大吊顶。事实上，大跨结构的构件序列丰富，层级明晰，自身就具有极强的几何图案形式，在阵列组合之后，屋盖结构构架系统就已经可以传达秩序与比例的美感。大跨结构的选型与构造形态已经是先天的极佳表现平台，对其进行遮掩反而成了画蛇添足。在经过精巧的构造与连接节点的设计之后，屋盖与支承系统相连接。屋盖体系与支承体系是大跨建筑成立的两个最核心的结构组成部分，对它们的构造设计应该是始于建筑设计之初，是与结构选型相同步的。优秀的建筑在这个过程中不仅要考虑到大选型之下构件的选择与形式，还要顾及构件形式对于空间的塑造、建筑功能、受众阅读体验等一系列的影响。"上帝存在于细节之中"——建筑的细部就像人类的表情，只有丰富的细节才能赋予建筑以生命力。结构的细部设计是将力学原理、材料特性落实的载体，也是建筑特色的结晶，是最能反映建筑师设计思想的媒介。利用细部构造与节点造型样式、力流传递机制、材质色彩和质感的处理，可以使大跨建筑变成"有感情的"场所，并使场所的精神可以通过对物质媒介的阅读得以传达。

3.2.3.1 结构细部的特质处理

为讨论方便，在本文中，结构细部设计指对结构构件及其连接部位的形式、造型和特色处理手段的设计。结构细部作为设计的成果，应包括结构构件的交接处、投影图以及连接件的设计，同时满足结构工程在强度、刚度、稳定性上的要求。

以集成材框架体系为例，设计者可以在各种尺寸规格，形状各异的梁、柱、杆件、弦索和涂层面料的组合里面进行筛选（这样的选择带有很强的个人情感和趣味，这样的个人价值与审美取向也一定程度上决定影响了建筑的性格，因而这也是很多建筑师在一定阶段的作品具有一致性风格的原因）；同样的，结构内的钢结构构件也在执行着相似的原则（图 3-30）[21]。

设计思想带动着细部设计的深化，而细部设计的考究也成全了设计思想的完善。当今的加工技术和材料科学已经可以满足几乎所有的细部节点的制作，可以说没有做不出，

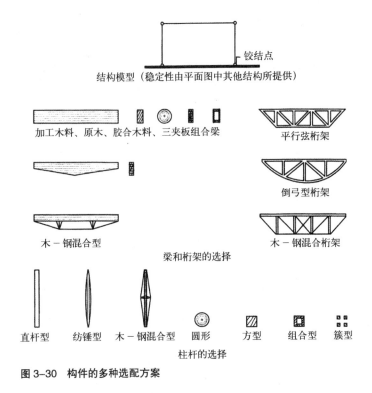

铰结点

结构模型（稳定性由平面图中其他结构所提供）

加工木料、原木、胶合木料、三夹板组合梁

平行弦桁架

倒弓型桁架

木－钢混合型

木－钢混合桁架

梁和桁架的选择

直杆型　　纺锤型　　木－钢混合型　　圆形　　方型　　组合型　　簇型

柱杆的选择

图 3-30　构件的多种选配方案

只有想不到。故在设计之时，如何去选择设计细部节点，通过所有的结构构件与建筑构件的合力表达来贯彻设计理念显得尤为重要。

　　20 世纪中前叶伊始，现代大跨建筑就有着明显的结构轻型化、建筑轻逸表达的倾向。这样的倾向于物质层面上，有很多共济分形式的多点绽放，如金属材料，尤其是钢材的大量投入使用，解放了原本被笨重粗大构件所占据的空间，大跨结构不再是浮于浅层的形象表现，而是立体感更强的有厚度的空间表达，纤细的钢构件使得结构变得"透明"，削弱了视觉的遮挡，同时放宽了人的心理空间。金属构件也常常以自身原本有光泽的原生质感呈现来表达现代感和精致的工艺感，或喷涂成白色来进一步削减自己的重量感以配合结构的纤细而有力度的态势。金属细部节点与结构（不包括覆面）的运用是点与线性的，玻璃与膜材的运用效果则是面性与空间性地提升了建筑"轻"的品质。它们赋予了建筑界面的模糊性，内部空间与外部环境的融合度上升，使建筑具备了"消隐"与"隐匿"的品质。这些新的材料运用若只是按照最普通的模式化生产方式来建造，则好比失去光泽的眼神，结构的神韵就会消失殆尽。"细节决定成败"，一个建筑能否成功，能否在人视尺度上给予人丰富的阅读体验，其关键也就在于细部与节点设计和施工落实。大跨结构形态的轻型，是一个通观的系统，不仅要"大处着眼"，更要"小处着手"，整体形态与细部形态的通融之轻，才促成了一个完整的轻质形态。

大型构件的材料复杂，而小型节点多采用钢材。出于行文的考虑，对大型构件的细节设计讨论将在文章 4.4 节进行，本小节主要讨论节点的内容。

3.2.3.2　构件分类与节点选材

大跨结构通常由结构构件与连接构件组成，结构配件单元、结构构件通过一定的连接方式形成整体结构，达到结构整合，形成力流传递路径的目的。而根据构件的尺寸、力流分布状况以及与其他构件关系，又可将构件分成点式构件和线性构件（表 3-3）。

构件的分类与比较　　　　　　　　　　　　　　　　　　　　表 3-3

	构件尺寸比例	力流分布状况	与其他构件关系
点式构件	三向维度接近或相同	力流集中 / 交叉 / 转向	作为连接点，连接两个及以上数量的构件
线性构件	某一维度尺寸远远大于另外两个维度	一维线性	两端与点式构件连接；与其他线性构件焊接

在现代以后的大跨建筑中，大型构件基本采用钢筋混凝土、金属、集成材作为主要材料，它们可以适用于拱、桁架、悬索、网架、支撑柱等构件的制作。但是作为大跨建筑的节点加工材料，几乎绝大部分都选择了钢材（图 3-31）。选择钢构件作为节点主要是由于钢材优异的材料性能。首先，钢材的各向匀质性确保了它被加工成各种形式而不会出现性质变化，这是非匀质的木材所不能比拟的，因而在大跨结构中木材只能以线性构件的形式出现（图 3-32）。其次，钢材具备很好的抗压能力，其抗拉性能是所有建筑材料里最为优异的，除被用于制作构架杆件与索缆之外，钢还是最理想的节点材料。钢材料的加工精度高，加工工艺多样，且能保证在加工的过程中极小的性能变异和损失，可以用于很多精密复杂的节点制造，这也是其他材料不能胜任的。因而钢材可以被加工

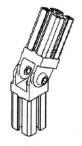
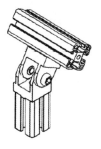

图 3-31　钢材点式构件

图 3-32　木材线性构件

成复杂多向性的节点，作为力的改向枢纽。而钢构件纤细光滑坚硬的质感与混凝土、木材、玻璃的质感对比，又可以给人带来丰富的阅读体验，且根据设计需要，钢构件可以被喷涂色彩或进行表面质感处理，可呈现出光泽、绚丽、粗糙、质朴等多种质感，来迎合设计者的趣味或与其他材料统一配合的需要。

以上的特质使钢材料节点呈现变得种类繁多而富有表现力，巨型的钢构件节点往往是收放简洁流畅，具有动感与雕塑感；而细部的小节点则可以被设计得秩序分明，嵌套、交错清楚利落，工艺感强。无论是大型构件还是小型节点，钢材料的运用都令大跨结构从厚厚的砖石与混凝土壳里面挣脱出来，在降低结构自重的同时，以崭新的美学旨趣赋予结构更丰富的美学意义。钢结构的参与，意味着大跨结构可以摆脱实体与雕塑感的表达语境，以一种经脉分明的骨架式空间语法来实现建构。

3.2.3.3　索杆构件与节点连接

钢构件可以利用规格化的型钢组合来设计有效的连接方式，亦可以根据具体项目的特殊要求定制，前一种方式简单、经济而便利，后一种方式成本高、复杂度高，但可以制作出富有特色的形式。钢构件一般都是在工厂生产制作，运送到现场装配，其连接方式有铆接、焊接、铰接和栓接等几种方式。铆接常见于以工字钢为主的梁柱式杆件，用铆钉固定连接，在大跨度结构里面并不常采用；焊接节点外观过渡流畅，力流传递顺通，对施工作业要求较高；铰接用于大型的构件，如主体结构的屋盖体系与支承体系的结合部，或支承柱与下部结构的结合部；高强螺栓连接的方式和焊接的强度相当，在弦索类构件的连接中经常被使用到，来解决索断面面积过小无法焊接的矛盾，同时也以自身的设计形式参与到结构表达之中。

完全的钢筋混凝土结构的构件是实体性的体块整体链接，构件与构件之间通常都是浇注式整体连接。而"钢筋混凝土 + 钢"结构，或完全的钢结构体系的构件连接，基本都是采用钢节点。尤其是近年来的大跨建筑屋盖结构都是采用的金属结构，是线性构件结阵形成的空间体系。线性构件包括索、杆两种基本的类型，点式构件是线与线之间中继站，点线构件共同构成了力流的通路系统。钢节点技术的日趋完善，也使得建筑结构体系内部构件间产生了复杂而有逻辑层级的关系，这样的层级关系是主副的级别关系、构件的尺寸、嵌套顺序以及安装次序的分别。秩序化的目的就是促成结构单元的整合统一，使复杂错综的空间力系转换为平面力系，最终传递到点线的一维构件之上。

单独的构件无论再怎样精致也无法形成结构，结构的美更多在于多个或多组的构件与构件集合协作之美，这样的美即通过连接来具体操作。这是大跨结构中最典型的，也恰恰在国内的实践中常常被忽视的一项构造细部设计环节，对其整理和归纳可以使大跨结构形态设计向精细化发展受益（表3-4）。

索杆构件连接的分类　　　　　　　　　　　　　　　　　　　　　　　表 3-4

	杆 - 杆连接	索 - 索连接	索 - 杆连接
应用概况	应用时间久、广泛，技术难度相对小	内力沿索轴线不变，截面不因长度变化而变化	索杆联合的轻盈与稳定的双重优势，当今结构最常应用
连接特点	技术制约小，连接种类多，可采用铆接、焊接、铰接、栓接等多种方式接合	端部用索套连接；索的中部采用夹具；多根索的连接需要根据实际情况设计新节点	索端部的连接，通过索套、螺栓、夹板等构件与杆件固定；索中部可以采用索夹、索卡来固定索与杆件的位置
受力情况	受压 / 受拉	受拉	索：受拉；杆：受压
其他补充	决定设计要素：杆 - 杆之间的交角（结构体系决定）；杆件自身的截面形式（可多种选择）	结合方式：单层索 / 双层索；布置方式：平行式 / 辐射式 / 索网式	近年来大跨建筑常采用索桁架及索穹顶结构体系，皆为以索杆连接为主要构造方式

　　以上的分类是程式化的分类与归纳，并非一成不变的教条式规则。在实际的大跨设计与建设中，总有一些设计和灵感火花的成果闪耀着我们的视野。优秀的建筑师不会把自己的创造力约束在既有的模式化产品与构件上的有限方案之内，而是将自己的独特概念与构想融于设计，显于细节。

　　杆 - 杆连接的体系中，交点往往都采用直接焊接、球节点焊接或栓接的方式。但在贝聿铭先生设计的日本美秀博物馆（Miho Museum）屋盖体系中，杆件立体交接并没有采用这些常规的做法，而是采用了一种多向铸钢板式节点，横贯穿越构件板，其余的杆件端头处理成板式接头，用螺栓与节点板相连（图 3-33）。这样的结果是出于建筑设计的考虑而导致结构构造的变化：在屋面玻璃与钢管支撑杆之间的空间，采用的是具有滤光作用的仿木色铝合金格栅。采用这样的组织是为了营造传习日本寺庙风格与"影子文化"的意蕴。为了符合传统意趣，结构就要继承传统木构建筑榫卯连接的简洁性。如果加上了现代风格的钢铸球节点，将破坏这样的场所氛围，并且突兀的球节点与空间的线性元素不能协调配合，势必会使屋架观感变得沉重累赘，降低空间品质，浑浊了原本光影轻灵静好的隔栅背景效果。.

　　理查德·罗杰斯设计的美国普林斯顿大学的实验室（PA Technology Laboratories），采用对称式的悬挂屋盖结构。悬挂的构件即采用索 - 索连接、索 - 杆连接的方式：索与杆的组合秩序变化而有节奏对比，组合的最精彩处在于连接点的设计——以圆环板为

图 3-33　美秀博物馆屋盖细部构造

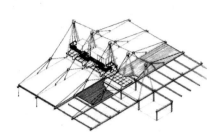

图 3-34　PA 结构轴测图

图 3-35　PA 实景图

主拉索与下面 4 根子拉索的连接媒介。这样的处理既方便了施工，又以圆的母题与中央 A 字形撑架顶部设置的索 - 杆连接节点相呼应（图 3-34）。从立面图上来看，中央的圆环尺度较大，两边的环较小，这样既使母体重复却有了主次之分，并与其对应构建的主次层级有了对应的关系。整个结构的构图成三角形，明朗犀利，力流流向层级清晰、一目了然。为了缓和这样太过锐化的交角，节点的圆环形式可谓匠心独运，力流的延长线在圆环虚空上的"圆心"达到不交而交的效果，强化了力流节点的地位，使整个结构层级清晰的同时富有节奏的顿挫。此建筑构件细部的另一个特点就是构件的色彩，同样经过了设计：由于构件足够纤细，和建筑整体相比只是占据了少部分的面积，而建筑的整体是大面积的灰白色，为了消弭视觉色彩乏味，提供可以强化观感的兴奋点，建筑的主支撑和悬吊构件（包括索杆和圆环节点）都被定成红色，而主要的梁构件则施以黄色。红色是空间部分最主要的视觉元素，同时也是建筑最主要的结构元素，与白色、黄色、银灰的建筑其他部分，以及外露设备和环境的绿茵丛林形成鲜明对比，在轻快简洁的结构基础上，赋予建筑生动活泼的亲近感（图 3-35）。

3.2.3.4　轻质化连接设计原则

在大跨结构设计中，构件的形式与尺寸通常是可选择的，这与采用材料的类别与具体的强度指标以及设计构思等一系列的因素有关。这样的自由度给予构件设计和连接设计很大的自由度，构件形式与尺寸的选择与连接设计的形式息息相关。

目前国内的设计实践情况是设计周期与建设周期较短，因而设计师多数情况只能在既有的型钢与连接构件之中选择组合，节点细部的样式极为有限。因而找到一个有效的设计方法不仅可以提高设计效率，压缩设计时间，更重要的是可以在有限的条件下，实现更丰富的结构轻型表达。

构件与节点的轻质化呈现，一定程度上实现了上述的目的。这样的呈现不是简单地高强轻质材料的应用，或是以柔性张拉构件取代刚性构件降低一部分结构自重。"轻质化"或"轻型化"应该是一种从整体到细部，从环境到建筑，从物质到体验的通观设计思想。以现今的技术普及度与经济条件来看，若要在很多地域和地区——尤其是在国内——实现轻型结构的普及，广泛的研究与建设多个实验生产结合性质的研究型机构还有相当的难度。仅有的一些实验机构，通常都设置在高校之内，且都以结构专业的实验计算型为主，并非建筑学类型的实验建造型模式。这样的现状，导致了国内大跨类建筑学的形态研究相对滞后。现在能行之有效的形态研究策略，就是在大处着眼。虽然在大型实验建造上缺乏条件，但在信息上应与国际的新趋势新动态保持同步，虽不为之必知之。同时要在小处着手，在项目实践中要尽可能地利用现有条件，即便不能实现多点的形态更新升级，亦可以在一两个方向上实现。目前国内的大跨建筑与结构的建设正处在高峰期，将有更多的建设需求量，这是国内所具备的优势。因而每次点滴实践积累，到一定量以后，也必将实现质的突破，这是可行的方案，其发展的速度也并不缓慢。另一着手点即是小型的建造实验，例如节点与连接的设计研究，对场地和经费的需求都不高，具有很强的可操作性。此相关方面的研究与生产联合，恰恰也是国内建筑界亟待迎头赶上的一个领域。

目前切实可行的设计创新方法，可归纳为表 3-5，都是可利用现有的技术与生产条件进行操作的措施。

索 - 杆构件连接设计原则　　　　　　　　　　　　　　　　　　　表 3-5

	等效分解	样式转化	相似整合
概念	将结构概念中抽象的单一构件，在实际连接中进行构件数量的分解或截面形式的分解	构件的截面形式分为管状类与非管状类，前者之间的连接需要缩小截面，后者之间的连接通常可对构件做简化处理	减少构件种类和数量，简化连接方式，强调结构形式方面的整体性
举例	悬挂结构中的压杆常分解成几根杆件的组合；柱子可分解成束柱	网架球节点处缩小了的实心钢管；工字钢去掉宽翼，只保留型钢的高度部分	单层网壳；一体化结构表皮（常以编织的效果呈现）
目的	有些是出于结构受力的需要，有些是为了在构件中制造间隙，方便连接，提供视觉空间	使构件具有变化，避免单调，满足结构功能需求，清晰结构层次，使力流传达视觉化	常用来整合屋盖、墙、窗，使结构观感匀质而简洁
特点	复杂节点采用分解设计有利于提炼出连接的基本形式，实现简化连接概念，整合节点设计	可与分解设计相结合，使节点设计灵活化，创造多种细节表情，使造型设计富于艺术情感	各节点受力方式相同（确定选择相似截面的科学性）；结构构件截面形状相似，尺度近似（保证视觉的整体性）
示例			

3.2.4　机构能力的适变

建筑是人类改造自然的物化结果之一，建筑所有的功能追求、美学追求和技术追求也都是人类自身欲望与野心的投射。追求安全、长寿、轻便以及更强的移动机动能力，也一直是人类的追求，反映在结构上则是结构的安全性策略、全生命周期的资源整合，可再生、可循环材料的利用，轻型结构的发展，以及可动及变形机构的应用。

对于小型的结构及机构实现变形和运动，已经在日常生活、生产和科研中得到普及，例如车库、吊车、卫星的空间展开结构等，但是在大跨结构实现，这样的能力一直是发展和研究状态的课题。传统的建筑观是坚固、实用、美观，坚固是第一位的，因而建筑的结构给人的固有印象是应该结实、稳定、经年不变的。随着文明与技术的发展，人需求层次的升级，建筑的功能也一再扩容，而对大跨建筑的功能适应能力也一再提高。原有的建筑附属设施与设备已经要达到一个能力的极限，因而需要找到新的方式来适应新的需求。"可动及变形"的概念也就被引入到大跨结构之中。

"可动及变形，反映的即是大跨结构的适应性、机动性和'便携性'，轻型化的结构可以使这个能力大大提升，例如减少开合时间、机械负担与维护消耗。"

这是一个很好理解的客观先决条件：首先，大跨结构的整体自重大，无论是开合结构，还是折叠结构，以目前可操作的现实技术来实现都需要依赖轨道（刚性轨道／柔性索道），若结构过重，同时运动的过程中会产生过大的机动荷载，势必施加给轨道及其支撑结构过大的荷载及压强，有可能导致结构的变形、轨道失效，最终导致机构机能丧失。其次，过重的机构势必需要更大的驱动力以及制动力，这对于能源、机械以及控制系统的需求度更高，对机构完成一次全开合的时间也将产生不利影响，降低机构效率。再次，除充气结构以外，折叠结构（区别于展开式结构）都需要采用线性的索杆来作为构件，这样才可以压缩机构的空间体积，而实体的刚性结构由于先天的材料性能，则无法实现。另外，轻质结构的维修与养护也更具优势，结构越轻，对于实现机动的机械设施的要求则越低，无论台车数量还是设备的尺寸都将随之降低，其最直接的受益是机械成本的下降。

对目前已知的可动及变形的大跨结构进行分类，可分为折叠结构、开合屋盖和移动设施三大类。（在一些结构的施工技术之中还存在整体性结构构件的移动组合技术，但是一旦定型，就采取加固措施形成固定的结构，或者再无变化的大型构件，为延续行文逻辑，暂不算在可动结构之内，在下一节施工技术创新展开论述。）

3.2.4.1　折叠结构

折叠结构（Deployable Structures）是一种用时展开，不用时可折叠收起的结构。雨伞就是生活中最常见的折叠结构，还有更为直观的利用折叠展开机构原理设计的玩具（图3-36），即是一种利用计算机分析和巧妙的节点设计而产生的折叠式穹顶模型。折

a）收束状态　　　　　b）展开状态

图 3-36　采用展开机构设计的玩具

叠展开结构设计思想最早可以追溯到文艺复兴时期的达·芬奇，他在他的《马德里纪事》（Codex Madrid）一书中概略地阐述了平面可折叠结构的简明机理。我们生活中也经常可以见到采用折叠机制的门、窗、隔断，但折叠结构用于大跨建筑领域并形成相应的设计计算理论，是在近几十年才得以实现。

折叠结构折叠后体积小，便于运输及收纳，与永久性结构相比，具备施工上省时、省力的优势，而且可重复多次使用，避免不必要的资金再投入而造成的浪费。近年来折叠结构在计算理论上及结构形式上都得以大幅度发展，目前这种结构的很多研究成果都已得到了广泛的工程应用[22]（表 3-6）。依据不同的标准折叠结构有着不同的类型划分（表 3-7）。

折叠结构的应用领域　　　　　　　　　　　表 3-6

生活领域	施工棚、集市大棚、临时货仓等临时性结构
军事领域	战地指挥、战场救护、装配抢修及野外帐篷等
航空航天领域	太阳帆、可展式天线等

折叠结构的划分　　　　　　　　　　　　　表 3-7

按组成单元划分		按结构展开成型后的稳定平衡方式划分			按结构展开过程的驱动方式划分		
杆系单元	板系单元	结构几何自锁式	结构构件自锁式	结构外加锁式	液压（气压）传动方式	电动方式	节点预压弹簧驱动方式
剪式　伸缩式							

按照组成单元划分与驱动方式的划分都很直观，而展开成型后的稳定平衡方式的判定则需要具体的说明（表 3-8）。

稳定平衡方式折叠结构详表   表3-8

	结构几何自锁式	结构构件自锁式	结构外加锁式
结构原理	即自稳定折叠结构，是工程界普遍重视的一种结构。其自锁原理主要是由结构的几何条件及材料的力学特性决定。在这种结构中，一些剪刀式单元（简称"剪铰"）以一定方式相连而组成锁铰。锁铰中每根杆件只有在折叠状态与完全展开时，才与结构的几何状态相适应，杆件应力为零，而在展开过程中杆件弯曲变形，储存外荷能量，最后反方向释放这些能量	自锁机理主要是靠铰接处的销钉在结构展开时自动滑入杆件端部预留的槽孔处而锁定结构	亦称附加稳定结构，在结构展开过程中，杆件内无应力，整个结构是一个机体系在展开到预定跨度时，在结构的端部附加杆件或其他约束而消除机构形成结构
结构特点	结构展开方便、迅速，但其杆件抗弯刚度比较小，因而承受外荷载能力低	展开时要确定锁杆是否入位，由于使用的耗损可能导致机构的松动	目前最主要的大跨结构展开式结构的研究方向，以张弦剪式结构的研究最为突出
适用跨度	小跨度	小跨度	可满足较大跨度的要求

近年来大跨空间折叠展开结构的热点聚焦在提高展开后的稳定性及刚度的研究，即如何使机构展开之后"结构化"，并可以应用到大跨空间结构领域。外加锁式展开结构在目前来说是最具可行性的机制：在基本的剪式结构中张拉弦索形成"张弦剪式结构"（图3-37），加入了纵杆之后剪式结构中不产生弯曲应力，上下弦赋予机构一定的预应力，可以有效抵抗弯应力，这样的机构原理最适用于轴力抵抗式结构（图3-38）。此结构最具意义的一点是，即使上、下弦中的某一弦杆的拉力消失，整体系统也不会丧失稳定，一定程度上增加了安全性的潜力。

目前已经实现的大跨可动轻型结构实例是西班牙塞维利建筑学院的埃斯克利格（F.Escrig）和桑切兹（J.Sanchez）教授设计的西班牙塞维利圣派柏罗体育中心一个游

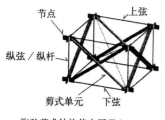

图 3-37 张弦剪式结构基本原理与抵抗机理

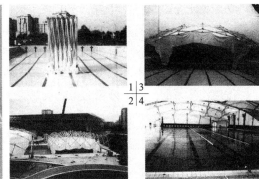

图 3-38　张弦剪拱顶方案　　　　　　　　　　图 3-39　张弦剪拱顶四阶段展开过程

泳池的可拆卸覆顶（图 3-39），其采用是"剪式枢轴＋张力膜材"结构。收束后两捆 33m³ 的建筑构件可以用来覆盖 11000m³ 的空间，并且施工是在几天之内完成的，令人拍案称奇。框架的上、下面皆覆以双层织物，织物的几何形状与框架结构的展开状态相符。结构全部展开时，织物受拉，提高了结构的稳定性。上下两层织物在一定位置互相连接，使得结构闭合时织物实现有序的折合。这个具有实验性的大跨轻型结构的实现，更进一步地验证了可变结构的生态效益，完美地实现了游泳馆与露天泳池在季节变换时的动态适应性转换，同时也展示了大跨轻型化结构形态的巨大拓展潜能。

3.2.4.2　开合屋盖

轻型化的结构、设施具备更强的机构机动能力，不仅体现在折叠展开的整体结构，正在发展中的开合屋盖、可动设施以及空间式动态施工技术的成功，也都从不同的角度佐证了轻型化的多点发生。

大跨开合结构始源于活动遮阳系统，在古罗马竞技场的废墟中可以看出可开合屋盖结构柱的遗址，遮阳篷的设计采用了跨越活动场地上空的永久性索结构的设计思想，在结构网格上铺设一层亚麻纤维布，既能实现透光，同时为 5000 名观众和场地边缘的表演者遮阳。这样的"索膜"式褶皱开合的设计思想在当代依然有广泛的应用。

"开合屋盖结构（Retractable Roof Structures）是一种在很短的时间内部分或全部屋盖结构可以移动或开合的结构型式，它使建筑在屋顶开启和关闭两个状态下都可以使用。"[23] 开合结构的应用大大拓展了大跨结构的适用范围和适应能力。今天的开合屋盖结构也不单止于遮阳意义的功能延伸，它附加给大跨建筑很多超值的其他功能、文化及社会意义：首先是复归自然观，开合屋盖可以有效地调节建筑场所的微气候，除遮阳挡雨外，还可以巧妙利用屋盖的各种开合状态（全封闭、半封闭、全开）来调节局部的光照、通风、温度，给使用者提供最舒适的驻留环境；其次，开合屋盖可以确保赛事和展览等活动功能免于自然气候的干扰，不会由于天气原因而使活动延期或者暂停，提供全天候的运营保障；再次，可以和其他设备配合，拓展建筑的功能属性——例如大型的开合穹顶可以实现体育场、馆之间的切换，升降式屋顶可以改变内部空间的声学效果，来满足赛事、观演、会议等不同大空间功能所需求的功能品质。

按结构体系的不同，开合屋盖分类如表 3-9 所示。

开合屋盖结构体系分类

表 3-9

类别	特点	被应用度
柔性屋盖的索膜开合	空间 / 平面放射式 / 平移式展开结构，覆盖面积大，开和周期用时短	高
钢结构膜屋面开合	骨架为钢材料，结构整体呈刚性，覆面结构为膜材料，放射式 / 平移式开合	高
空间刚性网格屋盖单元开合	刚性机构的组合，开合方式多样	高
可展开的开合结构	见本书 3.2.4.1	拓展中
充气膜开合结构	未有大型建成实例，暂时只用于临时建筑	低

（1）开合结构的结构矛盾与开启度控制 大跨开合屋盖的应用以体育建筑和大型的娱乐设施为主，这与其集中人流量大、气候条件要求高的功能需求是对应的。开合结构在形态设计方面除了要反映建筑功能的属性与风格，与建筑设计配合应选取合理的开合体系和形态构成，还要考虑到很多制约的要素。其中最主要的问题就是屋盖结构整体性的削弱。非开合的空间结构原本是一个整体性结构，对于荷载的施加是由结构的整体来承接的。而分成移动屋盖、固定屋盖两部分以后，荷载的传递关系变成了由次要结构传向主要结构的层级关系，空间整体的结构能力被削弱。另一个随之而来的问题是，开合屋盖的设置都一定量地增加了屋盖结构的面积，只有少数类型的开合屋盖可以设计成"严丝合缝"的样式，因而开合屋盖体系自重较对应形态的非开合体系要大，会产生更大的重力荷载和动荷载。此外，在大型屋盖结构的启动、行走、制动过程中，会产生较大的荷载，且运动的机械系统，如台车、轨道的设置，同样产生荷载负担，因而固定屋盖部分与下部承重结构需要提高结构设计的强度与复杂度。设计开合屋盖，要从最初的结构形态设计就开始思索：如何选择实现合理的体系，科学的开合路径，传力的高控制度，更可靠的结构安全性。

开合结构会影响结构的整体性，但其实现的空间效果和附加功能增益又是在特定的项目策划之初就不可或缺的。由于"开合"是先决条件，因而解决这样的矛盾，就要从开合部分的结构设置与结构形态着手。控制屋盖的"开启程度"，是最有效地降低结构自重提高结构整体性的手段。

开合屋盖的最大开启率，可以对应为如下的公式：

$$R_{max}=（S_o/S_w）\times100\% \tag{3-1}$$

$$S_w=S_r+S_f-_\triangle S_c \tag{3-2}$$

式中，R_{max}——开合屋盖最大开启率；

S_o——全开启部分投影面积；

S_w——屋盖整体投影面积；

S_r——可动屋盖投影面积；

S_f——固定部分屋盖投影面积；

$_\triangle S_c$——闭合状态时，可动屋盖的外边缘与固定屋盖的内边缘重合的面积。

其中，S_o、S_w、S_r、S_f、S_c，都指主支承结构以内的面积。

引入"最大开启率"的概念，可以将开合屋盖的开启标准引入规范化的轨道。目前还没有此相关方面的深入调查与研究，例如在特定规模的设施中，开启面积对坐席区采光、通风、眩光等方面的影响。开合结构体育建筑，主要是为了迎合全天候的赛事要求，设施内草皮需要日照养护，因而需要满足足够的日照时间的开启面积就可以，过大的开启面积可能造成不必要的经济损耗和材料消耗。通常来说，跨度越大，最大开启率应该越小；跨度减小，开启率可以适量放大。较早的开合结构，因为没有对结构影响和经济造价有足够的认识，建成的结构都追求尽可能大的开启程度，且在开启的空间内不留有任何结构，如加拿大天空穹顶（Sky Dome）（图 3-40）、日本的福冈穹顶（Fukoka Dome）（图 3-41）等。福冈穹顶屋盖结构为三层壳片，其中的两片是可以旋转移动的可动屋盖，每层桁架高度 4m，桁架间距 1.7m，每层桁架都独立承受各自的荷载，三层桁架总计达到了接近 15m 的厚度。这些开合屋盖虽然取得了良好的使用效果并提供了大跨度结构开合的惊人的视觉体验，但是大开启度带来可开启屋盖部分面积、结构、机动装置的增加，都极大地增大建筑的整体造价。开合方式、经济技术等要素之间存在制约平衡关系。近年来的刚性开合结构设计趋势是，在满足使用功能的基础上，采用尽可能小的最大开启率。例如日本的小松穹顶（Komatsu Dome）（图 3-42），由平行配置的两根长 145m

图 3-40　多伦多天空穹顶

图 3-41　福冈穹顶

图 3-42　小松穹顶

的龙骨桁架和与之相交的托架梁将大屋顶托起。开口部分的尺寸为 70m×55m，开闭部分的屋顶由卷扬机通过钢缆车进行平行移动。开闭屋顶两片，每片每边设置移动用的台车 4 台，合计设置 16 台，以保障其具有高度的耐久性。小松穹顶用于棒球比赛与练习，开口并没有覆盖全部的场地，而是仅囊括了棒球比赛的核心区域，满足了平时训练和非正式比赛的需求；若需要较高的光照条件，则可以完全闭合屋顶，采用人工照明。同样的开合方式也被运用在新天城穹顶（Big Sun Dome），但新天城采用的是透光率很好的膜材屋面，即便屋顶完全闭合，在白天依然可以取得很好的漫射光采光效果。晚间室内空间的照明则透过膜材向外发散，使整个建筑在远处看去像是镶嵌在山间的一弯半月（图 3-43）。

（2）矛盾的解决之道

①主体结构优先。以最大开启率为指标控制屋盖的开启度来提高结构实效不是唯一的途径，它可以作为大型大跨建筑的设计参考参数；小型的或跨度相对小的建筑技术制约小，则开启度的限制也小。还有部分开合屋盖结构在开启空间内保留了主体支撑结构，在可以接受的范围内牺牲部分的空间开敞效果，以保证结构的整体性，大大降低结构的自重和厚度，同时使屋壳在视觉上的观感变得轻薄。前文讨论到的小松及新天城穹顶就可以看作此种方式的特例——在两道结构主拱上设置开合的轨道，这样既保证了结构的整体性也实现了开和目的，但此方式往往只适用于小开启度的大跨结构。大分穹顶（Big Eye Dome）（图 3-44），在中央开合的位置保留了一纵五横的主体支撑拱架，拱架采用格构拱，留有空间让直射光透射和衍射，削弱结构投影对场地空间的影响。结构的投影在光照强烈的时候依然会留下清楚的投影，而在光照不强烈的情况下，结构的投影则由于格构式结构的原因变得极为模糊。目前，业界对这样的保留主结构的影响开合空间效果的做法褒贬不一，但就比赛的使用效果来看，并无负面的反馈。

②多轨分散。目前世界上建成的多数开合结构，仍以中小型的大跨结构为主，大型的大跨开合结构由于造价必为天价，往往策划中有，但是最终都没有实现，北京 2008 主体育场"鸟巢"即为一例，新奇的钢结构造型已经给这个体育场带来了过重的经济负

图 3-43　新天城穹顶

图 3-44　大分穹顶

担，而此等规模开合屋盖的总建设和实验费用亦要达到一般的 2 ~ 3 个体育场的建设费用，因而在最后的"瘦身"计划里面，开合屋盖首先就会出现在"瘦身"名单之内。

多数的开合屋盖采用的都是最简单的平行（平面平行／空间平行）轨道方式、绕圆环旋转式，以及此二者的综合方式，只是因为这样的技术成熟，造价较低，且机械故障少。但是这些方式的反复使用，难免会流于重复的窘境，因而一些新的开合方式亦被研发出来，并少数的投入使用。虽然为数不多，但是以目前的开合结构发展趋势来看，却有着很好的前景。

对于大跨建筑来说，新颖的开合结构意味着更高昂的造价。大面积的屋盖移动不仅仅是结构的负担、机械的高标准、电力的消耗，还意味着更高机率的设备故障与更长的开合周期。

新型的开合结构形态设计从某种程度上提供了解决此矛盾的可行措施。其指导思想即是将一元化为多元，将"重质"化为"轻质"。具体的措施可以分为两大类：多轨制——利用多条轨道分解移动屋盖的荷载；分散制——将原本一片或者两片的移动屋盖划分为多片的组合。

前文提到的大分穹顶即是空间多轨的典型代表，移动屋盖的空间轨道与 7 条结构次拱同构，全闭合时的闭合线与结构的主拱相一致。屋盖的驱动采用缆车取代了台车，解决了轨道空间行程不一致的问题。屋盖结构和机械设备的质量和占据空间都被降低。

目前分散制的开合方式几种代表案例，见表 3-10。

分散制的开合方式

表 3-10

	代表案例	简图
旋转重叠式	匹兹堡公民体育场（Melon Arena）： 结构跨度为 127m，圆形大厅直径 125m，由可开合的 8 片金属屋盖覆盖。其开合方式为钢结构支承的刚性屋盖平行和旋转搭接开合，屋面材料使用不锈钢材料	
分轨分片式	韩国釜山穹顶原始设计方案： 原设计方案为开合屋盖方案，后由于建设周期及经费的问题没有实现。 开合原理与大分穹顶相似，屋盖移动部分为 4 块，沿各自的轨道向穹顶中心聚集。若落实开合方案，屋盖的轨道有可能破坏屋面外观的整体性	

续表

	代表案例	简图
绕枢轴转动式	上海旗忠网球中心： 8 片移动屋盖绕各自的轴进行 45° 离心运动，开启方式类似照相机的快门。此建筑采用的是水平向的绕枢轴转动，还有采用竖向绕枢轴转动的开合结构，以卡拉特拉瓦设计的科威特博览中心广场为代表	

③膜材运用。另一个行之有效的解决开合屋盖的结构矛盾的有效方式，即采用轻质膜材作为开合屋盖的覆面膜材。膜材从质地上可以分为织物膜与箔片膜，织物膜是柔性膜材或折叠结构，一般用在张力结构；箔片膜也叫塑性膜材或塑料膜材，通常用于屋盖、立面，或做充气膜。无论是织物膜或是箔片膜都可以做成骨架膜结构。

采用膜结构屋面骨架系统通常都为轻钢骨架，结构自重较之金属屋面大为减轻，因而可以降低结构的负担，达到结构"瘦身"的目的。前文的新天城穹顶（图3-43）与大分穹顶（图3-44）都采用塑料膜材作为屋盖覆层。开合屋盖采用张力骨架膜的实例并不多，其中一个原因是开合屋盖运动时是一个可动的机构，而不是固定的结构，运动产生的不固定荷载有可能导致构架的轻微变形，而这样的变形有可能导致张力膜局部的应力过大而破裂。塑料膜材在可动系统里具有更高的结构安全性。

织物膜与钢骨架还可以做成折叠结构开合屋盖，与刚性屋盖一样，作为覆面的膜材重量在系统中的荷载非常小，结构最主要的荷载负担都来自钢骨架系统。与张力膜骨架不同，织物－刚架开合屋盖是靠结构的展开提供给膜材适量应力的（图3-45）。采用此系统的案例如日本爱知县丰田城体育场（图3-46）、美国西雅图海军棒球场（图3-47）。

④柔性索膜。柔性索膜系统是目前开合屋盖体系中最轻盈、最轻薄、结构完整性最好的，但技术制约性也是极大的。

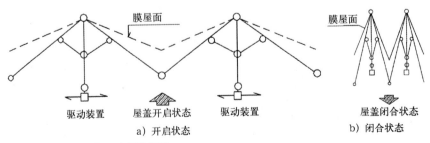

图3-45　织物－刚架开合屋盖机理

图 3-46　爱知县丰田城体育场　　　图 3-47　美国西雅图海军棒球场

　　柔性索膜结合了索缆与膜材两大轻型结构的必要元素，具有先天的轻质属性，无论从视觉还是力学角度，都使得屋顶足够轻盈。膜材的透光性使屋顶在完全覆盖闭合的状态下依然可以取得良好的照度。柔性索膜的索缆必须处在张紧的状态，这样才能确保收起的膜结构得以顺利展开，不会由于索道松弛而无法到位。开合材料为整张的膜屋面，使开合移动单元的划分问题转变为如何根据屋盖水平投影确定有利于膜材料伸缩的开合屋盖边界问题，因而膜屋面的形状要做到几何对称。固定部分屋面材料与结构相对自由，可采用多种结构与材料的组合，就效果来看，选择膜材张力结构可以很好地与开合部分呼应，达成结构与视觉统一的效果。

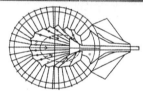

图 3-48　加拿大蒙特利尔体育场——空间展开式

　　柔性索膜的开合一般都成放射状布置，布置方式分为空间展开式布索与平面布索两种方式。空间展开需要独立于建筑结构设立桅杆或者桅塔，在高点设置膜屋面的收束中心，在此位置膜屋面呈收起的褶皱状态。展开时，膜面向下方发散滑落，最终与固定屋盖内边缘接合，并施以预应力形成闭合屋面系统。加拿大的蒙特利尔奥运会体育场即采用此方式屋面系统（图 3-48）。平面展开式布索的索道与收束中心基本处于同一水平面上，膜材全收起时悬停于屋面系统的几何中心处。西班牙的萨拉戈萨斗牛场即采用平面展开体系（图 3-49）。

　　空间布索与平面布索相比，收束中心不必对应

图 3-49　萨拉戈萨斗牛场——平面展开式

开口的几何中心，布索为斜拉式，长度不一，秩序感弱。收束中心的投影对于场地的影响小。需要额外设置桅杆／塔是这种方式的软肋，额外的建设不仅扩大了占地面积，且增加了工程量，材料用量多，造价攀升，蒙特利尔体育场还出现了延误工期的情况。综合来看，平面布索体系具备更高的"性价比"与建设优势。

（3）结构形态的整体呈现　与一般大跨建筑外观形态相比，固定屋盖部分和开启部分的支承结构形态是影响建筑整体呈现的关键要素。一般来讲，固定屋盖和支撑结构常以三种情况出现（表3-11）。

固定屋盖和支承结构关系   表3-11

类别	屋盖结构与下部结构共用支撑结构	为开合屋盖系统单独设置支撑结构	屋盖结构即为支撑结构
描述	固定屋盖与移动屋盖一起构成整个建筑的屋盖	开合部分的支撑结构与固定屋盖的支撑结构分离，各自相对独立	固定屋盖与支撑结构合二为一，既作为支撑结构又作为固定屋盖
特点	固定部分屋盖多采用空间网格，支撑结构对于建筑内部空间影响较小，内部空间整体性强，空间围合度较好，对支撑结构的强度要求较高，外部形象封闭，下部结构的造型不够轻盈	适应了主结构由于温度变化引起的伸缩变形，巧妙地将独立支撑结构带来的水平方向变形通过"疏导"的方式抵消，形式与功能高度统一	通常以落地壳型结构的形式出现。由于看台与固定屋盖间的空间要求，以及屋盖与看台的倾斜方向的相反，固定屋盖支撑结构与看台、功能用房的支撑结构各自独立设置
案例	日本的福冈穹顶、海洋穹顶、小松穹顶和加拿大的天空穹顶等	荷兰阿姆斯特丹体育场	日本的大分穹顶，韩国的釜山穹顶等
图例	福冈穹顶	阿姆斯特丹体育场	大分穹顶

以上三种关系都是以刚性屋盖为标准进行分类的，从比较可以看出，三种模式都有自己的特长和发展空间。即便从结构角度来看，最不利的"共用支撑结构"模式也有很大的发展潜力，若采用轻质屋面结构，则可以解放下部空间，并利用材料策略，使结构形态呈现"轻"、"浮"起来。

柔性索膜结构可以看作以上三种理念结合衍生变化的结果，结合三者的特点，又附加自身的优势，具有很好的发展前景。

3.2.4.3　移动设施

移动设施包括可移动的围合结构、坐席设施，以及移动场地等建筑的附属设施。它们不能算作结构，但是由于它们的出现，或多或少地都对结构形态的表现产生了影响。

如可移动的围合结构，随开闭的状态不同，而影响到建筑的形象，在一些围合打开的情况下，有可能会暴露建筑的结构。还有一些设施有可能和结构一并暴露并依附于结构，例如景观电梯和室外楼梯，它们的设计也势必参与作用到结构形态的表现之内，这在特定的结构设计中是需要周全考虑的。

移动坐席包括可拆卸的临时坐席。例如德国奥林匹克公园的游泳馆坐席，有很大一部分都在奥运会后拆除。有大型赛事或活动的时候，仍可以安装一定量的临时坐席以满足赛事的观演需求。这就要求在设计之初，就考虑到结构的适应能力与功能的包容度。在赛事展会频繁、人数变化量大的特定建筑类型中，要给结构设计留有足够的弹性，使得结构形态可以轻松应付功能需求的变量作用。

移动场地是近年来大型体育场馆设计的一项研究热点。移动场地的概念影响了建筑的多方位要素：功能、社会定位及结构形态等设计都会因此功能前提而有所回应。根据赛事或者活动的需求，可以将场地在"室内"与"室外"之间切换，根据场地的材质、植被、尺寸、室内外使用度等因素，则可以影响结构的"开敞度"，是否需要开合屋盖，以及开合屋盖开口的大小及开启度。札幌穹顶（图3-50）及美国的亚利桑那红衣主教体育场（图3-51）是两座典型地使用了移动场地设计的体育设施。札幌穹顶采用钢桁架的全封闭屋盖，红衣主教体育场则同时采用了开合屋盖和可移动场地。

近年来还有另外一种建筑构想，将建筑的整体作为一个移动设施，可以漂游在海上或空中，但这样的概念已经出离了建筑的概念，故暂不作讨论。

图 3-50　札幌穹顶

3.2.5　施工技术的创新

结构的轻型化呈现，除了在直观上的种种轻质呈现、机巧设计以及合乎原理的力学外显，还在建造实现与精神内涵等过程与深层追求方面做出了积极反应，广义的"轻型化"概念，还应含有"轻省"旨趣内涵的价值观。

"工欲善其事，必先利其器"，现代的大跨结构的结构组织和架构模式有着多元选择：空间网架、空间

图 3-51　亚利桑那红衣主教体育场

桁架、悬索结构、张弦梁／桁架／拱、薄壳结构、薄膜结构、索穹顶、弦支结构等或传统或新型的空间结构，都在大量的建设中有所应用。相对传统还是新型，都是针对结构出现的时间先后而言，并不意味着传统结构就一定逊于较新的结构。现实的情况是，在很多传统结构过了辉煌时期之后，会相对沉寂一段时间，但是当新的建筑材料和新的建筑元素被引入到原有的结构形式之中，有可能带来极大的适用活力。其结果是或形成了新的结构类型，或是带来传统结构的新型建造方式和呈现体验。"新"与"旧"的关系在结构与结构形态的领域，未必是一对矛盾体，有可能是一脉相承的同胚在不同条件下的应变形式。

结构的发展，必然促进、刺激与其相关领域的变化。时代的进步和社会的节奏也对建设的周期和社会资源的配比参与要求有着与时俱进的变化。社会运作的节奏加快，一方面要求施工的工期越来越短，另一方面对施工质量的要求并没有降低。这就需要设计者在设计之初，要将施工的方式纳入到构思体系之中，通过设计手段提前为施工阶段的便捷埋下伏笔。结构的轻型为施工提供了便利，施工的创新技术也反作用于结构形态，为结构形态的丰富增添助力。

大跨建筑的施工不同于竖向结构施工，施工占地与规模通常都要更大。大跨屋顶的施工技术最有难度，也是和其他结构类建筑施工相区别的标志。在屋顶结构完成之前，大跨建筑只是有跨度无结构的一系列工序与构件的集成。尤其是超大跨或构件精密复杂的屋盖系统，工期会更长，对于整体工程进度、综合临时工程计划及相关工程都会产生很大的影响。因而要对施工计划的施工方案、整体工期、安全性、经济性等因素进行综合的统筹研究，在方案设计阶段纳入施工计划的设计与考虑，可以在大跨建筑的"设计—实现"的周期内达到事半功倍的效果。

本节将以一些近年来出现的有特点的施工方式方法为例，阐述轻型化结构呈现的施工实现，与轻型的施工设计观如何反作用，促成新型的结构形态生成。

3.2.5.1 被动适应的施工技术

"被动适应"指的是根据建筑的结构形态与结构特点而采取与之适应的施工技术，是由设计决策施工的流程（图 3-52）。

（1）临时支柱施工法 这是最常见的施工方式之一，也是很多其他施工方式的基础。

以前文提到的福冈穹顶为例——该穹顶定位于以棒球竞赛为主要目的，为了完全满足比赛的空间要求，高度和跨度都要达到很大的数值（提供棒球的飞行距离与高度）。

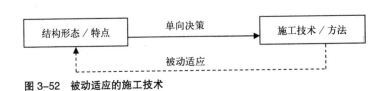

图 3-52　被动适应的施工技术

福冈穹顶的跨度达到了 200m 左右，属于超大跨距，因此巨型屋盖架构需要划分区块建造。

福冈穹顶采用的是相对成熟的施工方式——临时支柱施工的方式（图 3-53）：先架设临时支柱，将这些支柱分组布置后用于支承屋盖的钢骨架，最后组装整个屋盖系统。屋盖必须在完成的状态下才能成为结构，并具有稳定性，因而在完成屋盖的组装之前不能撤出临时支柱。屋盖结构完成之后，用千斤顶下压进行荷载控制或者下陷控制，除去屋盖结构与临时支柱之间的接边，最终完成屋盖的结构体。

福冈穹顶由于采用的开合屋盖系统，且一片固定壳和两片移动壳体可以重合在一个投影平面，因此他们可以共用一套支柱系统。待屋盖完全施工以后再配合机动装置移动

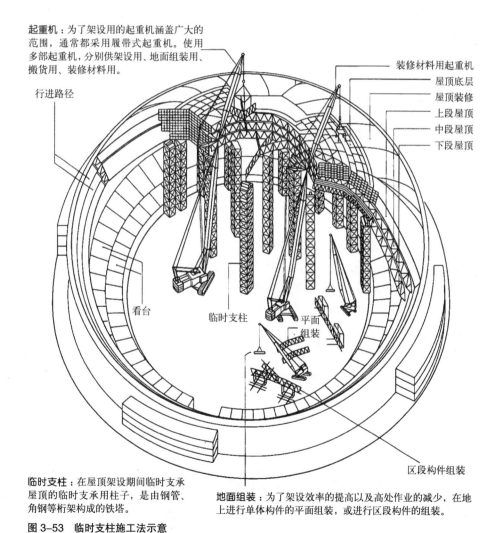

起重机：为了架设用的起重机涵盖广大的范围，通常都采用履带式起重机。使用多部起重机，分别供架设用、地面组装用、搬货用、装修材料用。

行进路径

装修材料用起重机
屋顶底层
屋顶装修
上段屋顶
中段屋顶
下段屋顶

看台

临时支柱

平面组装

区段构件组装

临时支柱：在屋顶架设期间临时支承屋顶的临时支承用柱子，是由钢管、角钢等桁架构成的铁塔。

地面组装：为了架设效率的提高以及高处作业的减少，在地上进行单体构件的平面组装，或进行区段构件的组装。

图 3-53　临时支柱施工法示意

使用。这样的结合结构特点的施工模式带来了施工的高效率，也节省了施工临时设备。为施工节省的大量费用，可以抵偿一部分移动屋盖所带来的高经济代价。

（2）横向移动施工法　大分穹顶也采用移动屋盖系统，固定屋盖部分采用临时支柱法，可动部分则采用横向移动的施工方法。

此施工方法的指导思路即是"化整为零"，将大面积的施工作业划分成若干个区段进行组装，然后顺序横向移动，依次组装，最终完成整体（图3-54）。这样的施工方式可以在起重机周边进行，组装的区域相对固定，可以减少临时设备的数量，提高架设设施的使用效率，提高作业的安全性。流水线式的作业方式也提高了施工的效率，降低人工投入，工期计算和控制也相对准确。

常用的横向移动设备有构架行进轨道、台车、千斤顶、绞盘等，但是大分体育场的施工则利用移动屋盖的驱动装置，这是一项创新的方法，既完成了施工作业，减少施工投入，同时也预检了开合设施的运作情况。

（3）整体起升施工法　此施工法需要先施工支柱（支承结构柱或临时支柱），然后将在地面组装的屋盖构架（一般可先完成屋面安装）利用油压千斤顶、绞盘等装置起升到上方，采用支柱施工法的技术与支撑体系固定成为结构。起升方法根据起重设备的位置不同，可具体分为提升和顶升两种方式。

这样的施工方式有几项显而易见的好处：首先，可以同时进行下部结构和屋盖结构的同时作业，可以缩短工期；其次，近地作业降低了施工的高度，可以减少高空作业，提高施工的安全性。

但此施工方式同样有一些技术上的难点。最主要的一点是大跨屋盖结构面积巨大，整体自重大，要保持结构体上升时的水平度，以及与其他构件的应力的稳定，起重上升时必须配合以精确的测量、控制的技术、设备和科学规范的管理方法。

日本的名古屋穹顶即采用的是中央整体起升式的施工方式（图3-55），该屋盖在施工时还采用分组块组合成大件，然后再上抬架组装的模式，进一步提高了施工安全。

3.2.5.2　主动参与的施工技术

"主动参与"指在设计阶段敲定即将采用的施工方式，而某些施工方式需要特定的

a）固定屋盖部分采用临时支柱施工　　b）可动屋盖部分采用临时支柱施工　　c）可动屋盖部分（移动后）
（移动前）

图3-54　横向移动施工法示意（大分穹顶）

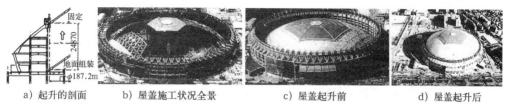

a) 起升的剖面　　　b) 屋盖施工状况全景　　　　c) 屋盖起升前　　　　d) 屋盖起升后

图 3-55　整体起升施工法（名古屋穹顶）

图 3-56　主动参与的施工技术

结构方式与结构形态才可以实现，因而施工方式的选择又会反向影响结构形态的设计决策，此二者成互动的作用关系。这样类型的施工技术，可以称其为主动参与的施工技术（图 3-56）。

（1）充气屋盖　充气屋盖亦叫作气承式膜结构，由于长期运作维护的资源消耗和天气制约性大等原因，近年来充气屋顶不常在永久性大跨建筑中使用。但由于其具备屋面形式简洁、造价低廉以及施工便利等优点，在气肋承充气式的临时结构和相对小型的大跨建筑中还有着广泛的应用，气胀膜（表皮／屋顶）、气承式与其他结构的混合结构亦有一定程度的探索和应用。因而对这一屋盖体系的了解有助于对新式体系的把握与研发。

大型充气穹顶施工的基本方法，通常是先把薄膜在下方摊开，然后由送风机压送空气，使膜屋盖在气压作用下膨胀。膨胀过程中的需要配合调整索网的位置和解决薄膜与索网的固定来决定结构的最终形态，这也是施工的一个难点。

充气穹顶的代表是日本的东京穹顶和盖格尔（Geiger）设计的 1970 年大阪 EXPO 美国馆屋顶。以东京穹顶为例，上部结构采用的是低矢高加强索网和气承膜结构，膜四围与压力环结合，通过承重框架和周边结构向下传递荷载（图 3-57a，图 3-57b）。屋顶的平时状态由送风系统维持，确保室内气压高于室外 0.3%（30mmAq）。屋顶的单位质量极轻，加上悬挂物的重量也只有 $14.2kg/m^2$，这是目前索穹顶体系也未达到的（可达约 $30kg/m^2$），气压在 30mmAq 的时候，气承力相当于 $30kg/m^2$，大于屋顶自重一倍，可以抵抗 10～12m/s 的风速，对于更大的风力可以采取提高内压的方式，最高可达 90mmAq。

充气式屋顶是由内压产生的平衡结构，最理想的屋面形态（膜屋面与结构形态一致）是尽量使得在内压和重力的作用下，在屋顶的各部位产生大致均等的张力。施工前为了达到这样的一种形态而采用形态分析的方法，并将分析结构作为最初的假定平面（图 3-57c）——这是一种施工措施主动参与到结构生成的典型案例。

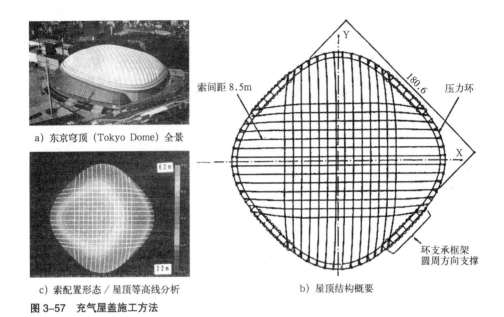

a）东京穹顶（Tokyo Dome）全景

c）索配置形态／屋顶等高线分析

b）屋顶结构概要

索间距 8.5m　　压力环

180.6

环支承框架
圆周方向支撑

图 3-57　充气屋盖施工方法

（2）攀达穹顶　结构从实体空间构成向线性空间构成的转变，赋予了结构更强的机构性能，在可动及变形之外，即是施工的机构性方法应用。

攀达穹顶是"Panta Dome"的音译，"Panta"来自两个原型——"pantograph" ❶和希腊语"panta rei" ❷。"pantograph"原意是缩放仪或比例画器，在建筑上指可展开的折叠设备或框架，在日本电车上指缩放式导电架也采用此英文的日语发音；"panta rei"则是古希腊哲学家赫拉克利特提出的"万物皆转"论，意指事物的流变。攀达穹顶的发明者川口卫教授也意在用这个词来概括他的概念：利用可运动折叠的构架来建造的穹顶结构，同时想表达一种理念——即便是结构也可以是潜藏着动态的潜能（机构化的方式）来实现构型和卸载。

穹顶结构一般分为经线和纬线，攀达穹顶的构筑原理即是在建造之时，将大跨穹顶特定的纬线环 ❸的杆件临时拆除，使空间网格成为一个可运动的机构，这样的环形机构只具备竖向的单向运动能力，因而运动变得易于控制。攀达穹顶和整体起升式穹顶一样，

----

❶　见《韦氏大学词典》之"pantograph" n. an instrument for copying something (as a map) on a predetermined scale consisting of four light rigid bars jointed in parallelogram form *also*：any of various extensible devices of similar construction (as for use as brackets or gates)；[2] an electrical trolley carried by a collapsible and adjustable frame.g

❷　见《韦氏大学词典》之"panta rei"，Etymology：Greek；all things are in flux.

❸　穹顶结构除受轴向力以外，还有环向力的作用。拆除的纬线环设置铰机构的位置通常设置在压力环与拉力环附近，而第三组铰机构则设置在柱脚上。

可以降低作业的高度，减少临时脚手架的使用量，降低施工难度和经济支出，减少大型高起吊设备的投入，大部分的装修与设备安装也可在此阶段完成，缩减工期的同时，也让质检工作变得更容易，便于把握施工质量，提高施工精度。另外，机构起升过程之中同样对灾害具有一定的抵抗能力，机构的构架在全过程中都具有空间效应，可以做有效的形态抵抗，铰链接还可以抵消地震带来的荷载，因而这是一个完整的抵抗机构，不需要额外的防护措施。

　　起升屋盖（通常都是采用顶升，而不是提升，这与整体起升方式相区别）可以采用液压千斤顶或气承的方式，千斤顶通常设置在距中心最近的铰链靠中心的一侧，这样的设置可以使起升设备数量最少，并使每环的铰节点运动易与控制同步。完全升起，达到结构形态的完全体后，需要把之前拆除的杆件重新安置，形成环箍，使机构形成结构。最后按工序和施工要求，撤去升起及辅助支撑，完成穹顶（图 3-58）。

　　完成的穹顶结构保留铰机构，这样的机构设置令穹顶具备"呼吸"能力，即用机构的运动能力来释放大跨结构温度应力。

　　攀达穹顶起升形成后即是完好的建筑形态，这样的过程给人的冲击是前所未有的，它赋予了建筑一种生命诞生般的惊奇呈现，这样的成立过程既是技术之新也是艺术之魅。一般的攀达穹顶起升的时间需要 1～2 周的时间，而在浪花穹顶（Namihaya Dome，门真体育中心）的实践中，采用了一种支柱收藏式的顶升施工方式，对结构实现了连续顶升，一天之内就形成了穹顶的形状。此穹顶的全部重量（包括装修材料和支承重量）达 1729t，占地面积 25461.40m²，单位重量只有 68kg/m²。设计的顶升行程为 28.74m，将穹顶闭合的固定工序所需要的操作计算在内，实际顶升 28.1m。屋盖架构采用空间网架，按照攀达划分原则，分割成三部分：拉环的赤道线以下部结构和以上部分。

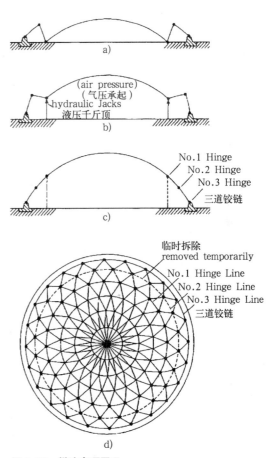

图 3-58　攀达穹顶原理

   a）未起升状态　　　　b）起升过程　　　　c）起升完成状态　　　　d）最终形态

图 3-59　浪花穹顶起升过程及最终效果

拉环赤道线以上部分又分为网壳中央部、中间部和外圈部。而中间部与外圈部又被计算分割成 14 个部分，这样就形成了可以顶升的机构。

浪花穹顶的顶升机构共 16 处，设置在中央部分网壳周围等分布置，由顶升支柱、油压千斤顶、间隔方向调整滑轮组成。每根支柱的承起能力为 111t，16 根可以实现约 1776t 的承起力，大于结构总体自重而留有余量。之所以在一天之内完成顶升，是由于采用了 VSL 技术的成组千斤顶——每根支柱配有两台千斤顶，通过支柱下方固定的钢绞线带升支柱，起升屋顶。顶升以 6cm/min 的速度进行，历时 8 小时 28 分完成全过程（图 3-59）。

攀达穹顶的施工工艺不仅仅是减少支撑设备、缩短工期的一种建设方法，它可以被视为一种纳入了一个运动机构的结构体系，利用机构大幅度地变形能力达到一个合理高效的建筑与结构的综合设计思想。出于施工操控的可行性，需要对穹顶从建筑设计、结构计算、设备安装、施工安排、细节调控等多方面进行综合的整合设计，它的含义已经超越了施工方法的范畴，是一种全周期一体化设计，包含施工方法设计的动态结构体系过程。

（3）索穹体系　索穹顶是目前为止最轻质线性空间结构体系，由于其完全是靠预应力来形成结构最终的稳定性与整体刚度，则必有其独特的施工方式。

国内经常有将索穹顶等同于张拉整体的认识。严格地讲，索穹顶不属于张拉整体[1]结构的范畴，它只属于张拉整体原理的一种外延应用形式，因而可以把它归类于广义的张拉整体结构范畴。索穹顶是目前实现的最为接近张拉整体的建筑结构，但其结构体系的边界是受压环，如同张力膜被张固在桅杆或者梁、拱上，这样的固定边界只是体系之外的构件（图 3-60）。而严格意义的张拉整体是和充气膜结构的原理一致的，外部是"连续受拉的海洋"，内部是"受压的孤岛"——可以被理解成离散的气承式张拉结构（图 3-61）。

索穹顶的压力环通常采用钢筋混凝土材料或预应力混凝土，导致压环的尺寸要远大于其他构件的尺寸。但由于其优越的受力性能，索穹顶依然有着极高的结构实效。索穹

---

❶　张拉整体结构是一些离散的受压构件包含于一组连续的受拉构件中形成的稳定自平衡结构。

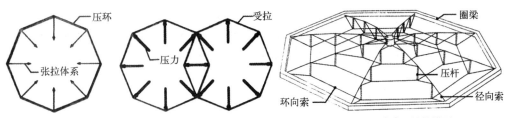

图 3-60　索穹顶结构原　图 3-61　张拉整体结构原理模型　图 3-62　盖格尔体系索穹顶结构模型
理模型

顶结构除了外部外环梁，内部体系还包括径向脊索、径向谷索、斜腹索、环向索和压杆等构件，传力途径简单清晰，逐层扩散到外部受压环梁（图 3-62）。其高结构实效尤其体现在：随着跨度的增加，结构重量的提升并不明显[24]。

　　因而，广义地讲，索穹顶可以称作张拉整体式索穹顶，依然可以被看作是以张拉体系为主要受力体系，并以张拉为主要内力的整体性结构。已建成索穹顶体系有两种：盖格尔（Geiger）体系和里维（Levy）体系，分别以他们的设计者名字命名。里维体系可以看作是盖格尔体系的改良，采用三角形分割形态，在中央设置了张拉整体桁架，原理上更接近张拉整体模型，而且结构形态的塑造能力更为自由；但盖格尔体系的经纬划分式从构造上更为简单，施工难度和造价低，对施工误差不敏感，因而应用的灵活度就高，结构变体的自由度也大（如弦支穹顶）（图 3-63）。

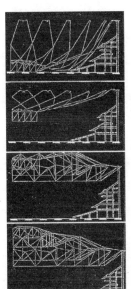

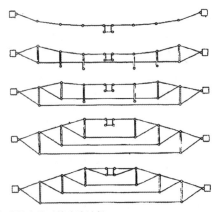

b)（上图）盖格尔体系的建造过程：
(1) 悬挂上部的索缆；(2) 然后架设一层环索和撑杆，提升以支撑逆向（向内一环）索网；(3) 用相同方法向内架设环索及撑杆，之后提升并张紧脊索。

a)（左图）里维体系（佐治亚穹顶）的建造过程：(1) 将脊索置于地面；(2) 将脊索网连同索桁架提升至一定高度；(3) 装置下部环索及撑杆之后，提升并张紧脊索网。

图 3-63　索穹顶建造工序

索穹顶的上、下弦都采用柔性索，虽然达到了极轻的结构质量（约 30kg/m²），但是施工与计算也变得复杂，结构在施加预应力的前后刚度变化巨大，难以把握。因而弦支穹顶结构应运而生以提供一种改良的折中式方案，其结构概念依然是利用索穹顶的张拉整体概念，将上弦索网替换成单层网壳，提高单层网壳的稳定性和初始的结构刚度，降低了施工难度，且屋面材料也更易匹配，国内已有部分应用实例。

3.3　结构形态非物质因子共轭

"共轭效应"是在多学科中普遍存在的一种现象。例如在有机化学领域，由于分子中原子群体之间的相互制约、相互配合和相互影响，整个有机化合物的分子结构更趋稳定，内能内耗减少，分子极性增大，抗力增加，外力对它不容易破坏，这种现象称为"共轭效应"；在物理领域，当外力的频率与振动体的固有频率接近或相同时，外力体的振动会使振幅急剧增大，这种现象称之为"共振效应"；在医学领域，在脊柱的运动中，共轭现象是指同时发生在同一轴上的平移和旋转活动，或指在一个轴上旋转或平移必然同时伴有另一轴的旋转或平移运动的现象。

共轭现象可以概括成系统内各关联因素的协同与互动影响，这种交互作用使得各因子的运动趋于同步，并在协同作用下将运动作用结果加强的现象。"建筑—文化"系统亦普遍存在这样的共轭现象。社会文化中的科学发展、社会现象、文艺趋势、哲学发展等非物质因素也都处于变化之中，建筑文化与现象是社会文化的子系统之一，和其他社会元素共同作用于社会发展。建筑形态、结构形态的发展同样受到这些非物质因素的影响，而产生或主动或被动的形态变化，同时用自身的形态呈现来触动这些非物质因素的神经。

英国建筑学者戴维·史密斯·卡彭在他的《建筑理论》一书中将建筑的范畴划分为基本范畴与派生范畴（图 3-64）。基本范畴即是建筑的本体自生，先天性的属性，也是建筑必要条件；而派生的范畴则可以看作是基本范畴的发展和演化，是建筑的属性与文化和社会精神、集体记忆等非物质性因素杂交而分裂出来的派生体系，它们不存在继承的关系，而是并行的存在，亦可以把它们看成是建筑的物质呈现与非物质因素互动的一种"共轭"。而从卡彭的范畴划分中也可以看出，在两个范畴中都包含有结构的属性，因而结构又分别在两个范畴内与另外的分支发生互动。这样的归纳方式，一方面可以看到结构对于建筑的物质层面与非物质层面同时具有重要意义；另一方面，也说明结构形态的作用因素的数量之多，同时渗透了这些因素的关系复杂性。尤其是在非物质层面，很难用定量的数据关系来描述这样的作用影响，只能靠深入的定性研究手段来把握脉络。

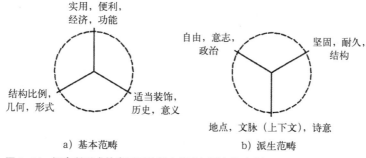

a) 基本范畴　　　　　　　　　　b) 派生范畴

图 3-64　概念所形成的类型可按基本范畴与派生范畴分组

　　结构轻型、轻质的发展趋势，与多元的文化要素相交融，排列组合而成更丰富的形态呈现与结构意向。文化的"轻逸化"现象也使得文化元素与结构形态同步契合，例如媒体数字技术使结构的呈现趋于隐匿,结构与建筑外观不再是建筑与受众交流的媒介（或这种作用被弱化），而建筑自身却成了媒体的平台和传播的媒介；拓扑数学的引入给大跨建筑的结构表现注入了活力，也为结构建造与实现提出了挑战；地域文脉是大跨结构表现的一把"双刃剑"，顺应还是独立凸显都可以成为立意的定位，这两种选择都是对文脉处理的思索，但结构的轻质使其具备了更多可能的对应形态与手段；艺术、文艺理论与思潮也常对建筑设计产生冲击，而这样的冲击波及大跨建筑的时候，也使建筑在特定的细节或整体形态上有了相呼应的变化，这样的应变往往来自建筑师对这些"渗透"或者"侵略"的回应；生态意识的觉醒使得大跨建筑在自然面前往往放低了姿态，不再以高大生冷的面目示人，而转为易于亲近，与自然和谐共生的表情；大跨建筑在一定程度上更是一种权力的象征，与权力者的意志物化，"人权"抑或是"神权"都对建筑形态有着相当大的决策力或影响力，现代当代的政治与宗教对于建筑的利用和态度，虽看不见，却作用在大跨形态上的塑造力上。

3.3.1　数字媒体的参与

　　阿帕度莱❶在其1996年出版的论文集《消失的现代性：全球化的文化向度》(*Modernity at large: Culture Dimension of Globalization*) [25] 中指出，20 世纪 80 年代末对全球化的意识源于电子媒介的兴起与人口流动的加速。媒介对全球化的影响可追溯至本尼迪克特·安

---

　　❶　阿君·阿帕度莱（Arjun Appadurai），现任纽约大学斯坦哈特（Steinhardt）学院文化、教育与人类发展学系教授，当代社会文化人类学家，以研究现代性和全球化理论著名。

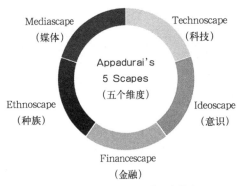

图 3-65　阿帕度莱全球文化流动五个维度

德森（Benedict Anderson）❶ 所提出的"想象的共同体"——随着印刷术的大规模普及，"印刷资本主义"应运而生，进而推动了大众文学的发展；它排除了人与人面对面直接交流的必要，使得民族性亲和力可被建筑在共同阅读的基础之上。然而之后日新月异的科技革命使得印刷品迅速退居二线，电视、电脑、互联网先后冲击着媒体模式，时至今日，媒体为我们塑造的世界已经变成了丧失位置感的电子幻觉。跨界想象不再是少数精英的专利，即使"墙内"底层民众亦可对疆域之外的世界有所了解。然而存在于不同群体想象中的世界，其模样却大不相同；人们对跨界的渴望，亦可能有迥然相异的目的。

　　阿帕度莱提出了全球文化流动的五个维度（图 3-65）作为研究框架：种族景观（ethnoscapes）、媒体景观（mediascapes）、技术景观（technoscapes）、金融景观（finanscapes）和意识形态景观（ideoscapes）。它们共同建筑着阿帕度莱理论中的"想象的世界"。简单说来，种族景观指人口的加速流动，技术景观指科技的跨界分享，金融景观指资本的全球转移——三者互相牵连又彼此脱节，而媒体与意识形态催化并反映着这种断裂；媒体景观指信息制造与传播能力的扩展与分配。在当今社会，正是媒体将政治、经济与文化混杂拼凑起来，使得想象与现实的界限愈发模糊，进而刺激了人们对跨界流动的渴望。

　　建筑界向来都有崇尚精英与先锋的倾向，建筑也历来都是社会文化的媒介和"镜子"。媒体之于建筑，首先在于媒体对于建筑的批评和宣传的作用：媒体好比建筑延伸的"触手"，和社会发生着互动与信息交流，同时又将社会的信息回馈到建筑自身或者设计主体——建筑师，以及可能影响到建筑方案的业主和评审组织上，影响着建筑与社会接触之后的变化和在其之后建筑的设计及建造。同时，新的媒体技术与信息技术已经作用在建筑的形态之上，并对建筑的方案设计和结构形态产生了作用。

　　媒体与数字技术也在影响和改变着大跨建筑的走向及结构形态的取向。传统的建筑设计与形态呈现已经不能完全满足人们增长的饕餮欲望，人们一直期待有可以打破传统

❶　本尼迪克特·安德森：康乃尔大学国际研究院阿伦·L·宾尼约伯（Aaron L.Binenjorb）讲座教授，是全球知名的东南亚研究学者。他认为，想象在现代民族的形成过程中发挥了至关重要的作用。基于某种政治目的，一个群体中的精英借助媒体等手段，有选择地强化这个群体在血缘、历史、文化等方面的共性，甚至虚构共同的祖先，从而在该群体中营造出强烈的互相认同，使之转化为民族（nation），进而建设民族国家（nation-state）。"想象的共同体"概念在今日多用在描述媒介作用下的同质化或一体化的现象。

的创新表达。数字媒体技术的引入即是一种解决之道，相关设施的应用，一定程度上改变了建筑的功能定位、空间形态、结构措施、构造设计和视觉呈现等多方位的属性与品质。媒体的介入，同时打破了建筑持久的"历时性"属性，使建筑具备了更多的"现时"、"临时"、"瞬间"的属性。

　　媒体技术属于典型的物质性与非物质性的双重作用，其物质性体现在媒体设备的设置利用，非物质性体现在媒体信息与媒体数据的流通交换。数字墙体或媒体墙的介入，一定程度上颠覆了结构形态的本体发展意义。它使得一部分人，甚至是建筑师无视了结构表现性，完全追求靠原本的非建筑要素来创作建筑的表达。结构的形态在媒体为主角的建筑实践中被芯片"消灭"，传统的设计观在这里发生了转向，从有形的物质物化，转变为愈发无形的非物质的文化，例如采用简单的几何造型，在建筑的外表皮或特定位置的交互界面代之以数字化墙体，电视墙、光电玻璃、夜景幕墙成为建筑的外观，它们的工业设计造型替换了传统的墙面，它们的播放变换的内容，成为被阅读的主体，而建筑自身的可阅读性被媒体的意义所遮蔽。只有进入到建筑内部，才能又切换到建筑的场所，而在建筑外部空间，其场所领域则被媒体信息场所大量侵蚀。这样的媒体化转现，并不一定意味着建筑自身的沦丧和结构的死亡（这样的极端化案例并不多），可以将这样的现象看作建筑师的一种探索或是建筑的谦卑与妥协，因为在特定的环境与定位中，建筑可以作为配角出现，所有的建筑都去争当主角的结果一定是没有主次、杂乱争鸣的境况。这样的手法常见于商业建筑的外立面，但近年来在大跨建筑的设计中也偶有出现。北京五棵松篮球中心的初期方案中（图 3-66），建筑完全采用 media cube 的概念，墙体采用媒体技术幕墙，具有一定的透明度，建筑形态呈现一个半透明体的效果，结构形态被隐匿，从外观显现中无法阅读到结构选型的信息，建筑的体量在媒体幕墙的运作中被消解。

图 3-66　北京五棵松篮球中心初始方案

　　媒体技术的另一个热点即是多种媒体设备在建筑中的装置化。投影技术多用在夜间的建筑效果渲染和气氛营造，例如水幕投影和室内吊顶投影，以及媒体吊顶（图 3-67）。设备本身不是结构，不会参与到结构形态的生成。但是设备所需要的空间和投影所需要的投射面是需要结构采取相应的措施提供的，如果在设计之初有所策划定位，则要在方案中通过形态设

图 3-67　北京世贸天阶的大型媒体吊顶

计对应处理。

媒体设备的选用与升级换代对结构形态也有着间接的关系。例如在体育场馆中，传统的大型记分牌都是设立在场地长向的两端。场地长向两侧的坐席区视阈好，坐席排数多，需要的空间高。而两端的记分牌设置适当地缓和了两不利端坐席区少、降低气氛的矛盾，可以适当地提高两端空间，保证场馆内的空间变化过渡自然，不会产生空间压抑感。而对于一些特定比赛场，尤其是环式或长宽比例不明显的场馆，坐席区排数接近、空间接近，视线质量差别不大，这时在两端布置就会产生空间的矛盾。再有，两端式记分牌布置还存在另外一个问题，就是对于观者的不便利性：会存在部分观看者观看比赛时，对场地的观看与对比分的关注不能同时进行的矛盾，由于空间的不一致性，导致了观看者的实现要不断地在二者之间切换。而中央悬吊式积分牌或多媒体播放系统则在一定程度上解决了上面的两种矛盾。这样的系统可以被设计成多向立体的传播系统，确保了各方位观众观看的便利，同时不必将视线移动太大就可以在场地比赛与记分或信息提示之间快速切换，甚至可以同步观察。但这样的媒体系统也给结构的空间支持提出了挑战，因为媒体设备自身需要占据空间，而各种比赛需要满足不同的净空标准，因而在设计之时，要根据赛事和平时的使用需求来确定空间的高度，然后选择适应的结构形态或对既定的方案进行调整来深入设计（图 3-68）。例如近年来大量的中心式布置被采用以后，在间接上导致了扭壳结构形态的体育场馆设计数量的减少，一个原因就是扭壳结构中央低，布置中央式计分媒体系统可能导致场地净空不足。

除了以上案例，也有结构形态与媒体技术主动适应的探索与尝试。在奥地利的格拉茨（Graz）艺术中心的设计中，设计者采用了一种 BIX（Big Pixle 大像素）的媒体墙技术（在皮亚诺设计的鹿特丹 KPN 中心的立面也有应用）。BIX 媒体墙的创意理念就是将光电板和感应器整合到建筑的表皮结构之内。具体的实现方式以圆环荧光灯为像素的光源（图 3-69），共 925 盏均匀阵列在建筑有机玻璃面的内部。这个阵列使复杂的曲线表面成为一面 45m×20m 的低分辨率显示屏。计算机系统控制"像素"屏的显示，各像素点亮度可以有 100 级的变化，可以实现标志、图形以及简单的动画显示（图 3-70）。该媒体墙的使用，使得艺术中心成了几个街区内一幅独特的风景——每盏灯相当于一个

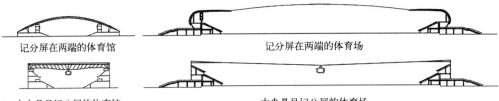

图 3-68　不同记分屏位置对应不同的场馆空间形态

可控制的像素，这都使得艺术中心自身具备了动态信息表达的
媒介能力；另外，媒体墙也可以作为艺术家表达自己的作品的
窗口，或者将这种表达作为自己作品的一部分，将自身的能力
作为一种艺术融入建筑的艺术，赋予建筑以更丰富的艺术旨趣。
媒体墙的应用还表达了艺术中心的一种主观观念和艺术取向定
位：这里没有永久的收藏，只通过高技设施扶植数字媒体的发
展，并依靠展出空间提供培养现场艺术的土壤[26]。媒体墙不仅
仅是城市里面的一张屏幕，也使得建筑本身成为一件影像和叙
述的发生器，同时也成就了自身的临场艺术：一方面它向外界
展示了自身，另一方面它好比一层可以双向渗透的介质，将内
部展示、活动与城市的公共领域黏合在一起。

图 3-69　BIX 立面环状灯

　　数字媒体最初的冲击是有侵蚀性的，它破坏了传统建筑观
念下的"表面"概念。但是随着这样的"侵蚀"的融入，数字
媒体渐渐成了一种"材料式"的建筑演绎，已经逐渐被同化在
建筑的常规体系之内，虽然现在的数字技术多数只是停留在面
层的呈现之上，但是其容纳的"景深"却又远远超越了面层的
表达，它为建筑的形态增加了新的变体。而对结构形态的回应

图 3-70　灯的亮度变化

往往取决于设计者的立意。例如完全的 media cube 概念往往是要极度弱化结构形态，
而 BIX 技术的拓扑形建筑体，却又能实现对结构形态的强化与突出，用媒体能力烘托出
结构形态的轻放自由的塑造力。

3.3.2　拓扑数学的引入

　　拓扑学是数学分支，属于几何范畴。几何学与建筑学的关系致密，虽没有达到"体"、
"用"的程度，但是几何的发展却一直深度作用着建筑的设计与实践，几何不但是建筑
的设计依据、创作工具，同时还是建筑的美学评价标准之一，脱离了几何的建筑学是无
意义的。由于这样的"血缘"牵连，拓扑几何学也自然被引入到建筑的形态研究之中。
尤其是现代计算机技术的飞速发展，计算机的计算能力也在以"摩尔定律"的速度级级
跃迁，计算机图形学的工具与理论也都为拓扑学的建筑学代入提供了可操作性。

　　拓扑的研究内容抛却了传统几何学点、线、面之间的位置关系以及它们的度量性质。
拓扑学不考虑量度性质，直线上点、线的结合关系与秩序在拓扑变化下保持不变——对
于任意形状的闭合曲面，只要不把曲面撕裂或割破，那这样的变换就是拓扑变幻，存在
拓扑等价关系，这就是拓扑性质（图 3-71）。此外，"洞"和"边界"也是拓扑性质（可
以看作曲线和曲面闭合的拓扑性质的推论）[27]。拓扑几何性质的概念对建筑形态的影响

图 3-71　庞加莱的变换魔术：互为拓扑同胚

有如潮汐拍岸，每波潮水不同，每次拍岸的印记各异，这样的动态运动从没停止过。以上的各种性质在被引入结构形态之后，"拓扑形建筑"的形态呈现与传统建筑的形态呈现风格变化明显，甚至一定程度上颠覆了传统平面几何、立体几何的审美价值体系。结构的传统形态在拓扑等价变换之后，可以变换成自由曲线、曲面的形态，而这样的变换具有无限的可能性，也即是结构形态具备了无限的可能性。这样的可能性要以计算机的辅助设计及找形手段来实现，同时要经过适当的结构计算来评估结构的可行性。

建筑拓扑学研究着眼于形式的动态变化，而这样的动态是需要大量的分析、计算、动态生成才能做到的，这对于传统的建筑来说是心有余而力不足的。现代的计算机技术，如辅助设计和动画软件的更新迭代，使得建筑在这方面的能力也逐渐得以胜任种种的复杂设计配置。"建筑形式的拓扑化将促使建筑设计迈向一种更新的、引人入胜的可塑性，并重新寻找巴洛克建筑和有机表现主义建筑的发展轨迹。"[28]大跨建筑的外部形态和特定的内部空间具有整体面积大，形态表现要求高的特点，在计算机软件的建模与演算中，大面积的面系元素将被细分成小的多边形组合（以三角形为主），这和实际的建造情况是可以对应的。这样的划分使得形态可以按照拓扑学不变性原理，将元素调整成各种可能的表现形态。拓扑形的大跨结构与空间塑造往往需要大量的点、线及多边形元素来构型，混凝土材料之类的实体表现材料往往不适合这样的复杂表现性，但对于一些边界、面与轮廓的界定还具有积极参与作用。而现代的轻质建筑材料，包括实验性的材料与结构概念、结构试验都已被大量引入拓扑形态的塑造之中。拓扑学给当今大跨结构形态表现带来变革与影响，在今天仍在继续扩大，这个是由几何学与建筑学的密切关系造成的，可以预见的，这个适变的过程会随着计算机技术与形态理论的发展进一步加速。

图 3-72　表皮的拓扑草模

在 3.3.1 中的格拉茨艺术中心的结构几何形态即是采用了拓扑形关联的设计方法。通过对球体的数字模型变形处理（图 3-72），在一系列的变形过程中保持了各种联通和联络关系。这样的模型需要具备一定的弹性，即能够连续地拉伸和变形。模型的完成和制作大部分要依赖数字技术。通过这样的技术，结构形态实现了在传统建筑中无法实现的形式。艺术中心馆将多译的媒体与拓扑结构面合并，复杂的几何形式同时也是即时互动和交流的媒体，结构形态在此时得到了流动性和反映式的意义。

　　拓扑学的结构观，可以合理地将传统力流的最短路径原则（forces following the shortest route to the ground）进行解构，为建筑学与结构学的结合表达找到一个有力的结合点。在德国的切姆尼兹（Chimniz）体育场设计中通过对建构进行拓扑学的变换实现了一种结构形式的"偶然性释放"。结构传力的短捷，是多数建筑师与结构师根深蒂固的观念，很多设计的视觉品质也依据是否执行了最高效的结构形态效率来判定，有可能导致一个恶性的结果——建筑的愉悦体验与美学旨趣被强制性的经验概念"绑架"。切姆尼兹体育场摒弃了这种金科玉律式的传统表现观，结构随空间的延展起伏提供了一种特殊的力流流线，人们在观看的时候需要找寻和鉴别这样形态的内在机理，而不需要如传统模式中一样判断结构的机械式性能。体育场的拓扑结构概念的出发点是三个主要元素的关系：下部坐席区"环"、主坐席区"环"以及自由形态的拓扑环屋面（图 3-73）。要素之间呈现的是不同的环形要素之间的图层关系。视觉上大量的散乱柱子将三个要素串联起来，但并不呈现从属关系。支撑屋顶的柱有些为垂直角度，有些呈倾斜角度，并随着屋面的起伏，柱子的间距不等，长短不一、粗细各异，这样的变化并非随意的处理，而是根据每一根柱子所分担的荷载比例而确定的，同时也与它们所承接的屋面上暴露的连续弯梁对应设置（图 3-74）。如果仅仅出于纯粹的科学技术概念原型来设计柱子的阵列，则很难产生这样的样式，因为效率是机械与力学的本质追求，而这样的分散定位、倾斜的角度和半径的大小会使得设计变得复杂棘手。但柱子的散乱与随机视觉呈现效果，是为了强化和维系形式自由、相对独立的"三环"关系，若柱子的分配与设置如果采用一种规律的阵列方式将把空间等分切割，那么将破坏掉设计所定位的自由、浮动的空间效果。此消彼长，当不再局限于创造"最优化"结构方案的时候，提升的却是空间的表现力，柱阵与其他建筑元素联合创造了一个惊人的、有戏剧性效果的混合空间。此外，所有柱子与地面和屋顶的接合方式都是直接交接，没有复杂的节点设计暴露，保持了空间的完整效果。从视觉上看是没有规则的柱网，但设计者巴尔蒙德（Balmond）坦言，实际上是存在一个布置的秩序的，但这样的秩序不是肉眼所见的秩序，是按照拓扑几何模型生成的序列。关注屋顶结构，就可以理解到柱子间距变化与个体差异的原因：上部曲线梁网格的不规律布置，是直接导致下部支撑无法规则布置柱网的几何学逻辑结果。曲线梁布置的首要概念即

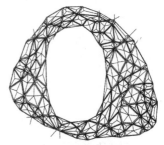

图 3-73　曲线梁屋顶结构

图 3-74　细柱支撑的屋面结构

是每个弯梁的跨越，都实现从外环肋到内环，然后绕回到外环的新位置。梁的布置类似于不同角度发射的弹道路径，这种布置方式的巧妙在于，虽然屋顶布置错综交错，但只需要在主要梁下特定的位置设支撑柱，就可以保持必要的结构刚度和强度进行承载。从结构的观点来看，这种设计背后的逻辑和功能素质是值得赞扬的，设计者严格地用设计概念解决了一个实际问题。但同时要看到，设计在力学效率方面的代价：曲线形的管梁大量弯曲和扭转无疑增加了整个屋顶结构重量；此外，在实际的建造中，会比同类的建筑降低技术上的效率。按照将结构体系看作是"放大的机器"的观点，结构效率较低（弯曲和扭转）以及屋顶的几何结构复杂，一定程度上降低了整体的合理性。

此案例的设计中，结构形态更大程度上是根据建筑文脉来定位的（这也是 3.3.3 要讨论的问题），这个建筑的屋顶曲线梁在一定程度上，具有和奈尔维设计的劳动宫梁构相近的血缘性逻辑关系。设计者在追随一个纯理性最优化结构路径，还是实现起伏空间、提供新式的建筑体验之间，选择了后者，而结构形态的呈现也为这一目的服务。在满足既定的形式同时，结构表面还被"绘制"了沿起伏趋势、走向的线（梁），以帮助观者更好地感知其空间特质——换言之，结构形态的目的定位在丰富其空间形态角度上是更适宜的。而这也是建筑师的宿命里的困扰与纠结，适宜性与合理性，永远都是一个哈姆雷特式的"to be or not to be"问题❶。

拓扑几何是一种"模糊几何"（Anexact geometry）范畴，对于研究不可延展的、无法拉平的形式有很大的帮助，和欧式几何相比，这样的几何形态无法用方程式来描述，也就是说虽然可以精确地定义，但无法还原到数学的计算式或空间的表达式。拓扑形体的研究和建造离不开 CAD 系统的辅助，数字环境不仅仅是研究拓扑关系的一种工具，同时也影响了建筑师思维的方式。这是一种观念与思维方式的"轻型转变"，建筑师在构思的初期要依赖纸、笔，如草图的勾勒、关系的搭接、空间的雏形、形态的立意，但是在后期的精确实现上却又要脱离实体物质，依靠虚拟技术与数字建造来进行工作。但这样的设计属性与拓扑结构的既分离又吸引的设计作业，有可能带来过程和结果之间的差异退化。这样的快餐式效应，像海妖塞壬的歌声一般令设计者容易陷入迷恋奇异形式[29]与怪诞表达的催眠之中。一如其他的建筑运动，在拓扑的实践中，对作为工具的数字技术应该持一种理性的热情，在"真实—虚拟"、"内容—风格"、"功能—表现"、"形态—空间"的领域中圈出最适宜的结合区间。

---

❶　同样的问题在大跨形态的表现选择中已经屡见不鲜。比如北京的奥利匹克体育场"鸟巢"，将传统的钢结构的屋盖体系和支承体系的划分和层级传递，杂糅在一起，采用了一种和切姆尼兹体育场完全逆向的拓扑概念，实现了一种结构匀质化的效果，将结构以一种表皮化的形态呈现出来。虽然结构的合理性被专家学者不断地质疑，业界的反对声一浪高过一浪，但"鸟巢"还是被社会的多数受众接受了。这个现象很有趣，当形态呈现融入了创新性与新奇，材料与形式、结构与呈现的对应建构标准就被悄然放宽了。

3.3.3　地缘文脉的蔓生

形态设计结合文脉，是建筑表达怀旧与创新，连接历史和现在，传承文化与记忆的有力工具。

将建筑契合在地域环境之内，与之所在环境的人文地理、风土气候、周边建筑、历史沿革、集体记忆等一系列的要素发生"上下文"（context）式或共时（synchronous）或历时（diachronous）的关系，就促成了建筑的文脉关系。而"地域性"则是针对"全球化"而言的概念：文化全球化交流的加速，使得地域文化转变成混合态（hybrid），因而地域文化会对这样的"同质化"做出抗拒与防御；同时，地域性又是全球化的一个发展方向，反映了文化追求多元与复杂发展的特质。

大跨建筑的跨度大、占地广、体量巨大，这是所有大跨建筑的同质性，尤其是现代体育建筑与交通建筑，都是在体育全球化与现代交通工具的普及基础上发展起来的，具有强烈的现代式、全球化倾向。其结构形态要避免过于严重的同质化，则需要加强地域性的形式特点，强调个体化差异和个体的独特性。利用文脉语境进行创作是一个"全球化"的对策选择，但直接结果却是"地域性"的解决之道。大跨形态地域创作，是以文脉研究作为设计的立意与定位之一，作为设计生成的土壤，具体的设计参数、影响因子则会在很多地域的"文本"中提炼出来。建筑学者比约恩·桑塔克（Bjørn Normann Sandaker）提出了结构形态的地缘等级序列（图 3–75），桑塔克认为如果将结构形态按地缘划分成全球化形式与地域性形式，这样有利于理清结构元素的地缘属性，指导设计创作时按照设计的地缘性定位和表达意图，有根据地在特定元素上强化设计表达，达到事半功倍的效果。全球化可看作结构形态的必要条件，是共性的；而地域化则是结构形态的充分条件，是形态的个性所在，也是使得建筑相互区别的主要依据。因而，建筑要有独特的素质、品味，并不见得要趋同，在全球化的风格上着力，相互模仿，将"现代元素"进行"国际式"拼接与组合。这样的建筑虽然有可能在自身所处的环境中突兀显要，

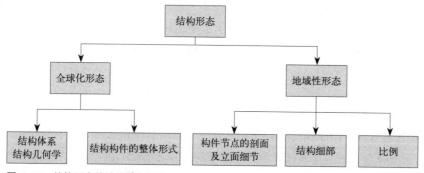

图 3–75　结构形态的地缘等级划分

但只能算是对"全球化"的一种献媚，一种媚俗的从众。而"有文化"品质的建筑往往是扎根于地域文脉，将地缘文化与精神吸收到自身形态表达之中，这样才能使建筑具有独特的气质——在地缘中的"溶解性"，提升建筑精神品质。物质的清新，带来的只能是视觉的景异；而和谐的共生，才能带来精神的共鸣。

大跨结构形态的地域化创作，常见的有如下几种手法。通过这些案例可以发现，地域化的形态观往往一定程度上摒弃了物质、技术的主导，它们退让到辅佐者的位置，而是把对精神世界内省与对文化的反思放在了形态表达的显要位置。这样的形态呈现，往往追求天然峻逸的自由状态，抑或合和平等的亲和魅力。我们亦可以把这种大跨结构形态的精神特质追求视为"地域性"的轻型形态创作观。

3.3.3.1　文化符号的提取

位于美国亚利桑那州的红衣主教体育场（Cardinals Stadium）（图 3-51）由彼得·埃森曼（Peter Eisenman）和 HOK 联合设计，是美国橄榄球联盟中第二个开合屋盖体育场。体育场位于距离菲尼克斯西北方向 16km 的沙漠之中，可容纳 6.3 万名观众。埃森曼在设计中运用隐喻的方式传达一定的地域化信息和理念：沙漠少雨，阳光照射时间长，他将整个体育场用可以反射阳光的铝板包裹起来，降低了日照辐射程度，减少空调通风设备的使用。在铝板之间留有一直延伸到屋顶的竖向玻璃带——这种形态的灵感来自一种当地很常见的桶状仙人掌（barrel cactus）的竖向肌理。同时，为了传达当地的地域性文化特征，设计从屋盖到地面的曲线样式来暗合当地印第安沙画中的一种常见螺旋形图案。这些隐喻的表达式与当地的自然风貌和文化产生了亲切的共鸣，虽然建筑的金属外皮和现代功能使其具备了现代感十足的外观呈现，但丰富的地域内涵并不让它显得孤立。配合以总图的布置和建筑环境的创造，整个建筑的远观，好比一个印第安部落的集会大帐，立于广袤的沙漠地带，建筑的竖线条和金属表皮的青色反光，又使得建筑的面貌像一株破土于沙地中的一株庞大植物，充满了向上发展的生机、活力，而白色的塑料膜屋面开合屋盖，仿若巨株的之上的一抹浮云，优化体育场功能之余，还为观感上提供了轻盈灵动之意。该体育场堪称是近年来现代技术与地域文化协作的一座经典作品，无论是外来移民后裔还是原住民都对这座建筑表示了接纳和喜爱。

日本的岛根县出云市是一座历史悠久的城市，在这样的一座城市内有很多知名的古迹建筑，若要新建大型的公共建筑具有相当的设计难度，不破坏并延续好当地的历史文化传统势必成为设计的前提。出云穹顶（Izumo Dome）的结构覆盖的原型面积直径达到 143m，高度达 43m，这样的大体量建筑要延续历史风格，采取的策略是采用日本的传统木造式建筑法，用木质集成材作为建筑的主结构材，粗犷的骨架与传统木结构样式相呼应，又具备日本的传统木架纸伞的环形结构的精巧意向。在外观上，凹凸折叠的穹顶、白纸质感的外表又可以使人联想到纸质灯罩，夜晚的观感就如同漂流在河上的一盏船灯。

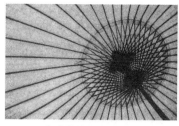  

a) 伞状结构概念　　　　　b) 穹顶结构概念模型　　　　　c) 穹顶外观

图 3-76　出云穹顶的文化符号提取

表面蒙皮结构采用的是特氟龙涂层的玻璃纤维膜结构，以期实现室内的采光接近室外的、室内通感室外自然的效果。出云穹顶并没有因为自身的大体量而与环境格格不入，形态的古朴静谧，使它成为出云市历史文化的一个窗口以及城市精神的外化（图 3-76）。

3.3.3.2　自然环境的契入

建筑和自然的关系有对抗、对话、共生等多种不同的关系，随着世界自然环境问题的日益激化，与自然环境的和谐共生越来越多地成为建筑创作与城市规划的主题。将建筑契入自然，往往会对自然造成破坏。但是新生代的建筑材料、建构技术、生态措施已经能做到令建筑与环境形成良性发展循环的关系，进而实现完美的人工环境自然契入。

在德国的莱齐斯堡（Lerchesberg）地区公众德国电视频道（ZDF）有一片圆形的户外区域，形似一个露天剧场，尤其是夏天可以作为录制电视节目的背景，为了演出和播送不受到天气的意外影响，ZDF 决定设置一个伞状屋盖结构，鉴于希望保持该地区的独特开放的环境，这个结构被要求尽可能小地影响已有环境，因而该结构必需满足轻质透明的要求。在多种的方案比较中，一个"云"状漂浮屋面方案脱颖而出（图 3-77）。设计没有采用规则的形状或网格阵列式过强、"人造建筑"倾向过重的结构样式。不规则的"气枕"网格被运用到"云"的建造之中，它们由高度透明的 ETFE(四氟乙烯共聚物)膜制成，覆盖了约 1200m² 的面积，每个不规则的多边形框围合的面积约 25m²，6 根 20m 高的桅杆悬吊整体梁式屋盖，屋盖的格构架采用可拆卸的压型排水槽制作，气枕用夹板固定在屋架格构之内。整个屋盖在地面上整体预制装配，然后用吊车起吊安装。气枕可透

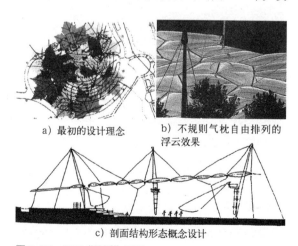

a) 最初的设计理念　　b) 不规则气枕自由排列的浮云效果

c) 剖面结构形态概念设计

图 3-77　ZDF "悬浮"屋顶

图 3-78　北九州穴生穹顶室内

射大量光线，最大可隆起 1.8m，成片的气枕拱面强化了"浮云"的形象。屋盖像是靠充气的"浮力"托浮在场地之上，将对下部自然环境的影响降至最低，同时塑造了磁力艺术品般的悬托效果。

日本的北九州穴生穹顶毗邻当地的皿苍山，是日本滑翔运动的发源地。穹顶的造型立意采用了文化符号提取与契入自然的双重手法，结合了滑翔伞的造型意向与当地山脉的自然环境，采用了"飞入绿色丛林的滑翔伞"概念。建筑的内部为木结构拱与木构架支柱，阳光透过顶膜散落在室内，配合屋顶的起伏形态，形成隐约柔和的光线层次变化，形成了树木丛中屋顶的场感（图 3-78）。

3.3.3.3　社会活动的座驾

在现代化进程高的现代都市内，传统的印记往往比较薄弱，但是这样的城市往往人口多，现代化史也长，同样形成了自身的独特文化与城市性格。尤其是在大城市的新城区，传统文化已经融合到新的现代城市文化之中，城市环境整体呈现的基本是现代性格，城市的活动繁多积聚，各种大型的赛事、博览、集散发生的频率也在不断增长，因而在这样的地缘环境中，可以以人群的行为频率和活动需求来作为大型建筑的形态立意与形态表达的出发点，同样可以达到很好的文化共鸣效果。

由赫尔佐格和德·穆隆设计的慕尼黑安联体育场的外观呈现和灯光效果堪称惊艳观止，这是世界上最具震撼视觉效果的体育场之一。借助 2874 个菱形 ETFE 膜材气枕单元包裹形成了均质的表皮，其中 1560 块内置发光装置利用电子技术控制其发光颜色和状态，每一块都可以发出红、蓝、白三种颜色光，并能够单独控制。该体育场于 2005 年 5 月开放，共有两只德国甲级联赛球队以其为主场，依据主队不同选用不同光色，平时或其他活动则可以选择多种颜色的组合。这样科技运用，为可以容纳 66000 观众的巨大赛场平添了一种趣味与亲和力，人们甚至可以从体育场的发光中判断里面所进行的活动。轻薄半透的充气枕与密织细分的网格，在削弱建筑庞大体量的同时，还减少了建筑近距离里的尺度感对人的压迫感。远望慕尼黑球场，发光气枕的组合效果仿佛是漂浮在近地上空的一只巨大的气球，而它的霓虹灯光色，又烘托了慕尼黑这座城市的都市气氛（图 3-79）。

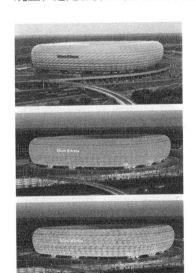

图 3-79　慕尼黑体育场的三色效果

综上，文脉式的地域形态设计手法不是建筑形态与结构形态创作的唯一选择，但它是有效衔接地域文化与全球文化的手段。同时如何有效地、高效地利用地缘要素来创造合理的结构形态，对建筑师的能力与文化素养也是一种考量。在全球与地域，同质与个性，融入或突显之间，如何偏向，也取决于设计者对于文脉环境所采纳的态度。

3.3.4 生态图景的分形

生态危机是自然给人类社会敲响的警钟，生存环境的恶化，资源的日益匮乏，促使各个行业都开始反思自身的生态恢复和节能减排的措施。大跨建筑的生态转型在行业内具有很高的示范意义，同时对改进建筑自身的微气候和舒适度、降低运行成本及减少能源损耗都有着积极的意义。

生态使命的召唤是现代空间结构科学的一个创新萌生点[30]。作为人化自然的外显，结构轻型化趋向带来的建筑形态的更迭也必有其生态语境下的深层意旨，并与结构形态的演进化合为一种同步互动的机构。

3.3.4.1 基于主体的"轻型化生态意识"反省

近年来，诸如体育、会展、交通、博览等大跨类型建筑出现建设过热的问题，在世界范围之内都是一个普遍的现象，只不过在我国表现得异常明显，过热的状态甚至达到了"烧钱"的情况。具体表现在，大跨建筑的建设及评标似乎卷入了一个追求新奇、迷恋表现的漩涡，往往越大型的项目这样的现象越严重，一些中小型的项目也受其波及。为了摆脱这种目标模糊、手法混乱的泥潭，建筑界的很多有识之士都在呼吁"回归基本原理"。"实用、坚固、美观"建筑的基本原则，其中"实用"是目的、基础，也是建筑被确立的依据。大跨建筑追求的"大"，应该是在其实用范围之内的"大"，而非纯粹为了比较超越的"大"，有些时候过分的大尺度反而会带来很多的副作用，而这样先天性的缺陷，却远非"打针吃药"就能够解决的。因而，大跨结构形态的轻型化，首先要赢在"先天"，即"轻型化"的是建筑师与决策者的头脑——亦即先"轻"在设计观念和建设原则，这体现的是设计理性与决策理性内视及反省的态度。

结构跨度以及材料消耗量呈指数对应关系。对大跨建筑来说，其结构占据了绝对主导成本的比例。因而避免不必要的"大"，是最能缩减大跨建筑的建设投资以及耗材量的途径。"轻型化"追求的不单单是形而下——物理上的轻和空间上的大，更要注重的是形而上的决策判断和设计原则。"收"与"放"在此是具有同等意义的，尤其是在大跨建筑建设"过热"的现阶段，"控制"比"发挥"显得尤为重要，这也是遵循生态型经济原则的选择。

富勒和日本的巴组铁工组都曾设想过跨度达到千米的超大跨城市穹顶，建造这样跨度，结构技术上完全可行，但因其不"实用"而不会得以实现，人们也无法为其高

图 3-80　千年穹顶

昂的超级结构埋单。但即便代价不菲，只要有机会，人类还是会不断向极限冲击的——目前世界上膜结构面积最大的建筑是英国的千年穹顶（Millennium Dome，图 3-80），它由 12 根 100m 高的钢构桅杆支承 72 块大面积 PTFE 膜材，直径达到 320m，相当于 20 块足球场地大小。但其在立项之初就缺乏对经营与维系运作的策划，迎接千禧年与"世界第一"成了它立项最直接的动因——在诞生不久后，就因为经营不当而关门大吉。千年穹顶为了迎接 2012 年奥运会而进行了二次改造，成为体育赛场、音乐俱乐部、展览和演出场所、酒吧、餐厅以及大型电影院的商娱综合体。由此可见，其改造成本不啻重新建设了很多项目，换取"奇迹"和"第一"的背后，通常都是"奇迹"和"第一"的代价。

因而，理性决策与立项，是大跨建筑生态转型需要迈出的第一步。

3.3.4.2　基于本体的"轻型化生态本质"回归

德国的施莱希提出两个因子来界定轻型结构，即活荷载与结构自重之比以及刚度与结构自重之比（两系数都是越大越好）。英国的学者安格斯·J·麦克唐纳也提出"结构实效"的概念（如果结构强度与重量之比大，则认为结构实效高），和施莱希的理论是如出一辙的。建筑是结构、形式和功能的统一体，真正的绿色建筑应该在三方面都实现绿色和生态的要义，而不是简单地做出"绿色"建筑技术的"冷拼"，或者"绿色外衣"编织成的"生态"。大跨建筑的结构是建筑成本消耗大户，在实现理性的"大"跨度之后，在结构选材与选型上实现真正生态的建构模式，才是大跨建筑最本体的生态实效。大跨建筑作为结构要求最特殊的建筑类型之一，绿色的外表在其本体的生态内涵面前只是"蝇头小利"。

广州大学城中心体育场原设计将一侧雨棚设计成与场地相连的覆土绿坡，看台隐于

图 3-81　广州大学城体育场屋面现状

绿坡之下，概念颇有新意，出发点也是好的。但实际情况是，由于屋面出挑大，覆土后若加上灌溉水与植被，导致荷载过重而无法实施，最终只能以假的人造草敷衍了事——有时强加的"绿色"非但不能锦上添花，反而会造成一种舍本逐末似的负担（图 3-81）。

对于大跨建筑来说，尽可能大地提高结构实效，才是其生态效益最本质的体现。

3.3.4.3　基于外延的"轻型化生态效益"拓展

轻型结构大跨建筑,其生态效益是多视阈下多种生态效应的综合。而且大跨轻型结构自身的特点,又为建筑带来了不同于其他建筑类型的特有的生态附加值。

(1) 强化的结构抗灾及心理疏导安全能力　大跨建筑的防灾抗震,一直是其结构与安全设计的重中之重。地震与突发灾害带来的结构坍塌对于赛时人数众多大型建筑的危害是极为致命的,采用轻型结构是有效的对策之一。一方面,任何一种以张拉结构为主体系的结构系统都属于轻型结构,对于坍塌或者构件掉落的情况——由于其较轻的自重和极轻的覆顶(通常是膜材),都有着更好的安全保障;另一方面,张拉体系的索缆皆属于柔性构件,能够一定程度上较之刚性构件更好地抵消地震和晃动带来的荷载冲击。

另外,轻型张拉结构多采用浅色的张力膜结构作为覆材,传统刚性网格结构即支承网格与金属面板的组合与前者相比要厚重压抑很多。因而轻型张拉结构对人的心理有着更为积极的导向作用。有调查表明,多发生骚乱事件的赛场,是与其色彩配置有着一定联系的。心理颜色在视觉上有六种基本感觉,红色、黄色、白色都在其中。红色是能量充沛的色彩,有时候会给人血腥、暴力、忌妒、控制的印象,容易造成心理压力;艳黄色有不稳定、招摇,甚至挑衅的味道,亦不适合大面积出现在可能引起冲突的场合。以红、黄作为主色,球场色彩配置也以之为主题的时候,当大量穿着同样色彩队衣的球迷聚集时,色彩的心理作用会被放大数倍,因而会常发生足球暴力事件;而白色象征纯洁、神圣、善良、信任与开放,白色面积过大时,会给人疏离、梦幻的感觉,因而赛场采用张拉体系覆以白色膜材,对赛场内人群的行为安全是很有裨益的。施莱希曾就戈特利布·戴姆勒体育场采用张拉膜还是金属皮作为屋顶覆盖物的争议有过这样的解释——一个轻盈、明亮的气氛有助于消解人的攻击性情绪并避免喧哗与冲突。

(2) 可动及变形结构开拓生态型经济效益　结构的轻型化也为结构的可变与设施的可动提供了可能。变形结构与可动设施业已成为近年来大跨领域的研究热点,其发展也大大拓展了大跨建筑的生态技术外延与生态内涵——升降屋顶(图 3-82)、开合屋盖、可移动式场地、墙体(具体见本书 3.2.4章)在大跨建筑的采光要求、声学要求、功能使用要求,甚至建筑迁移等方面,都实现了动态适应的生态化对应手段。人们日益增长的复合型建筑功能需求与原始建筑功能固化之间的矛盾也得以找到化解的出路。可以设想当一些可变结构与可动设施发展成熟之后,其对应的产业市场上其

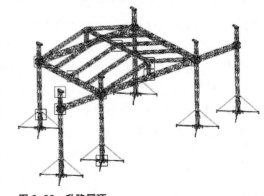

图 3-82　升降屋顶

至可以出现场馆、展馆、专业场地的租赁业务，而不是如今天，为了争办一些赛事和展会而大兴土木——这样也避免了设施"赛"、"会"后利用率低，耗费土地资源巨大的问题。

大跨建筑结构形态轻型化的研究最初起源于技术认知的更新，最终将着眼于生态的意旨——按照"建筑熵"系统原理，生态理性与结构理性的渗透互动必将带来大跨建筑结构形态与建筑形式的更迭，而我们有幸正处在这样的转型时期。从生态理念入手研究大跨建筑结构形态轻型化理论，为理论分析的深入提供了可能的突破口，同时也提供了一个紧跟时代发展需求的大跨建筑创新依据。

3.3.5　政治权力的延伸

即便是伟大的建筑师也要掣肘于与业主的关系，英国的 17 世纪建筑大师雷恩（Sir Christopher Wren）曾说过："建筑有其政治作用，公共建筑是国家的饰物，建筑形成一个国家，吸引人民，发展商业。"[31]

公众活动场所、巨硕的体量、大量人群的集散地、城市的标志物，以及地方、国家甚至是国际大型活动的举办地点，这些功用与社会定位决定了大跨建筑（尤其是纪念性公共建筑）具有与生俱来的政治因素与权力干预。这样的建筑实现取决于社会资源和人力资源的掌握与分配，其象征着一个国家、一个民族、一种文化或一个时代，也反映了一种权力做出的政治判断。尼采说："在建筑中，人的自豪感，人对万有引力的胜利和追求权力的意志都呈现出看得见的形状。建筑是一种权力的雄辩术。"权力代代更迭，而建筑长存，诉说着权力的故事，营造着城市的记忆。

单纯的科学与技术可以独立于意识形态，但是作为科学技术作用体的建筑本身却承载了其他的特殊信息——既是一种功用产品，又是一种有表现力的语言。特定的建筑语言本身可以规避政治，但是建筑符号通常会和政治的选择合拍。承载建筑的形式、设计的风格、结构的表达往往成了一种身份的象征，尤其是大型的国家级建筑，通常是国家的身份地位与潜在经济资产的象征。建筑形态也多成了权力者（可能是集权的，也可能是民主的）意志的显影，这样的关系在所有的政治体制中都可以发现。在不同的意识形态作用下，大跨建筑建筑造型、结构形态的选择也都有着有深意的变化。建筑可以作为一种武器、一支笔或一本宣言，成为权力者的代言或建筑师的主张。

3.3.5.1　奥托轻型建筑政治观的破与立

现代建筑运动的一个重要特点就是社会委托，这是一个积极的转变。弗雷·奥托认为德国是纳粹主义时期的一个"扼杀建筑"[32]的时期，他们这一代人是"成长在战争时期的一代，渴望重建这个世界，渴望走出战争的阴影，渴望摆脱狂热主义与盲目的个人崇拜，渴望有节制的生存"[33]。他反对"非自然"建筑，主张拆除"30 年来堆砌在地球表面像垢壳一样的建筑"，抵制一切笨重、坚固和固结于地面的建筑形式——他认为这

a）慕尼黑奥林匹克公园建筑群

b）蒙特利尔世博会德国馆

c）连续膜布研究

图 3-83　弗雷·奥托设计作品

样的结构形式是日耳曼人对本国的一种伤感情绪的体现，也是纳粹主义对血统和土地的崇拜。同时期的很多建筑师也把轻型结构看作是和平主义者对战争的反对呼声——可以说，在二战结束的初期，建筑界对"轻型建筑"的热衷带有很强的意识形态色彩。当代的建筑界对奥托有一定的误解，认为他只是追求技术极致的一名建筑师、科学家，实际上奥托是带着一种"用轻型反对野蛮"解放建筑的使命感来从事其研究的。奥拓的建筑采用索缆拉结固定，结构重量轻，呈现漂浮游弋之态，功能纯粹，拆除便捷；形式简约，形态优雅，空间开敞，与环境轻柔的衔接过渡，能轻易地将人吸引于其内却没有压抑和束缚感。而部分建筑附加的可移动能力，以其"固定的临时性"，很容易使人产生愉快轻松的通感（图 3-83）。

建筑历史学家弗里德·吉迪恩（Sigfried Giedion）将现代建筑的非物质化程度与历史形式的消逝之间建立了联系：包豪斯把物体与设备的非物质化看作是人性的解放。建筑的非物质化常被简单地理解成透明材料的使用，只有少数人（如奥托、富勒）把对轻型建筑的理解上升到社会哲学层面。奥托将建筑的轻型化与人类的解放精神相结合，但是他并不认为轻型建筑可以改善人类的生活环境——他认为促进人类的和平与健康的发展才是建筑最大的积极意义。他的"轻型化"不止于重量轻、耗材少、能耗低，更深层的意义是"短暂性"——即可修改性与可变性。这一观点可以看作奥托对纳粹的永恒性思想的批判与斗争，纳粹时代的建筑往往通过人为的规模放大、集中的质量来表达政权的稳固与持久、强势与集权的国家象征。奥托是个理想的追随者，他一直反对那些具有象征意义、雄伟冷漠的建筑，在他看来，这样的建筑是坐拥权力者为自己竖立的纪念碑，而不是对民主、自由和人性解放的表达。

和奥托持类似观点的建筑师还有很多，例如 1960 年以彼得·库克（Peter Cook）为核心成立的阿基格拉姆学派（Archigram，亦译"建筑电讯团"），其专业主张是把使用建筑的人看成是"软件"，建筑设备作为"硬件"，是建筑的主要部分。"硬件"可依据"软件"的意志为之提供服务。对于建筑自身，学派强调最终将被建筑设备所代替，因此被看成是"非建筑"（Non-Architecture）或"建筑之外"（Beyond Architecture）。和奥托作品的轻型理性倾向不同，阿基格拉姆学派提倡自由民主的建筑观，反对传统、反对专制、反对任何形式的束缚，对技术抱着乐观的态度，作品带有解构主义倾向，并且也多利用拓扑几何学作为设计的工具。可以说，学派的作品最终形态呈现与奥托的作品是殊途同归，都是对"轻"与"自由"的书写和释放，但是奥托是结构理性的感性表达，而阿基格拉姆则是结构感性的理性表达。

3.3.5.2　政府作为建筑赞助商的利与弊

各国政府参与大型建筑建设的案例不胜枚举，尤其是在申办承建大型世界级活动场馆的融资与组织建设上，没有政府的参与和支持而完全依靠民间的力量，这些超级工程是很难实现的。可见政府的参与和深度介入在这样级别的工程之中是必要和必需的。但是同样要注意的是，政府有可能在深度介入过程内走向"过度介入"的危险，届任期内的政府或权力集团会将自身权力的意志加诸建筑之上，建筑的选择权与表现权不再是归属大众，而是被一党一派或一个集团挟持褫夺。

英国格林尼治半岛上，建造了一座设计上单体覆盖面积最大的膜结构屋顶——千年穹顶。这个建筑原计划只是建成一个临时性建筑，1997 年英国新工党布莱尔政府上台后，决定建成一个占地 73hm²、总造价达 12.5 亿美元的大型综合性展览建筑。布莱尔之所以急切采纳这个计划，目的是通过穹顶来代表新工党的精神，成为党派的宣传工具和全新的政治统治标识。但是这个建筑自建成之日起就成了一块不断发炎的令政府痛苦不已的"疮疤"：偌大的穹顶，由于最初的策划不足，内部的空间没有得到合理的利用，功能定位也不明确，新工党政府只是一味地求取"世界最大"的野心表达；而极高的维护费用，又导致了建筑的入不敷出，最终不得不尴尬地在一年以后关闭。在关闭几年之后，才经由功能重新定位，投资 40 亿英镑运作穹顶的复兴计划，兴建周边的基础设施，为了 2012 年的英国伦敦奥运会的举办而改名为"O2"重新恢复运营。

穹顶的实际造价超出 10 亿英镑（预算 7.58 亿），而关闭后每月还要几百万英镑的维护费用。在英国媒体 2002 年的英国"恐怖奇观之最"的即时电话调查中，千年穹顶名列"恐怖第二"。而《福布斯》的民意调查中，该穹顶被选为"世界上最丑东西"的首位。该杂志指出："很难不讨厌这一座耗资庞大，而又同时拥有一个自命不凡名字的建筑物。自从千年穹顶关闭以来，其营运公司'新千年经验'已经花了约 410 万美元来结束其运作。"但英国皇家建筑师学院院长弗格森说："我不明白建筑师们如何能够望着这样的一座建筑物说它丑陋，它是一个优雅的结构，同时亦是工程学上的卓越作品。"诚然，该建筑从单纯的"设计"上来说是一件非常成功的作品，带着罗杰斯本人丰富的想象力和创造力，与周围的环境相处也和谐。但是，建筑是为人服务的，建筑和人的关系是复杂的。他们不只是建成环境与使用者、参观者的结构，还包含着人们的价值观与精神追求。英国人对穹顶的不买账，源于对政府决策不力的失望，对于经济巨大浪费的不满。最终布莱尔也不得不承认建造千年穹顶是个错误。

由此可见，"轻型建筑"也未必像奥托这样的建筑师的理想那样，成为自由、民主的绝对象征。它一样可以被绑架、遭受利用，即便与它自身的意志相悖。轻型结构自身是没有倾向的，但是以何种面目（形态）呈现则具有强烈的主观色彩。失去了"理性决策"，即便是轻型结构也可以沦为奢侈浪费的同谋。

3.3.5.3 诗意建造与表现至上的是与非

并非所有的大跨结构都可以实现高技术与高审美性的统一，标准越高，限制也越大。建筑的结构理性实现与美学表达的选择在实际的设计中是有一定偏向性的，这样的选择与实际的表现效果往往有着强烈的个人印记。尤其是在世界级的设计大师们的身上体现得尤为清晰，也许他们有些作品我们之前没有见过，但凭借设计风格就可以准确地判断出出自谁手。

有些建筑师会选择适当降低高技术的含量来寻求更丰富的建筑表现可能，卡拉特拉瓦就是其中的典型代表，也是最饱受争议的一位。弗兰姆普敦称卡拉特拉瓦是"伟大形式的创造者"[34]——卡拉特拉瓦的作品可粗略分为前后两个时期，他前期的作品往往以他的博士研究（空间结构的可折叠性）为根基，创造以最小资源实现最大化性能的最优方案，构图往往也简洁明晰，形态表达含蓄（图 3-84a）；他的近年来的作品则是和他的早年工艺美术学习和个人的美学趣味更为接近，结构形态开始复杂化，强调对生物的骨骼、脉络和人体姿态的隐喻（图 3-84b），将力学的关系人为的夸张放大，粗壮者虬结张扬，纤薄者细透轻佻——在受力关系上是合理的又是冗余的，因为实现同样的跨度或者空间形式完全可以用更为简单的形态来呈现。但是卡氏选择了一种挑战人的视觉与心理认知的"悬念迭出"叙述方式，有些构件完全是出于形象的需要而处理成夸张的形态，增加建筑的雕塑感与观赏性（图 3-84d）。卡拉特拉瓦本人也坦言自己的设计并不是高技术，采用的多是传统的钢与钢筋混凝土材料来赋予建筑生命。

a) 早期简约风格　　b) 设计的人体草图意向　　c) 新哥特倾向　　d) 表现主义倾向

图 3-84　卡拉特拉瓦作品

拥趸者认为卡氏的作品具有西班牙式的激情与浪漫，认为他用文学性的、艺术性的语言和塑形手法将理性世界的规律创造了梦幻式的形态与空间，他充满隐喻性的作品是一种"诗意的建造"。而批评的声音也异常犀利，例如萨迪奇认为卡氏早已放弃了建筑设计，专注的只是形象工程，华丽的外观掩盖的是功能的庸俗简单。复杂的形态除了吸引人的注意之外，带来的往往是远超预算的高造价和工期严重滞后，给业主带来沉重的经济负担。建筑外观的"内部逻辑"只是表现主义的理性主义外衣，变异的哥特式风格（图3-84c）喧宾夺主地成为作品的主题。

无论是支持者还是反对者，他们的意见针对的并不是建筑师本人，而是因借风口浪尖上建筑师的作品来表达自己对于结构表现的态度。建筑一定程度上是人自身品质的化身，不可能全善，不可能至美，总是要在不同的眼光、不同的价值观之间游弋逡巡。批评总能给建筑带来积极的作用和进步的动力。对于结构形态的呈现，尤其是当代轻型化结构的美学定位，该如何去批评，建立客观公允的评价体系，在业界、学界尚未统一。但是可以肯定的是，这个时期尤其需要不同的声音、多方的表达，同时要注意的是要把这些评价落座于建筑自身的文脉与语义环境里比较，才会更有现实意义。

此外，诗意建造也并不等同于表现至上的"形象工程"。以史为鉴，回望19世纪末的"新艺术运动"的命运也许可以得出这样的推论，形象工程的日益普遍和叫座，也许正是即将退出历史舞台的一种回光返照。

3.4　本章小结

结构形态的轻型化，是基于多种发展动因作用，有着多种物质结构层面的呈现；同时还与很多非物质因素发生共轭性的互动，各色非物质因素作为物质结构的"共轭成像"，一直在呼应并影响着结构形态的呈现和特定类型建筑的形态发展趋向。

结构形态的演化，是一种复杂系统式的发展，人文、自然与技术的三项建筑熵系统也对结构形态的变化发生与发展产生了互动的决定性作用。通过与复杂系统的研究模型参照类比，轻型化发展的结构形态是一种主流性的发展必然，与其他的发展趋向并存的，占据着主导地位。同时这样的演进过程也可以看作是汤因比文化刺激理论与马斯洛需求层次理论的一种"对号入座"——建筑是人类需求的物化，建筑的现象是人类文化的分支，它决定了建筑形态必然对应着文化的刺激和主体需求，随其变换、越级而有不同的呈现效果。同时伴着社会的逐渐多元化发展，针对大跨建筑的审美认知与审美批判也呈多元的发展态势。现代以后，对于大跨建筑形态的美学定位，不再囿于纯几何形式或纯美学意义的表达，而是综合了功能内涵、结构能力、文化容量、生态意义等多方面的参量，结构形态与建筑形态的若即若离也变得更为复杂微妙。结构家族的丰富，为建筑的设计提供了更多的解法，也丰富了大跨建筑的美学内涵——技术美学也挣脱了机械的、数学的、工艺的美学范畴的束缚，参与到社会、文化的美学结构之中。"轻型化"的同质趋向，是促成此种联姻的重要因素。

对于物理性的结构本体而言，轻型化首要关注（未必要严格执行）的是，对力学原理的"顺流"和对于材料意志（材料的力学属性）的"顺从"。虽然说高结构实效的轻型结构，在形态表达上不一定都能获得轻逸的效果，但是从结构基因上来说，高结构实效具有更高实现可能的概率。选材与构件的造型也影响着结构的表达，不同材料与构件的型制，无论从物理性质、肌理显现，还是视觉直观效果、心理间接暗示等方面都提供给结构不同的叙述方式和表达能力。另一个能影响结构形态呈现的重要因素则是构件之间的连接关系的表达。优秀的结构成就在于细节，恰当的连接方式设计和节点设计可以强化结构优美表达的效果，而笨拙繁琐的节点，则会成为一种"瑕疵"，在近距离的形态阅读中为结构减分，甚至繁杂的节点会加大施工的难度，导致应力过于集中，出现无法预测的结构破坏，降低结构的合理性。因而轻质化的连接设计、优化节点设计，对于结构的轻质表达有着画龙点睛的作用。

结构轻型化的另外一个效应则属结构能力的扩容与"结构"结构能力（施工技术）的扩增。折叠结构、开合屋盖、移动设施等新型结构都可以视为轻型化的效应兑现，它们在拓展了大跨结构自身的功能发生同时，也丰富着结构形态的表达方式，为"实用"与"美观"的建筑要旨增加内涵。一系列发展中的新结构体系，也需要有新型的施工技术与流程与之配合，同时部分结构体系的施工技术由于一定的构件形式与结构方式的条件制约，对最终的形态会有一定的限制。如何在共性的架构之中寻求个性表达的创新也是对建筑师专业素养极有难度的考验。

在与非物质因素的参照研究中，可以发现结构未必要追求最优化的结果，理想的结构形态也未必是最优的结构。大空间公共建筑的大跨结构具有"强烈的"社会属性，它是综合设计观下的最优化答案，在满足一定的结构合理性的时候，更要注意到建筑自身的美学需求与空间表达的需要。因而结构在特定的建筑设计中，尤其是在大跨结构建筑设计之中，要有一种"原来退步是向前"的姿态和境界。

参考文献：

[1]　（美）肯尼斯·弗兰姆普敦．建构文化研究——论 19 世纪和 20 世纪建筑中的建造诗学 [M]．王骏阳译．北京：中国建筑工业出版社，2007：23．

[2]　Ian Ritchie. (Well) Connected Architecture[M]. Academy Editions (London)–Ernst & Sohn (Berlin), © Academy Group Ltd., 1994：52–53.

[3]　李士勇等编著．非线性科学与复杂性科学 [M]．哈尔滨：哈尔滨工业大学出版社，2006：

43−44，49−50.

[4]　李士勇，等编著．非线性科学与复杂性科学 [M]．哈尔滨：哈尔滨工业大学出版社，2006：43−44，49−50.

[5]　（德）马丁·海德格尔．演讲与论文集 [M]．孙周兴译．北京：生活·读书·新知 三联书店，2005：12−13.

[6]　（美）约翰·霍兰．涌现：从混沌到有序 [M]．陈禹等译．上海：上海科学技术出版社，2006：16.

[7]　（英）阿诺德·汤因比．历史研究 [M]．刘北成，郭小凌译．上海：上海人民出版社，2001：109−155.

[8]　（英）阿诺德·汤因比．历史研究 [M]．刘北成，郭小凌译．上海：上海人民出版社，2001：109−155.

[9]　Frank G. Goble. The Third Force−The Psychology of Abraham Maslow[M]. New York：Grossman Publishers，1970：47.

[10]　Abraham H.Maslow. Motivation and Personality[M]. Boston：Addison Wesley，1987：4−5，71−78.

[11]　Deyan Sudjic. The Edifice Complex：How the Rich and Powerful Shape the World[M]. Penguin Press，2006：284.

[12]　（日）斋藤公男．空间结构的发展与展望——空间结构的过去·现在·未来 [M]．季小莲，徐华译．北京：中国建筑工业出版社，2006：15.

[13]　D.Andrew Vernooy. Crisis of Figuration in Contemporary Architecture[C]. The Final Decade：Architectual Issues for the 1990s and Beyond. New York：Rizzoli，1992：94−96.

[14]　Theodor W. Adoeno. Aesthetic Theory. GS7[M]. University of Minnesota Press，1997：179.

[15]　陈楚鑫，胥传喜，钱若军．ETFE 薄膜的材料性能及其工程应用综述 [J]．钢结构．2003（6）：1−4.

[16]　体育建筑设计规范（JGJ31−2003）[S]．北京：中国建筑工业出版社．2003：1−2.

[17]　再见五里河——凭吊足球辉煌岁月 [N/OL]．辽沈晚报，（2006−12−19）．[2010−04−15]．http://chinaneast.xinhuanet.com/2006−12/19/content_8733873.htm.

[18]　姚燕．低碳时代水泥混凝土行业发展方向 [N]．中国建材报，2010−03−01.

[19]　布正伟．结构构思论 [M]．北京：机械工业出版社，2006：63−69.

[20]　Peter Cachola Schmal Edited by Annette Bögle, Ingeborg Flagge. Light Structure[M]. ©Prestel Verlag，München·Berlin·London·Newyork，und Deutsches Architektur

Museum (DAM), 2004：118–119，125–126，156，161.

[21]（新西兰）Andrew W. Charleson. 建筑中的结构思维——建筑师与结构工程师设计手册 [M]. 李凯，边东洋译. 北京：机械工业出版社，2008：134.

[22] 刘锡良编著. 现代空间结构 [M]. 天津：天津大学出版社，2003：5，145，174.

[23] 刘锡良编著. 现代空间结构 [M]. 天津：天津大学出版社，2003：5，145，174.

[24] 董宇，刘德明. 当代体育建筑结构形态的张拉化创作趋向 [J]. 城市建筑. 2008（11）：32–34.

[25] Arjun Appadurai. Modernity at Large：Cultural Dimensions of Globalization[M]. University of Minnesota Press，Copublished with Oxford University Press，India，1996：1–7.

[26]（英）彼得·绍拉帕耶. 当代建筑与数字化设计 [M]. 吴晓，虞刚译. 北京：中国建筑工业出版社，2007：103.

[27] 李滨泉，李桂文. 建筑形态的拓扑同胚演化 [J]. 建筑学报，2006（5）：51–54.

[28] Di Christina，G. Architecture and Scince[M]. Wiely–Academy，2001.

[29] M. Novak. Next Babylon，Soft Babylon：(trans) Architecture is an Algorithm to play in[G]. in Architects in Cyberspace II, Architectural Design. 1998, 68 (11/12)：21.

[30] 董宇，刘德明. 大跨建筑结构形态轻型化趋向的生态阐释 [J]. 华中建筑，2009（6）：37–39.

[31] Hanno–Walter Kruft. A History of Aechitecture Theory，From Vituvius to the Present[M]. Princeton Architectural Press，1996：233.

[32] Frei Otto. Die Zeit der vielen Architekturen[C]. Allgenmeine Bauzeitung，1972. quoted from Burkhardt，1984：123.

[33] Frei Otto. Subjects und Kritisches zu dem, was andere als mein Werk bezeichnen [C]. Karin Wilhelm. Architekten heute. Portrait Frei Otto, 1985：132–133.

[34]（美）肯尼斯·弗兰姆普敦. 建构文化研究——论 19 世纪和 20 世纪建筑中的建造诗学 [M]. 王骏阳译. 北京：中国建筑工业出版社，2007：345.

图片来源：

图 3-1：笔者自绘。

图 3-2：分形几何模型，http://www.sublog.net/archives/42864.

图 3-3：根据李保峰，李钢. 历史的转折点 [J]. 城市建筑，2006（7）：6，笔者自绘。

图 3-4：拉斐特之家城堡. http://en.wikipedia.org/wiki/Ch%C3%A2teau_de_Maisons.

图 3-5：笔者自绘。

图 3-6：古罗马浴场. http://holycrossrumson.typepad.com/my-blog/2009/10/roman-diocletian-or-thermal-window.html.

图 3-7：卡拉特拉瓦设计的 TGV 车站．http：//artboom.info/cinema/performing-arts/calatrava-herzog-de-meuron-tackle-stage-design.html/attachment/liege-guillemins-tgv-station.

图 3-8：蒙特利尔奥林匹克体育场．https：//geolocation.ws/v/P/54982382/canada-montreal-biodome-olympic-stadium/en.

图 3-9：笔者自绘．

图 3-10：《大师》编辑部．建筑快速设计经典范例丛书——体育建筑 [M]．武汉：华中科技大学出版社，2008：157，160.

图 3-11：《大师》编辑部．建筑快速设计经典范例丛书——体育建筑 [M]．武汉：华中科技大学出版社，2008：157，160.

图 3-12：斯蒂维埃勒舞蹈剧场．http：//photorator.com/photo/51772/university-of-arizona-stevie-eller- dance-theatre-designed-by-donna-barry-and-jose-pombo.

图 3-13：ETFE 膜材．http：//2008.sina.com.cn/jz/other/p/2007-09-03/151226691.shtml.

图 3-14：五里河体育场爆破现场．http：//sports.sohu.com/20070212/n248202208.shtml.

图 3-15：再见五里河——凭吊足球辉煌岁月 [N/OL]．辽沈晚报，(2006-12-19)．[2010-04-15]．http：//chinaneast.xinhuanet.com/2006-12/19/content_ 8733873.htm.

图 3-16：黄洋甘菊与斐波那契数列．http：//en.wikipedia.org/wiki/Fibonacci_number.

图 3-17：根据布正伟．结构构思论 [M]．北京：机械工业出版社，2006：34 之图 1-5 调整自绘．

图 3-18：布正伟．结构构思论 [M]．北京：机械工业出版社，2006：63-69.

图 3-19：笔者自绘．

图 3-20：笔者自绘．

图 3-21：Peter Cachola Schmal Edited by Annette Bögle, Ingeborg Flagge. Light Structure[M]. ©Prestel Verlag, München · Berlin · London · Newyork, und Deutsches Architektur Museum (DAM), 2004：118-119, 125-126, 156, 161.

图 3-22：木材．http：//www.syuseizai.com/%E9%9B%86%E6%88%90%E6%9D%90%E3 %81%A8%E3%81%AF.aspx.

图 3-23：织物膜．http：//www.jieshengzs.com/Aboutus.asp?Title=%C1%CB%BD%E2%C4 %A4%BD%E1%B9%B9.

图 3-24：古罗马大渡槽 (The Roman Aqueducts)，早期砖石拱结构．http：//www.51xuerui.com/1730.

图 3-25：万神庙混凝土穹窿．http：//www.zhongchengzixun.com/news_detail/newsId=fbb025f7-ac9d-47 02-bb6a-7108850651f9.html.

图 3-26：根据西格尔．结构体系与建筑造型 [M]．天津：天津大学出版社，2002：45-46 内容整

理，并结合作者个人观点绘制。

图 3-27：（美）肯尼斯·弗兰姆普敦．建筑文化研究——论 19 世纪和 20 世纪建筑中的建造诗学 [M]．王骏阳译．北京：建筑工业出版社，2007：216．

图 3-28：马德里机场第四航站楼（罗杰斯）．http://www.discuss.com.hk/archiver/?tid-20926520.html．

图 3-29：BCE 商业街（卡拉特拉瓦），http://photo.zhulong.com/proj/detail219.html．

图 3-30：（新西兰）Andrew W. Charleson．建筑中的结构思维——建筑师与结构工程师设计手册 [M]．李凯，边东洋译．北京：机械工业出版社，2008：134．

图 3-31：钢材点式构件．http://tan_jian2013.cnal.com/product/detail-3017519.shtml．

图 3-32：木材线性构件．http://www.douban.com/note/42321346/?type=rec．

图 3-33：美秀博物馆屋盖细部构造．https://www.flickr.com/photos/22553111@N07/2966897112．

图 3-34：Kenneth Powell.Richard Rogers Complete Works Volume 1[M]．Phaidon Press Inc.，2008：246．

图 3-35：Pei Cobb Freed and Partners architects LLP[EB/OL]．http://www.pcfandp.com．

图 3-36：笔者自摄。

图 3-37：（日）斋藤公男．空间结构的发展与展望——空间结构的过去·现在· 未来 [M]．季小莲，徐华译．北京：中国建筑工业出版社，2006：220．

图 3-38：董宇，刘德明．当代体育建筑结构形态的张拉化创作趋向 [J]．城市建筑，2008，11：34．

图 3-39：董宇，刘德明．当代体育建筑结构形态的张拉化创作趋向 [J]．城市建筑，2008，11：34．

图 3-40：H.Charalambu. Skydome：Design of The Roof Moving System[M]．Bullentin of Lass，1992：51．

图 3-41：福冈穹顶．http://hammyjapblog.blogspot.com/2004/03/jap-blog-14th-of-july-1996-also.html．

图 3-42：山下设计株式会社．山下设计株式会社 Homepage [EB/OL]．[2010-04-11]．http://www.yamashitasekkei.co.jp/chinese．

图 3-43：山下设计株式会社．山下设计株式会社 Homepage [EB/OL]．[2010-04-11]．http://www.yamashitasekkei.co.jp/chinese．

图 3-44：华怡建筑工作室编译．世界建筑典藏 [M]．北京：机械工业出版社，2003：12．

图 3-45：笔者自绘。

图 3-46：Google earth pro plus search engine. Toyota Sutajiamu[DB/OL]．N35°05′04.67″，137°10′12.88″E，Viewpoint Height 575m，（2005-03）．

图 3-47：Google earth pro plus search engine.Seattle Mariners safeco field[DB/OL]．

N47°35′29″, 122°19′54″ W, Viewpoint Height 430m, (2007−12).

图 3−48：Peter Cachola Schmal Edited by Annette Bögle, Ingeborg Flagge. Light Structure [M]. ©Prestel Verlag, München·Berlin·London·Newyork, und Deutsches Architektur Museum (DAM), 2004：118−119, 125−126, 156, 161.

图 3−49：Peter Cachola Schmal Edited by Annette Bögle, Ingeborg Flagge. Light Structure [M]. ©Prestel Verlag, München·Berlin·London·Newyork, und Deutsches Architektur Museum (DAM), 2004：118−119, 125−126, 156, 161.

图 3−50：贝思出版有限公司汇编. 世界杯体育场 [M]. 南昌：江西科学技术 出版社，2001：204，192.

图 3−51：刘大庆编辑. 世界级奇迹 [J]. 主办城市. 2005，spring：49.

图 3−52：笔者自绘。

图 3−53：(日) 建筑图解事典编辑委员会编. 建筑结构与构造 [M]. 刘茂榆译. 北京：中国建筑工业出版社，2007：294−295.

图 3−54：Homepage of Kisho Kurokawa.Ōita Stadium[EB/OL]. [2010−08−03]. http://www.kisho.co.jp.

图 3−55：Homepage of Takenaka Corporation. Nagoya Dome（ナゴヤドーム）[EB/OL]. [2010.08.03]. http://www.takenaka.co.jp.

图 3−56：笔者自绘。

图 3−57：(日) 日本钢结构协会. 钢结构技术总览 [实例篇Ⅱ][M]. 北京：中国建筑工业出版社，2004：93−96.

图 3−58：Tony Robbin. Engineering a New Architecture[M]. Boston：Yale University Press, 1996：46.

图 3−59：川口卫构造设计事务所. Kawaguchi & Engineers [EB/OL]. http://kawa-struc.main.jp.

图 3−60：笔者自绘。

图 3−61：笔者自绘。

图 3−62：笔者自绘。

图 3−63：René Motro. Tensegrity：Structural System for the Future[M]. Hermes Sciences Publishing Limited, 2003：24−26.

图 3−64：(英) 戴维·史密斯·卡彭. 建筑理论（上）[M]. 王贵祥译. 北京：中国建筑工业出版社，2007：14.

图 3−65：阿帕度莱全球文化流动五个维度. http://www.slideshare.net/debver/2014-homer-presentationcadb.

图 3-66：翻拍自北京 2008 奥运会建筑宣传图片.

图 3-67：笔者自摄.

图 3-68：笔者自绘.

图 3-69：（德）彼得·卡克拉·施马尔. 创造优秀建筑的工作流程——建筑学与 工程学的密切合作 [M]. 北京：中国建筑工业出版社，2008：91，65.

图 3-70：Edited by Peter Cachola Schmal. Workflow：Struktur-Architektur，Architecture-Engineering[M]. Birkhäuser-Verlag für Architecktur：44-46，93.

图 3-71：庞加莱的变换魔术：互为拓扑同胚. http：//amsssshangyu.blog.163.com/blog/static/12266483320108163526679.

图 3-72：（英）彼得·绍拉帕耶. 当代建筑与数字化设计 [M]. 吴晓，虞刚译. 北京：中国建筑工业出版社，2007：103.

图 3-73：塞西尔·巴尔蒙德. 《建筑与都市》中文版（三周年纪念特别专辑）[M]. 中国电力出版社，2008.1：67.

图 3-74：塞西尔·巴尔蒙德. 《建筑与都市》中文版（三周年纪念特别专辑）[M]. 中国电力出版社，2008.1：67.

图 3-75：笔者自绘.

图 3-76：（日）日本钢结构协会. 钢结构技术总览 [建筑篇][M]. 陈以一，傅功义译. 北京：中国建筑工业出版社，2003：51，67-69.

图 3-77：Edited by Peter Cachola Schmal. Workflow：Struktur-Architektur，Architecture-Engineering[M]. Birkhäuser-Verlag für Architecktur：44-46，93.

图 3-78：东畑建筑事务所. 北九州市穴生ド-ム[EB/OL]. [2010-09-02]. http：//www.tohata.co.jp/works/detail91.html.

图 3-79：（德）克里斯·凡·乌费伦. 2006 世界杯足球赛场馆设计方案集 [M]. 付天海译. 沈阳：辽宁科学技术出版社，2005：12-13.

图 3-80：网友拍摄.

图 3-81：笔者自摄.

图 3-82：升降屋顶. http：//www.82558255.com/a-190.html.

图 3-83：（德）温菲尔德·奈丁格，艾琳·梅森那，艾伯哈德·莫勒，等编著. 轻型建筑与自然设计——弗雷·奥托作品全集 [M]. 柳美玉，杨璐译. 北京：中国建筑工业出版社，2010：25，30，131，253.

图 3-84：大师系列丛书编辑部编著. 圣地亚哥·卡拉特拉瓦的作品与思想 [M]. 北京：中国电力出版社，2006 & Santiago Calatrava Homepage[EB/OL]. (2009-11-14)[2010-04-26]. http：//www.calatrava.com.

第4章 当代大跨形态轻型特质解析

由前文可知，大跨结构发展到当代，已经形成主导性的、群体性的轻型化结构形态发展趋向。新潮流趋势中的大跨结构采用的材料多以钢材、膜材、集成木材为主要的"结构材料"（这里主要指屋盖结构），这些材料的最主要结构应用特点是单位面积结构质量轻，大大降低了结构自重，并在"轻质"的基础上实现了更多的附加结构能力和表现形态。混凝土、钢筋混凝土材料由于施工限制相对大、结构应用单位自重大，在近年来的大跨结构中已经不再单独使用，一般用作下部支承结构，或是与其他材料结合使用。

材料的"新"与"老"、"轻"与"重"，只是参照比较而言。如何利用材料、选择构件、组织构形，如何看待、诠释结构形态的轻型意旨，不同的建筑师与结构师都有着自己的见解与价值判断。因而大跨结构的创作也是多元化的，在各种殊途的探索中，设计主体差异、文脉环境有别、侧重表达不同决定了大跨结构形态呈现不一样的特质。而这些特质也未尽有强烈的轻型直观传达，有些结构将"轻"作为重要主题，会有直接的信息传递；有些结构在寓意内涵或生态性、经济性上有所体现；有些结构则完全没有此方面的考虑，但是却可能有表达上的不经意流露，得到"无心插柳"的效果，在特定的细部或连接设计中对结构的轻型形态设计有着有益的启示意义。

对大跨结构进行多角度的拆解与分析，有助于把握结构与其形态呈现的直接逻辑与内在逻辑关系，"庖丁解牛"源于对结构体的细致入微的理解和把握，这样的分析方式在一定程度上将设计程序化、精细化。

4.1 几何特质

几何对于建筑和结构的意义都是至关重要的，是他们的科学与美学的双重基础。古罗马时期的建筑大师维特鲁威就在《建筑十书》里面对"建筑的构成"有过论述和界定——在古希腊时期建筑被看作是一种"法式"（图4-1），它由布置、

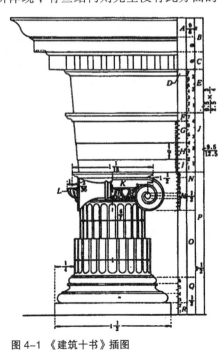

图4-1 《建筑十书》插图

图 4-2 宝安体育场几何草图

比例、均衡、适合和经营（分配）构成[1]。其中法式强调的是细部的尺度、比例的均衡；布置对应的是平、立面图和透视图，即建筑的式样；比例是细部组合的适度关系；均衡是细部之间的相互配称关系；适合则是通"各类神灵"（合规律）的自然、习惯上完美无缺的整体；而经营是对材料、场地和经济控制。通过维特鲁威的界定，可以看出在设计理论刚见诸文字之初，人们就非常重视几何的作用，它既具备数学的逻辑性，又具备美学的形式感。对大跨形态分析，几何是个重要的工具，也是必然的对象。

建筑上的几何可以看作是人们对于自然形态的抽象与模拟，建筑形态、结构形态都是来自几何形态的原型演绎。尤其是结构形态，最终都可以抽象成几何稳定性的几何形。几何抽象提炼的模型和草图还可以作为建筑设计的重要推演工具，单元形体都可以被概括成简化的几何图示（图 4-2）。无论是在图纸空间还是计算机模型空间内，都可以用简化之后的符号来进行推演和方案比较，帮助设计者同时综合其他的设计信息，选择更适宜的方案。这样的方法尤其在多方案比较的时候更有效。

结构的整体形态可以看作是由若干的几何单元组合而成的。这样的组合方式可以概要地分为三类：单体独立式、同胚组合式及拓扑变换式。或有其他方式，也可以看作此三种基本方式的结合或者推演。值得注意的是，无论哪种基本形式，都是由更下一级的构件单元组合而成的，所以严格意义上说，建筑整体结构形态都是几何面的集群。本文所讨论的组合方式，是从整体的结构形态呈现的几何划分来界定的。同时，在以下分类中，针对整体几何形态的呈现，讨论了大跨结构如何在实际设计中实现轻质化表达。

4.1.1 单体独立式

穹顶式建筑就是最典型单体独立式整体结构形态。单体式也必然是历史最久远的一种基本型，无论是之后的组合式，抑或现代之后才出现的拓扑变换式，都无法脱离单体式的原型。从几何学上单体与组合体，单面与孔洞数量不等的拓扑面是不同的概念，但是在逻辑上单体必然是衍生其后多种变体的那个"1"。

单体式形态也仍然是大跨建筑应用最广泛、最频繁的一种几何形，同时也是结构演化最多，结构应用最完备的。单体形态也具备较多先天优势。

4.1.1.1 简单性

单体独立的大跨结构往往可以落成最简单的平面几何形（圆形、椭圆形、三角形、四边形、多边形），简单性为其提供了一种功能实现、空间处理、施工过程的便利性。同时简单的形体可以套用更多的结构选型与结构构件。技术上最为合理的构件在复杂形体的运用中通常会左支右绌，而若采用形式简单的钢构架需以提高自重为代价，那么，简单形则可以向最轻质的结构发出挑战。简单独立的形体一般都是几何对称、空间对称，或满足一定的空间秩序且可以对应到简单几何模型的形体。因而空间结构的实现可以采用规律的阵列式布局。一般来说，常见的有如下几种几何生成方式：整体式、平行式、旋转式、双向式、主脊式、顶点式、边界式（表4-1）。这个分类方式不同于单纯数学几何体的生成方法，而是按照如何生成建筑几何体的思维来归纳的。

单体独立式结构形态的几何生成方式　　　　　　　　　　　　　　表4-1

方式	整体式	平行式
生成方法	最基本的几何生成方法：直接利用既有的几何体（圆球、椭球、锥体、柱体、空间多面体、胶囊体、轮环体等）的全部或部分，或采用对其切割的方法得到的独立完整形体	可能得到与整体式一样的形体，但生成概念不同：利用线形构件（直线、折线或曲线）沿一定轨迹平移生成的平面、单曲面、双曲面等，亦可采用切割法生成其他的独立体
常用结构	空间网架、桁架、悬索、索桁架、刚架、充气膜	空间网架、桁架、索桁架、刚架、充气膜、双向悬索
示例模型		

方式	旋转式	双向式
几何生成	可能得到与整体式一样的形体，但生成概念不同：利用线形构件（直线、折线或曲线）沿圆形/封闭环路径旋转生成的空间封闭体或中部留有孔洞的形体。可采用切割法生成其他的独立体	可能得到与平行式一样的形体，但生成概念不同：由"空间平行移动＋旋转"的双向直线织构生成，也可看作由空间平行的经纬双线的曲线织构而成的空间曲面。可采用切割法生成其他的独立体
常用结构	悬索、索桁架、充气膜	空间网架、双向悬索、张拉膜
示例模型		

续表

方式	主脊式	单点式 / 边界式
生成方法	用一根或几根脊拱 / 脊索作为屋盖系统的主轴线，屋面以其为中心展开，或支承张力膜形成单面的拓扑几何形	顶点式：用柱撑起，或锚点吊起 / 下拉的伞状空间（拓扑几何形），且只有一个单体 边界式：用边界界定的面
常用结构	空间网架、悬索、索桁架、刚架、张拉膜	张拉膜
示例模型		

　　传统的单体式往往多采用尽可能简单的基本型，例如穹顶式结构、扭壳式结构，或者筒壳、球壳的裁剪使用。而这些几何形所采用的结构体系也在从传统的重质材料结构向轻质材料结构，更为轻质的结构体系发展过渡。例如穹顶建筑的发展就经历了混凝土—钢筋混凝土—刚架—空间钢网壳，到当代扩充的充气结构、集成材复合型肋拱架、索桁架、弦支穹顶、索穹顶等多种轻型结构体系的发展历程。同样的跨度、同样的几何形体有了更多的结构体系选择，这是一种简单性内涵意义的扩大。简单独立的单体外形往往可以通过结构体系的改良、优选，提高内部空间的欣赏性及外部形态的观感。例如，在筒壳结构中，比较成熟易于用软件程序生成计算的结构体系是空间网架，这也是目前建成作品中应用最多的一种空间结构体系。空间网架的优点是显而易见的，具有很高的整体性，但是空间网架过于密布的空间效果和过于紧致单一的秩序是它的一个软肋，且随着跨度的增加，结构的自重攀升也比较大。近年来有采用索桁架来代替空间网架的趋势，索桁架和空间网架相比最大的优势是解放了屋面层的下部空间，并具有很强的构件造型表达能力，可以利用构件自身的形构来形成建筑空间的戏剧性。在上海浦东机场的 T1 航站楼设计中，采用了多压杆式的索桁架（图 4-3）来取代网架，这是国内早期采用索桁架的大型大跨结构，虽然仍存在布置撑杆的点阵过于密集、矢高过大、杆件过于笨重粗糙的问题，但是就整体来看，较之空间网架还是有大的视觉释放，使得空间更为开敞，屋面不被密集的网架遮挡，直接作为视觉的主要背景元素出现，豁然降低

图 4-3　上海浦东机场 T1 航站楼

了视觉厚度，尤显轻质美观。

4.1.1.2 完整性

单体独立式的几何形体具有审美上的独立完整性。这个完整性不单单是指单一的面或者体的完整，而是一种"格式塔心理学"❶意义上的完形的塑造。几何体给人的第一印象是简单化一的形式，要避免形式的单调感，必然在表面的样式、图案性、"起褶"（屋面的细部处理、凹凸变化）、"突起"（弦支的撑点，或附加的功能设施如气窗、天窗等）、边缘处理以及肌理组织等方面着手。这样的手法除了赋予建筑以个性风格之外，更重要的是破除了视觉上的完形，形成了心理张力。不同处理手法，相当于不同的"格式塔"心理空间的制造。视觉上的"破"，促成了心理层面的"立"，一破一立之间，生成了建筑的感染力。

轻质建筑材料的应用使这样处理手法的深度得以拓展。如采光板与膜材屋面（图4-4）的运用，令屋面材料置换、图案组合都多了选择；"起褶"可以更为密分、细致化；屋面突起部分可以配合下部结构（如桁架）的造型，采用一定的处理使内外空间具备形象一致性，不会产生体验上的矛盾感；而特殊轻质材料还可以实现更为特别的形态处理，例如在阳光板屋面下布置膜材，调节膜材的形状可以促成更强的装饰感，且阳光板与膜材同属具有一定透光率的材料，对光透的处理，可以进一步丰富室内空间的艺术效果，更达到将部分直射阳光转化成漫射光，使大空间的光照更为均布柔和的效果——这对光照条件要求高的体育建筑尤其适用。

另一个"破立"的手法就是在建筑的表皮采用穿孔金属板，作为建筑与外界的接触界面。穿孔板是个有趣的材料，应用在大跨建筑还是近几年的事——远观距离，其呈现的是面性金属板的特质；中观距离，其呈现是一种半透明的效果，这样的透与玻璃的全幅通透不同，类似小孔眼镜的"边缘衍射干涉"原理，实现一种更为模糊的若隐若现的

图4-4 ETFE膜材

效果，同时保证了材料的一致性，适用在不需要强烈质感对比的细部；而近观距离，穿孔板的孔洞则成了一种装饰效果，孔洞的排列具有打孔记录带的效果，近年来还有尝试在穿孔板上排布特定的图案，利用光线的投射，在屋面或地面形成具有一定图案或文字信息的光影。穿孔板是对"完形心理"的另一种应用方式，这是一种保留了完形又破除了完形的手法，在不同的距离上实现了

---

❶ "格式塔"（Gestalt）一词具有两种涵义：一种涵义是指形状或形式，亦即物体的性质，格式塔意即"形式"；另一种涵义是指一个具体的实体和它具有一种特殊形状或形式的特征，格式塔即任何分离的整体。

图 4-5　济南奥体中心体育馆

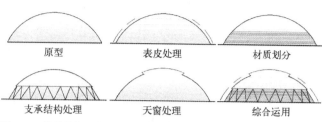

图 4-6　常用单体式大跨形态处理手法

建筑不同的肌理形态的转换，还可以同其他手法相结合，使变化趋于更加微妙。穿孔板多为金属材料，在现代风格强烈的大跨结构中的应用逐渐普及，缘于它柔化了传统金属面材的硬朗与沉闷，而之于环境和使用者则多了一重"和易性"。

　　在济南奥体中心体育馆的设计中，即采用了一种图案感强烈的单体独立式设计。建筑以"荷花"为意向（图 4-5）[2]，在曲线旋转生成的几何体上，贴附围护结构"荷叶"采用穿孔板；穿孔板的另一个目的是为了模拟真实植物叶片的"呼吸"能力，允许自然空气的穿越流动。基于下部空间的采光、通风、观感的要求比较大，孔率自上而下逐渐变大。上部弯曲处距离人可详细观察视阈有一定的距离，因而孔率小，并与下部的密布孔洞对比形成一种上升挥发的态势，加强了建筑"出水芙蓉"意向的表达。屋顶中央起一层圆形小屋盖，实现天光采光和又一重丰富单体造型的目的。这个手法也是轻质单体穹顶类建筑常用的一种形态构建方式（图 4-6），中央天窗向上升拔，形成了一种万神庙式的心理吸引力，同时也实现了采光、通风、排烟的多种功能和附加效益。

4.1.1.3　纯粹性

　　单体几何首先具备直观上的"纯粹性"；另外这样的观感纯粹性也赋予了建筑表达上的抽象性。不同于图案式表达，单体几何的大跨还可以反其道而行之，追求另一种纪念碑式的表达效果。

　　受"极少主义"的影响，同时是对盲目追逐图像化的一种反叛，一部分大跨建筑利用自身的几何形体优势，尽可能地除去多余的装饰、色彩，以及非主体结构的额外配件，力求形态简约明晰，呈现形体的原型，以超大的形体来实现建筑的冲击力或感染力。这样的建筑的几何体量明显，观察者往往第一眼就会在思维里与某一几何形体产生直接的关联。利用纯粹的几何体来实践大跨是一种冒险，因为几何形体自身太过常见，所以对人的心理刺激弱，单纯地放大体量也难免形成建筑之间彼此重复的现象。因而，如何有新意地建造大跨几何形体对建筑师的功力要求甚高，轻型结构的运用和结构的轻型表达为建筑师提供了一条蹊径。

　　在巴黎卢浮宫的扩建工程，贝聿铭采用了玻璃金字塔的建筑形态，金字塔采用纯玻璃结构，利用玻璃的透明性减弱加建部分对卢浮宫原有建筑的影响。而建筑自身也

图4-7 法国巴黎卢浮宫玻璃金字塔

图4-8 中国国家大剧院

以强烈巨大体量成为一个庞大的展览品，这样的冲击力来自于常见的纯粹简单的几何被极端放大之后的震撼。贝氏的玻璃金字塔又不同于埃及古老砖石金字塔，它呈现以开敞和谦逊的姿态，并作为开放的空间来为游客提供服务。金字塔的几何坚固性与玻璃易碎性的对比，也使得观者潜意识里产生心理张力，惊叹于这种矛盾体"无缝结合"的奇妙。外立面的玻璃面光滑平整如一，而内部的钢构架和索缆又编织得精巧细致，工艺精湛，这又是一重"极简"和"极繁"的矛盾组合，将人的体验带到一个至高点（图4-7）。

　　而在保罗·安德鲁设计的中国国家大剧院的设计中，采用半个椭圆球壳的几何形。建筑外立面材料仅采用钛金属板和玻璃两种主要覆面材料，尽管玻璃的布置采用的是"一帘幕布拉开"的意向，但是并没有强烈的图案感，仍是以形体表达为主。由于壳体的形态抵抗性和钛金属的轻盈质地，结构网壳可以做到十分轻薄，而银亮的金属板与白反射玻璃在四方的水体映射下，愈显轻盈。水中的倒影与水上的建筑虚实合一，凑成完形，使得建筑仿若漂浮在水上的一个完整的空腔"蛋体"。几何体的简单性使建筑和周边的绿化环境容易统一，且突出于环境。但是从城市的文脉来看，过于闪亮的表皮和圆滑的造型、偏灰的城市肌理与和北京市的网格并不和谐。一定程度上，这是一件赢了局部却输了全局的作品❶（图4-8）。

4.1.2 多体组合式

　　多体组合式是基于单体独立的组合运用手法。它是将每一个单体直接复制阵列或者稍做变换后进行组合，且内部空间联通的整合体。

---

　　❶　此结构选型与光圆建筑造型带来的另一个问题是，建筑长期的运营成本颇高，尤其是日常的能耗和维护费用等。参照对比以钢骨架、玻璃幕墙建造的德国国会大厦圆顶，其投影是一个正圆形，有比较方便的建筑的机械清洗轨道，而国家大剧院椭圆形只能靠人力清洗，并且在多风沙的北京，非频繁清洗很难保持玻璃面墙体的光洁干净，这便造成日常维护费用中一笔不小的开销；另外，建筑的高封闭性需要在运营中要为其巨大的室内空间提供大量空调通风，这也意味着巨大的能耗，据估计，该建筑一年的能耗费用就接近500万。

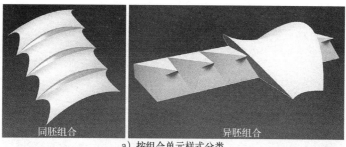

同胚组合　　　　　　异胚组合

a）按组合单元样式分类

平行式　　　方形阵列　　　环形阵列　　　　自由组合

b）按组合的序列分类

图 4-9　多体组合的划分及分类

　　按照组合单元的样式差异可以分为同胚组合与异胚组合 ❶（图 4-9a）。同胚组合是采用完全相同的单元或相同的结构方式，外观呈现基本一致，将原型单元进行缩放、旋转、拉伸、裁剪所得到的一系列的单元进行组合的方法；异胚组合是结构方式不同，或外观呈现有较大差异性的单元体的组合，也可以是一系列同胚单元体与异胚单元体的组合。

　　按照组合的序列方式不同又可分为平行式、阵列式（方阵／环阵）、自由式等组合方式（图 4-9b）。

　　多体组合式是基于单体独立式的一种加合式变体，它的每一个单体单元都遵从单体的形态建构原则。通常同胚的单体组合会采用相同或者相近的处理手法，而异胚的单元也都尽量采用统一风格的形态表达；且无论是同胚组合还是异胚组合都可以套用不同的序列组合方式，以形成丰富的建筑整体结构形态。

　　这些组合体也有着较为独特的新型衔合方式，以特有的手法实现结构形态的创新运用，并在经意的营造或不经意的流露之间合拍轻型的意旨。

4.1.2.1　体量削减及错缝利用

　　多体组合的最直接的意义就是可以分解大型的体量，让结构形态成为连接人的尺度与建筑超人尺度的桥梁。日本长野的 M 波浪速滑馆，采用的是 15 榀 M 形屋架的同胚平

---

　　❶　这里所用的"同胚"、"异胚"的概念不同于拓扑几何里面的对应概念。在拓扑学中，两个流形被认为是同胚的，即可以通过弯曲、延展、剪切（只要最终完全沿着当初剪开的缝隙再重新粘贴起来）等操作把其中一个变为另一个；本文此处的"同胚"，指的是组合单元的结构形态的相同或者近似性，而不是拓扑学概念。

行组合方式 (图 4-10) [3]。为了避免形式单调,屋架采用次第变化的秩序,中间一榀最高,面宽最大,向两边对称逐次降低。建筑整体呈"山"字造型,下部结构采用混凝土结构,上部屋盖采用悬索吊木檩条,外覆金属板皮,形成一种外观硬朗、内部柔和温暖的对比。错缝的外部靠近屋面的位置,悬索暴露,明确内外结构的对应关系,也作为结构形态的外在细节表达。建筑的庞大通长的体量,被分节平行的处理消解,形成错落的秩序感,凝成一种巨大而不压抑、高耸却不冷漠的品质。

　　还有一些建筑的结构单元尺度划分模糊,结构形态介乎于单体独立和多体组合之间,既可以看作是单体的变形或者切割,也可以看作是由多个独立结构体的组合(这样的情况在体育场馆的设计中较为常见)。在北京奥林匹克摔跤馆的设计中采用多榀"凸"字形平行门式刚架结构体系的变换组合(图4-11)。每榀刚架跨度相同,但是高点与其相对两边的位置却是在逐渐移动变化,因而形成了富于节奏动感的屋脊变化与屋面错落效果。错落形成的分缝,采用玻璃作为界面,实现采光和通风的功能。同时,错缝与玻璃的梳理,减弱了刚架及金属外皮的硬朗冰冷的质感,赋予建筑以通融精致的工艺美感和艺术品质。采用多榀刚架同时起到消解体量的作用,一定程度上也造成了用钢量的增加。虽然结构的自重没有优化,但是结构形态却以新奇创意实现了"轻"意。

图 4-10　日本长野 M 波浪速滑馆

图 4-11　北京奥运摔跤馆

4.1.2.2　体量对比的托衬作用

　　采用不同体量的多体组合,可以利用体量之间的对比映衬作用,或者是利用体块之间的布局与交接关系,来促成某种形态表达的目的。例如差异体量的组合可以加重低位部分的沉稳感,以强调高位部分的轻量感;利用规则序列的整体,来强调局部突出部分的活跃;利用小体量排列的静意,来烘托大体量造型的动律。

　　卡拉特拉瓦的里昂·萨托拉斯空港 TGV 火车站的站楼与站台布置就是典型的一例(图4-12) [4]。在站台的设计中,卡氏有意将筒壳屋盖压低,筒壳两边较低的空间为候车空间,

图 4-12　法国里昂——萨托拉斯空港火车站

中央位置对应下部的车行线。车轨与屋顶之间的空间加设一排横梁，横梁两角分别向筒壳两长边方向支出斜柱。这样的做法有两个重要功能：一是为了进一步降低人的视觉空间，人面向火车的空间由于筒壳内第二重支撑框架的设置而被又一次压低了；二是为了降低屋面的矢高，提升站台与站楼的高度对比。站台两边的支撑柱采用的是混凝土"V"字形板柱和"人"字形叉柱，被有意加粗切削，视觉效果敦实有力。而中央的站楼则采用高大轻灵的形象，站楼除落地的拱脚以外，完全采用纤细的钢杆件作为支撑和屋盖架构。四周的围合材料采用高透光率玻璃，屋面下部采用白色屋面板，整个站楼在视觉上仿佛丧失了重量感。屋盖采用了二重出挑的方式，由收束端向展开端，出挑逐渐加大，而在屋面的边缘之外又出挑一重刚架，使得屋面的开展更为疏放铺张。整个站楼的结构形态也采用了一种对比的手法，中央收缩紧绷，边缘奔放舒展，若一只被疾驰而来的列车惊起、振翅欲飞的巨鸟。虽然大出挑屋面在功能上的意义不大，甚至增加了结构负担，但不得不承认卡氏对利用结构形态拿捏人心理、神经方面的造诣之深，少有出其右者。结构形态也未必一定要结构、形态两全，在一定范围内，牺牲适量经济价值可以成就更大的社会及文化意义。

4.1.2.3　几何构成的心理效用

在一些大跨屋顶的设计中，由于结构选择的限制，预制加工的制约，或者序列统一性的要求，需要所有的构件保持一致性。结构的组合多采用平行式或者阵列式的方法。这样的结构形态容易陷入表现重复单调的矛盾之中。一个行之有效的解决方法就是利用局部细部的设计，或者组织构图的灵活性，让原本规律的几何构图产生变化或者刺点，以打破原有的死板局面，使结构形态表现具有活力。而灵活不拘的形态，本身就会形成轻逸跳脱的心理效用。

在 2000 年汉诺威世博会的大屋顶设计中，托马斯·赫尔佐格采用了 10 单元阵列的结构组合方式（图 4-13）[5]。从平面布置上来看，整个建筑形态平面的布置似乎并不完整，如果再加上两个屋盖单元的话，就可以"凑"成一个完整矩形 3×4 单元阵列。但是托马斯有意去掉了两个单元，不仅仅活跃了构图，同时形成了一种开敞的效果，将街角的空间退让出来，暴露下面建筑群落的主入口。建筑最精彩的构图考虑是屋顶样式的设计，每一个单元是由 4 个小的膜屋顶单元集结而成。每个屋面单元的中心一角都向下拉坠一定的距离，这样 4 个屋面角的汇聚形态就形成了一朵绽开的牵牛花；技术上，4 个膜屋面角汇聚处对位一个落水管，利用屋面产生的下弯弧度形成自然排水的途径。每个单元的中十字梁采用平直的造型，单元之间的交接梁则利用木材的挠曲性做成弯梁，木梁作为膜材料的边界线，形成复杂的屋面光影效果。俯瞰建筑，屋面有一种被拉链缝合的白帆效果，而"波澜起伏"的屋面态势，更突显了这种飘摇绽放的纤姿。

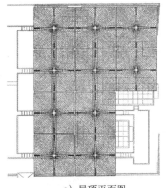

a) 屋顶平面图

b) 屋顶鸟瞰图

图 4-13 汉诺威世博会大屋顶几何构成

4.1.3 拓扑变换式

4.1.3.1 实现条件

拓扑数学的引入，解构主义的观念，以及计算机 NURBS❶ 曲线的建模及应用技术的普及、发展，给大跨结构带来的冲击是巨大的。在传统经典力学与结构体系发展的脉络之外，大跨结构的构架方式可以用另一种"理性"的方式被实现。这种方式具有强烈的建筑师个人或团队的意识色彩，设计风格体现了很强的主观性，或

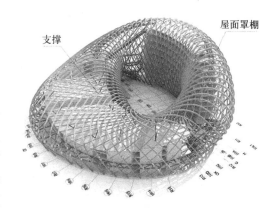

图 4-14 凤凰国际传媒中心 BIM 模型

构件体块错杂交接，或曲面衔接律动流畅。在近年来的大跨建筑（尤其是形成大空间的大跨建筑）设计中，有一个新的趋势，即力求建筑外观形态的圆润平滑，尖锐的转折或者破碎感的结构挑出很少在大跨建筑中使用。这源于大跨建筑常作为公共大空间建筑使用，要提供更多开敞的空间，同时外在形象要更为亲和，光滑完整的建筑形象更易被接受。另一方面，得益于计算机技术的发展，Rhinoceros、Maya 与 CATIA 等三维建模及分析软件的逐渐升级，以及能力的增殖，计算机设计可以实现和计算更为复杂的曲面形体，满足造型的平整度；并可以结合其他结构和 BIM（建筑信息模型）软件在计算机虚拟环境实现建造的模拟（图 4-14），研究实际建造的结构可行性。近两年更出现由解

---

❶ NURBS 是 Non-Uniform Rational B-Splines 的缩写（非统一有理 B 样条）。简单地说，NURBS 就是专门做曲面物体的一种造型方法。NURBS 造型总是由曲线和曲面来定义的，所以要在 NURBS 表面里生成一条有棱角的边是很困难的。利用这一特点，可以用它做出各种复杂的曲面造型和表现特殊的效果。

构主义设计大师弗兰克·盖里和达索系统（Dassault Systems）公司联合开发的用于复杂形体设计的建筑软件，这也为今后的大跨结构建筑设计的走向更多元的发展加上一重推助力（实际上，建筑设计者针对自己的研究与设计风格，利用已有软件，或开发适配自己设计特点的软件与设计应用系统，已经是一种先端行业趋势）。

新的设计技术与施工技术可以帮助建筑师摆脱过去那些束缚想象力的传统局限，同样需要新型可以满足建造需求的建筑材料。聚碳酸酯和各种轻合金等材料可以将建筑建造成开放的大面积连续体，重质的支撑柱不再是必需。数控材料加工技术也可以精确实现结构型材与表皮面材的精密加工与预制，所有的建筑材料都可以按照设计被精准地建造出来。例如在英格兰东南部的康瓦尔（Cornwall）伊甸园（Eden Project），就是由一系列同胚变化的测地线球体壳玻璃温室所组成，其设计建立在三维计算机模型之上，而模型数据和制造温室用的玻璃板的加工车间同步网络传输，这也达到了缩减工期、节约成本的目的。

这一系列条件的达成，为实现拓扑几何形大跨建筑提供了完备的可行性与实际建设操作范式。

4.1.3.2　轻逸呈现

由于大跨结构较大的表面积，拓扑几何形体的表现得以更大的发挥，更多新结构变化带来的功能得以实现。建筑对拓扑几何应用的两个重要概念就是"孔洞"和"闭合曲面"——只要任意闭合曲面不被撕裂、割破，即出现孔洞，就具有拓扑等价的性质。因而"边界"与"孔洞"也是拓扑大跨结构的重要设计对象。

在当代的拓扑形大跨结构设计中，常见的处理手法除变换空间曲面的形式之外，还有在曲面上开洞，改变原有的拓扑形属性，以及变换开洞和边界的空间位置，形成新的空间结构形态等。

扎哈·哈迪德的"圆润双砾"成为广州歌剧院方案设计最终的实施方案（图4-15）。歌剧院造型像是两块宁静的石头，用动感曲折变化的流线造型，使人们联想到冲刷石头、滚滚长流的珠江。建筑的造型自然朴拙，整个主体结构的外围护，用悬挑而连续的网架代替以往"盒子"建筑的梁柱结构，围护与支撑浑然一体，每个片面都是倾斜的、折曲的，最大的倾斜角度达30°。结构依靠面与面之间的整体抵抗关系成立。扎哈的设计是典型拓扑几何的等价变换的手法，而为了满足建筑的局部采光需要，她将局部的面"割"开置换以玻璃采光材料，从几何学来看，依然是完整的平面；可从材料的物理关系来看，整面的整体关系实际上已经被打破。

图4-15　广州歌剧院

  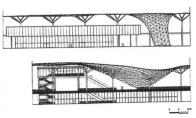

a) 建筑群鸟瞰　　　　　　　b) 屋面落地处理　　　　　c) 不同位置的网格转化

图 4-16　米兰新国际贸易中心

这也可以看作是扎哈基于解构主义思想对建筑拓扑表现的一种深入微妙的思考。

　　由福克萨斯（Massimiliano Fuksas）设计的意大利米兰新国际贸易中心中央通廊造型采用一张带有孔洞的连续曲面，一蹴而就地铺展开。屋面结构采用轻质铝合金、钢与玻璃作为主要的解构材料。此通廊长 1300m、宽 32 ~ 41m 不等，平均高度 16m。沿着廊道前行，参观者可以到达两侧的各个展厅（图 4-16a）。屋面像一条溪流，蔚蓝起伏地穿过展览中心，大部分网格采用对角线长 2.7m 和 2.25m 的菱形，杆件均等长 1.76m，便于统一制造。在特定的位置，屋面发生大的起伏和凹陷，或避开两侧展馆的高点，或提示出入口，甚至有洞状屋面"塌陷"到地面，为地面的植物灌溉和水景引入天然雨水（图 4-16b）。四边形的扭曲已经超过了玻璃的承受力，因而改用了三角形网格（图 4-16c）。网格建构科学合理，尽管屋面是由大量的切割平面组成，但从直观上看仍是一张完美的光滑曲面。高反射性的玻璃使得阳光投入但不强烈，人在其下仿佛处在一种室外室内环境相融合的灰空间之内，屋面的轻逸动感与视觉的通畅效果，像是给规则方整的建筑群盖上了一层轻纱，顿然大大提升了建筑群落的活性。

　　拓扑几何的设计应用，丰富了大跨结构形态设计活力，虽未完全普及，但其设计作品已在逐渐扩张领域，例如上海世博景观轴也采用了和米兰新国际贸易中心相类似的设计概念，采用了倒张膜与玻璃谷的穿插组合式布局。另外还有部分的会展中心、体育建筑和交通建筑，也都采用"屋面—围护"结构一体式的拓扑手法。需要承认的是，有些设计，只是模仿其他设计和顺应一种潮流，设计者并没有意识到这样的结构形态与设计概念的深层意义，部分设计也流于肤浅。因而进一步扩大此方面的研究，做到产、学、研一脉延承和深入，无论是对于设计质量、施工质量，还是研究拓展，都有着积极意义。

4.2　力学特质

　　此前已经提到了很多机巧的结构是基于力学原理的镜像，力学是结构成立的科学依据，又是挑战结构极限能力和取得突破性表达的基础。尤其是在一些有着结构工程师背景的设计师作品中，更多地体现了力学对结构形态的参与、决定，甚至是夸张的附加——原本"七分力"，被表现出"十分"的效果。这样的艺术表现手法和现代的舞蹈艺术极为相似：舞蹈设计不仅仅要注重自身的编排结构，还要考虑所采用的语汇，根据表达内容通过身体的演绎，传达力量的强烈程度与频率的不同，来引发人情感的起伏[6]。大跨建筑到了现代以后的轻质转向和大量的张力结构、张拉构件的使用，其力学特质也产生了相应的变化，下面将就几方面进行详尽的剖解。

4.2.1　荷载

结构所承受的荷载都要转化成结构的内部应力，产生抵抗，使得结构得以成立。无论多么复杂、看似怪异的结构形式，都有其合理的起点和能对应的力学模型。结构的计算需要工程师来完成，而结构形式，尤其是大跨结构的选型，则需要建筑师的设计。建筑师需要考虑结构的荷载承接、平衡、传递的路径，然后将这些抽象的概念具化成物质形式。一个优越的结构形式，比精确有效的计算能力和优秀的计算方法对于建筑的意义更大。好的结构可以给建筑带来高结构效能，这样的效能体现在对自身荷载和外界荷载的双重抵抗上。

4.2.1.1　荷载—模式与形

一般的非直线构件，承载时无法避免地要承受轴向力和弯曲应力的组合，但也存在例外。如图 4-17 所示，结构构件由固定的柔性索缆组成，在索缆上施加竖向荷载，由于索缆没有刚性，所以其只能承担轴向拉力——因而这是一种抵抗纯轴向拉力的内力荷载的形状。根据 H·恩格尔和 A·麦克唐纳的观点，这样的由不同竖向力分布生成不同的形状，且各荷载分布与形状唯一对应，结构形态上称为其对应荷载的"活性模式"（active mode）形态。如图 4-17a，索缆的形态取决于施加的荷载，荷载集中在个别点上，活性模式为直边转折；如果荷载沿索缆分布，活性模式则是曲线形；如果索缆依靠重力（均布荷载）自然下垂，则呈现"悬链线"的曲线形。活性模式还可以用刚性构件，沿竖向轴径向倒置，当施加相同的荷载时，这样的刚性构件也只承受轴向内力，但这些轴向力都是压力（图 4-17b）。

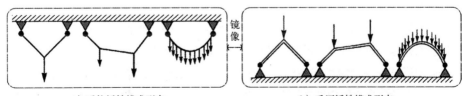

a）受拉活性模式形态　　　　　　　b）受压活性模式形态

图 4-17　活性模式

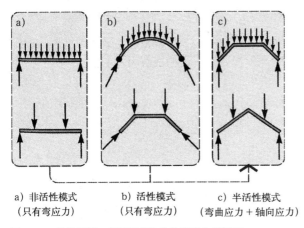

a) 非活性模式　　　b) 活性模式　　　c) 半活性模式
（只有弯应力）　　（只有弯应力）　　（弯曲应力＋轴向应力）

图 4-18　构件形状、荷载模式和构件类型之间关系

索缆结构和其刚性的镜像是整个轴向内力结构组的抽象模型，因其竖向轴与施加荷载的活性模式形状一致，故可以把这些构件称为活性模式构件。除活性模式之外，还存在非活性模式（non-active mode）与半活性模式（semi-active mode）（图 4-18）。非活性模式构件是指竖向轴与荷载的活性模式形状不一致的构件，是没有内力分量发生的构件，这些构件只含有弯曲应力；半活性模式构件是含有弯曲应力和轴向应力的构件。结构构件只要在特殊的荷载模式范围内才能成为活性模式构件，没有一种构件的形状本身就是活性模式。例如在图 4-18b 与图 4-18c 中的弯曲梁，受到两个特定集中荷载时为完全活性模式构件，受到均布荷载时则是半活性模式构件。

4.2.1.2　荷载—效益权衡

活性模式形态是最有效的结构构件类型，非活性模式形态则是实效最低的结构构件类型，半活性模式构件的实效则取决于他们与活性模式形状相差的程度[7]。轻型大跨结构要尽量提高结构实效，避免出现非活性模式构件，多采用半活性与活性模式构件。但由于活性模式难于控制，在实际的工程中往往采用半活性的构件较多，例如索桁架，构件整体呈现的是抗弯性能，但下部受拉部位则是完全轴向受拉的活性模式索缆。可以说，半活性模式对应的即是压拉杂糅的混合结构体系。由于涉及的各种因素极其复杂，所以确定混合程度是不可能的。但是可以确定两种主要影响效率的因素——结构的跨度和其所承受的内力强度。跨度越大，对结构实效要求就高；承受荷载越强，结构的实效可能会有所降低。这些现象的本质是相同的，目的都是为了控制结构自重与外荷载的比值处于一个相对稳定的水平。此观点潜在的是为了实现经济效益最大化——结构复杂度应与结构有效性达到合理平衡。

综合近年来的国内大跨建筑大建设量的同时，也伴随着大批的争议。其中最主要的一个争议就是大跨结构的单位用钢量的问题（部分建成大跨建筑用钢量见附录表 1、表 2），也就是如何看待结构跨度和结构自重的问题。组成承重结构体系的三类基本构件是拉杆（索）、压杆和受弯受拉构件，此时受力最为有利，其亦可组成悬索、索网、索桁架、索膜、索穹顶等结构领域中的先进体系[8]（活性与半活性模式）。而刚性梁式结构承载不利（非活性），材料利用率低，消费高。实际工程中也不乏选用主承重结构不当导致材耗和投资过大的案例。对此，国内的主要建议是发展以张力为主的轻型结构，降低单位用钢量。但是这样的举措也不尽全然正确。诚然，在允许的条件下尽可能地发展高科技含量的结构体系有利于提高国内的建筑技术水平，带动全行业的素质发展，但也要注意到，高技术结构体系需要高技术成本，它需要一系列配套设计、计算、施工、材料、高技术劳动力，导致高技术结构虽然在用材上节省，但综合成本的代价可能要比低技术成本的还要昂贵。在特定经济体制下的劳动力成本和材料成本之间的差异也很大，这也是影响结构跨度从低效率向高效率结构形式过渡的程度。

　　在特定的结构中，材料与建设成本之间的关系可用坐标图 4-19 表示 ❶，总成本曲线的最低点对应最优化的材料成本和设计与建设成本的分配。虚线则表示其他成本（劳动力成本）的增加将减少最佳经济效益水平出现时的实效，这样的结果也解释了世界不同地区建筑模式的差异性——劳动力的成本越高，越要控制材料总成本，结构高效的要求就越强，跨度控制也越严格，即会更加合理地进行从较低效率到较高效率的转换，结构布置也就更为复杂，结构形态的呈现效果亦更丰富。

　　因而，对于结构体系的选择与结构形态的塑造，盲目地降低单位的材料成本与提高结构实效的结构类型，不一定可以达到经济合理的目的；而是要因时因地，量体裁衣，根据建设的总成本和地方的设计与建设成本的综合因素，策划出合理的成本区间，以确定在此成本预算范围内的所能用的结构体系。这个区间之外的选择则可视为经济不合理项，都会带来成本的增加。以此为标准，衡量近年来的一些大跨建设项目，不乏因实效过低或过高而带来成本大大超支的案例。当然，这样的判定标准是暂时忽略了其他因素，单就经济成本而言，在实际的立项与设计中，还要综合考虑其他社会、科研等方面的意义，此标准只能作为一个主要的参考指标。

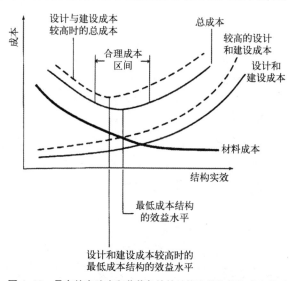

图 4-19　具有特定跨度和荷载条件的结构实效和结构成本关系

---

　　❶　结构材料的成本随着更为有效的结构类型的使用而减少。但如果结构类型具有更复杂的形式，建设和设计成本都随结构实效的增加而增长。表示总成本的曲线有一个最低点，对应的是结构可以节省最大成本的实效水平。与材料成本相比，如果其他成本（如劳动力成本）增加,则总成本曲线的低点相应左移（虚曲线）。

4.2.2　平衡

结构必然是力系平衡的系统，当大跨结构的荷载模式从以非活性模式为主向以半活性和活性模式为主的荷载体系转变的时候，其力平衡关系也必然有一定的特质呈现。虽然实质上，结构的根本力平衡的体系不会发生变化，但是相应的构件组织关系，与系统形态生成的物质发生关系（找形方法）却有所变化和发展。

4.2.2.1　重力平衡

最直接的活性模式形态的生成方式就是"悬链线"，复杂的悬链线网格也称作悬挂结构（图4-20），这是一种与重力平衡的自然形态抵抗。固定于两点之间的索缆或索链在重力（均布竖向力）作用下所呈现的特殊自然形态，即是悬链线。这是自然界中最简单和基本的自主构形方式之一，在悬链中只有轴向拉力，不产生压力和弯矩。与受压体系相比，悬链线不存在

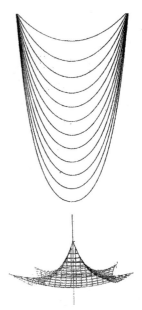

图4-20　悬链线模型及悬挂屋盖结构

受压失稳或者屈曲等问题，因而该结构非常适合用小截面构件实现大跨度，悬索桥与悬索屋顶即是悬链线的工程运用实例。由于自身的柔性，悬链线在实际工程的运用中必须通过加强手段以抵抗风、雨、雪等动荷载，并避免产生周期共振加强，对结构产生破坏。其具体措施可以采用诸如增大恒荷载、增加拉条或者设置撑杆等方式进行加强。与刚性的空间曲面不同，多数的单体式悬挂结构屋盖的曲率相对简单，且不能施加预应力。增大恒荷载的悬挂结构屋盖，通常被称作重型悬挂屋盖（但依然是轻型结构）。

悬挂结构成型的形态能够让人直接感受到自然力学规律的作用，而且，除钢索、索链之外，还可以采用竹、木等有韧性的自然材料，采用这些材料不能产生过大的曲率，但是却可以清楚地观察到材料拉弯的屋顶轮廓。前文提到的日本M波浪（图4-10）即是一例应用。

4.2.2.2　镜像平衡

荷载的活性、半活性与非活性，决定了构件的模式形式，平衡态的荷载也即是结构形态的生成依据，同时竖向力作用下的柔性拉力体系与刚性压力体系可以视为镜像。根据平衡力的概念，"作用在同一点上的、矢量和为零的几个力，是一组平衡力"，因而镜像关系可以看作是合力学规律的平衡，它的实质即是改变结构的形式，但维持系统平衡的各力大小、矢量关系不发生改变。通过研究悬张的索网体系的平衡态可以倒置生成镜像的刚性壳体结构，而以此法生成的壳体具有活性荷载形式，即便承受一定的动荷载，

也具有极佳的抵抗性,这是生成空间抵抗或形态抵抗结构的一种方法,且结构具有"天然"的高实效。

完全的活性模式结构通常用于特定的条件,例如需要达到很高的结构实效或超大跨度的时候,或者要求超轻的结构质量的时候。但活性模式结构基本都是超静定结构,尽管这样的结构材料利用率高,但是在设计计算与建造时的难度亦大,在实际建造中需要借助多个实验仿真模型的验证计算。因而利用镜像平衡的原理,将柔性体系的活性模式,向刚性体系的活性模式,乃至半活性模式转化,一定程度可以降低结构的计算量与建造成本。

悬挂模型法代表了一种可以有效避免结构产生弯矩的方法,而镜像的悬挂模型使得拉、压置换。悬链线倒置转变成推力线,而推力线结构在自重的作用下的受力则没有拉力和弯矩。而结构减少或避免弯矩,则是大跨轻型结构与减少用材的一个重要前提和措施。弯矩的抵抗往往需要偏向重型的结构,而避免了拉力,则可以采用无筋混凝土(薄壳)来塑造轻型大跨结构。值得注意的是,悬链线代表了受拉结构的最小可能,但是镜像的拱壳结构却不可能是受压结构的最小可能,因为通过这样的方法无法确定拱的稳定性。当拱为杆件组合体系的时候,过于纤细的杆件有可能发生屈曲失稳,或者侧向倒伏。因而需要采取一定的完全等价镜像模式之外的措施。例如采用张力膜在推力线拱结构上张拉(图 4-21),在提供结构稳定性的同时,也为拱结构提供水平支撑力抗倒伏。

拱、壳结构都存在屈曲的问题,但是在镜像的悬挂结构之中却不存在这样的现象。屈曲可以通过增加结构的抗弯承载力来避免,但一定程度上增加了材料用量或者需要足够的双向曲率(矢高更高,同样增加材料用量)。通过悬挂模型,可以得到结构的曲率,但是仅仅通过悬挂模型无法确定曲率是否能满足壳体结构的要求。也就是对承压的壳体,没有必然的前提来满足最小结构。在多种的可能形式之中,设计者要自行寻找方法进行选择确定"主观"的最优化形式。

悬挂模型方法常用于复杂轻型壳体的设计,特别是双曲面结构在一定范围内结构可以承受多种不同的荷载而不产生弯矩。曼海姆音乐厅的网壳结构是奥拓设计的最大的受压结构(图 4-22),其设计方法和构造研究的意义,可以媲美蒙特利

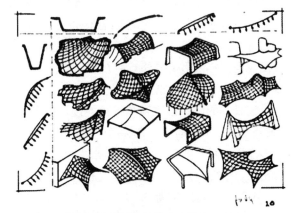

图 4-21 弗雷·奥托的索网结构研究草图

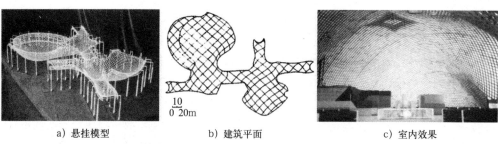

a) 悬挂模型　　　　　　　　b) 建筑平面　　　　　　　　c) 室内效果

图 4-22　曼海姆音乐厅与悬挂模型法

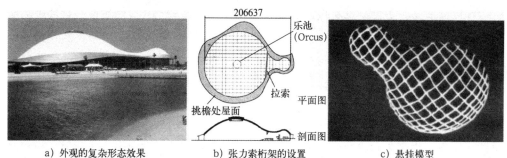

a) 外观的复杂形态效果　　　b) 张力索桁架的设置　　　c) 悬挂模型

图 4-23　日本山口县飞翔鸟穹顶

尔世博会的索网结构。建筑师穆赫勒的设计目标是将建筑的形态延续到周遭的环境，创造出起伏延绵的丘陵景观。由于对结构的复杂要求，该网壳结构的设计采用了镜像倒置和双曲面两个基本概念——将设计好的水平网格倒悬，在自重荷载作用下发生形变形成具有双曲率的曲面，然后通过调整模型的边缘支撑及悬链长度来确定最终的曲面形状。实际的网格采用木条制作，网格节点采用销钉连接实木条能够关联转动，同时利用木条自身的挠度产生变形，在顶升若干点之后达到设计的形态。方形网格转化成菱形网格，曲面具有双曲率。通常固定木网格的方法是采用交叉支撑，但是由于成型双曲面的不同位置的分隔尺寸不一，导致了不同位置的支撑长度不等，会增加施工的难度。于是音乐厅的屋面固定采用了另外一种方法：对节点加强硬化，并在壳顶对角处张拉固定索，达到提高结构稳定性和刚度的目的。

在日本的山口县飞翔鸟穹顶的设计中也采用了实验吊挂模型镜像生成壳体的方法（图 4-23）。不同的是，在实际的建造中采用金属网格的复合弦支桁架与张力膜的组合结构屋面，网格分格均匀，可以采用相同的弦支构件。在靠近两球顶的连接部位设置张力桁架，来抵消壳体的侧推力，提供稳定性，吸收壳体桁架对膜体的反力。

4.2.2.3　稳定平衡

悬索结构的受力最为合理，是重力平衡的自然形态。但由于其静荷载和跨度比过小，材料过于柔性，极容易受到风吸力、振动与不对称荷载的影响，若使其成为结构则需要采取必要的稳定控制措施，使其实现稳定平衡的结构。这样的措施通常分为悬索稳定控制和吊点稳定控制。

（1）悬索稳定控制（表 4-2）

悬索稳定控制　　　　　　　　　　　　　　　　表 4-2

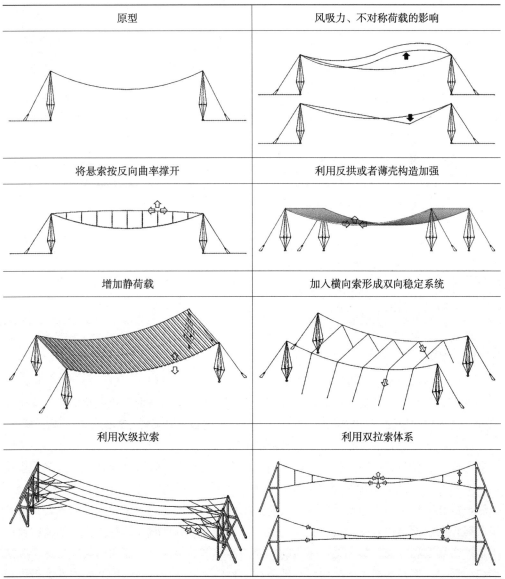

原型	风吸力、不对称荷载的影响
将悬索按反向曲率撑开	利用反拱或者薄壳构造加强
增加静荷载	加入横向索形成双向稳定系统
利用次级拉索	利用双拉索体系

（2）吊点稳定控制（表 4-3）

悬吊点用索缆锚定于土壤	通过悬臂或者斜撑使悬吊点中的力改向
力通过水平大梁传递到横向墙或者压力梁	用拉杆连接平衡在楼板下的索缆约束
用楼板下（或楼板内）的拉杆连接平衡缩约束并对楼板加劲	

4.2.3 力流

结构是建筑的骨骼，建筑的"形"与"体"、"容"与"貌"、"根"与"本"都赖于结构的成立与结构形态的平台。故结构的安全与可靠，是维系建筑功能与形态、安全保障和功能实现的前提。而结构是力的抵抗传递系统，必须要实现足够的抵抗破坏、变形，维持原有平衡的能力，才能满足力流的安全传递。

强度、刚度、稳定性是衡量结构能力的三个综合因素。轻型大跨结构（尤其是屋盖结构）在当代已经基本都采用轻质高强的建筑材料，但这同时也出现了新的结构矛盾，即轻质的强度和结构过轻自重的稳定性与过细杆件的刚度之间的矛盾。尤其是较新型的单层轻型网架的结构构件，按照强度计算可以大大减小构件截面，在压、弯的荷载作用下易产生屈曲和失稳。解决这一矛盾的一个措施是增加构件的断面和密集度，这个方法成熟而稳妥，但是却损失了轻质性和经济性；另外一个途径是将张拉结构构件或者体系引入系统，或以张拉构件为结构的主系统单元，或将其作为辅助构件提高结构整体的稳定性与刚度。可以说，张拉化是最为有效的结构轻型化方式，合理的张拉体系在发挥材料最理想受力性能的同时，也提供给结构足够的刚度和稳定能力。

"力流"指的是结构对荷载接收、传递、释放的传递途径和路线，也是"力量流动"的动态过程，它并不真实存在，而是为了便于进行力学分析、理解结构而抽象出来的概念。因而可以将结构力传递的途径提炼成示意图，设计结构也就是如何运用结构形态来组织力的流向，按照一定的原则将理论抽象的"图像"，经过设计与安排具化成新的力的"图像"。其中力的引导（guide）和改向（redirection）准则都是基本的高效化力学原则的应用（表 4-4）。轻型大跨的根本也在于如何更优化地利用这些原则组织结构形态，而优美的形态表现也是需要对基本原则深入了解通盘掌握之后，才能达到"庖丁解牛"之功。

高效 / 低效的传力原则比较

表 4-4

高效的传力原则	低效的传力原则
结构传力路径短，传力直接（屋盖荷载越大，越要简洁）	结构传力路径长而复杂，力学逻辑混乱
轴向受拉、受压，避免受弯	偏心受拉、受压，受弯
连续性、整体性强，匀质化	分段多、整体性弱，布置失衡

力流组织受结构形态的影响很大，大跨结构形态与建筑形态的契合度高，其设计要顺应建筑设计的意向和定位，结构构思与建筑造型构思往往需要同步考虑，互动参照。因而力流的组织，要在既定的大的形势之下选择可能的结构选型，然后进一步的细化、布置，考虑可能的力流路线与对应的结构体系和构件的分布、细节。因而轻型大跨结构与其形态设计还要在形态设计、结构考虑、经济控制等方面遵循以下几点特定原则[9]：

(1) 顺应建筑设计的建筑设计意向，提高造型品质；

(2) 与建筑形态设计统一协调，互动调整；

(3) 结构性质与结构设计的三维真实性的对应；

(4) 荷载接收、传递、释放的力流路径简洁直接，逻辑清晰；

(5) 保证结构体系对抗水平荷载与不对称荷载的稳定性；

(6) 优先选用活性模式结构（超静定结构）；

(7) 通过结构划分规律性与结构组件功能的对称性控制成本；

(8) 相同或者相关的结构构件之间的应力平衡匀质；

(9) 利用单一构件实现多结构功能。

4.2.3.1 荷载的接收

大跨结构通常指屋盖系统，轻型的大跨屋盖的外界荷载接收处理，与重质大跨屋盖有着不一样的影响因素和对应解决方法。

屋盖结构的设计一般需要考虑自重、风荷、雪荷、施工荷载。而轻质的屋盖自重很低，大都采用索、膜等柔性构件，属于超静定活性体系，对下部的支撑结构压力小；大部分的荷载接收难度与结构发生的破坏也多源于此原因，超静定结构难于计算与预测，因而面对短时间内的预期外的风、雨、冰雪荷载，而由于结构的设计冗余度不足，导致结构失稳破坏。

（1）风荷载接收　风荷载引起的吸力及其引起的脉动效应和轻型的柔性屋面会引起风阵，是导致屋面破坏的重要因素。尤其是轻型柔性的大跨屋面，给风荷载的承接、消化带来了新的课题。很多轻质的开敞式屋面，风荷载对结构的作用更为显著，甚至远远大于结构自重的作用，这样的情况则要把风荷载作为结构设计的控制性荷载。大跨屋盖风荷载主要集中在屋盖的悬挑部分，尤其是在前缘——这个位置负压最大、变化也最剧烈，其值与悬挑距离、倾角、外形有直接的关系，最大负压系数也往往出现在尖角、屋脊的位置，因而合理考虑局部的结构形式对于屋面的风荷载大小及其分布有重大的影响。

轻质的大型屋盖结构在风荷载作用下发生整体性破坏的情况很少见，相对常见的是局部的屋面被掀开（如北京西客站（图4-24）屋盖被风洞大风掀起的事故），或者膜布发生较为严重的破损（如韩国世界杯济州岛体育场的巨帆形膜结构屋面多次被海上飓风损坏）。屋盖结构在风荷载的作用下的动态响应是极为复杂的问题，屋盖相对于建筑的支承结构来说柔性较大，易产生弹性风致振动。尤其是在台风大风的多发区，这样的案例比例更高。所以在此类地区，要减少跨度过大的柔性屋面的使用，同时加大屋面的整体刚性设计，并采用有效的对抗负压的固定措施；还要避免设计不对称的结构，尤其是严重不对称的结构形态，会产生较大的风力扭矩（图4-25），使结构处于不利的受力状态，引发破坏。

图4-24　北京西客站

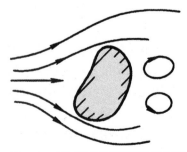

图4-25　不对称结构形态产生风力扭矩

（2）**雪荷载接收**　一般的落雪对屋面有效的形态控制，可以避免积雪过多，造成雪荷载的持续积累，而对结构造成直接的或者在温度作用下的间接破坏。故在寒地地区，尤其是突发性降雪较大、雪患较重的地区，屋面设计应该避免使用过于柔性的膜结构屋面。若采用柔性屋面，则要采取必要的结构形式设计，避免屋面积雪过多造成结构破坏。例如避免采用过平的屋面、充气式屋面、柔索加固屋面，而代之以肋架式、骨架式膜结构屋面，采用高矢高屋顶，形成一定的坡度便于自排雪。结构整体化，而覆面则分单元设置加固，提高覆面与结构的结合度，防止发生连续破坏。肋架的排布密度适当提高，减少各单元的覆面面积。如日本的出云穹顶（图 3-76）就是典型的处于寒地地区的膜结构建筑，采用的即是以上的措施综合来抵御雪荷。出云穹顶的另一个巧妙构思是将每榀拱架之间的膜屋面用钢索压紧，使薄膜形成"V"字形折面，除了起到造型作用以外，还可以将风吸力传导至底部的边缘结构，有效防止拱券受到过大的拉力。这是一个利用结构形态达到排雪抗风双重作用的绝妙设计思路。

通常大跨结构的雪荷载设计雪压按照 50 年一遇的标准。而像部分对雪荷载敏感的轻型结构，则要将基本设计雪压提高，屋面和檩条的按照积雪分布最不均匀、最不利情况配置。当出现屋面积雪过多的时候亦要及时清理，可采用屋面上人人工处理的方法，或利用大型风机吹雪。特别大型的屋面，或不适合上人的屋面，则可以利用直升机辅助吹雪除雪。但亦要控制好飞行高度和路线，不能给屋面造成过大的风压，防止人为破坏。

（3）**冗余性设计**　现代轻型结构的整体性强，追求透明轻质，结构的环点相扣，常利用力学的支点平衡和相互牵制来实现整体的稳固。而这些特点决定了结构支撑环环相扣、互相依托牵引的特点，有些结构可能达到"牵一发动全身"的情况，一个小构件的松动破坏都有可能引发整体结构的失衡，造成结构破坏。

结构一旦处在疲劳荷载的作用下，构架的裂纹就会一点点增加扩大。当裂纹扩展到临界的长度，断裂的强度就会达到材料的断裂韧度，裂纹就迅速扩大，导致构件断然断裂和破损，这样的情况被称为"失稳扩展"。轻型结构，尤其是单层的膜面和网壳在外界荷载超过预设能力时，就有可能出现"失稳扩展"的现象，导致破坏。因而在设计之时，除了通过更精确的结构计算和结构加强方法来提高结构能力外，建筑师还要利用建筑手段和结构形态设计的方法避免这样的情况。也就是在设计之初，就要确立结构安全考虑的意识。如一个由若干单元组成的结构系统，如果其中任何一个单元出现故障都会造成整个系统出现故障，和串联电路相似，这样的结构组合方式就是"串联式"结构结合体系。为了避免这样的"一发全身"的崩溃，可以考虑当其中的某一单元出现故障时，其他的单元依然可以正常工作，系统损失的只是一定小比例的能力，而不会全系统瘫痪损毁，可继续维持工作，这样的组合方式可称之为"并联式"。这种方式可以通过在结构系统内引入多余的个体单元结构或构件而实现，确保了系统整体的安全稳定，那么将这样的设计思维称之为"冗余性设计"。这种设计手法在很多轻型结构中都有所应用，是设计者基于安全的自发考虑，但是，在大型的超轻结构设计中，有必要将结构冗余性设计作为建筑设计的标准提出。求轻是发展的目标，但是安全却是其现实的基础。

德国奥格斯堡（Augsburg）市的马克西姆（Maxim）博物馆（图4-26）和汉堡市的城市历史博物馆的中庭屋顶（图4-27），都是在原有的博物馆古建筑之上加建的。屋顶选用轻质结构的目的是为了给原有建筑施加最小可能的荷载，同时为了最大可能地保护历史建筑现状，建筑师选择了在视觉上和力学上都尽量轻盈的单层玻璃网壳结构屋顶，效果晶莹剔透。而过轻的屋顶则可能产生稳定性不足和易屈曲的问题，因而设计者采用了加强结构冗余性的设计理念。以马克西姆博物馆为例，该屋顶采用的是筒壳形式，利用玻璃的高抗压强度形成拱形压力结构。每条拱带由14块玻璃组成，相邻玻璃在角部用金属夹板装置连接，以刚性的节点承接压力。玻璃板数目经过计算优化，既保证数量的限制以防止节点过多破坏空间的通透性，同时还能形成连续的光滑曲面感，而不会因突兀的转折影响界面的美观。从结构受力上看，由于玻璃板受力方向与玻璃板形成夹角，使得每块板跨中弯矩加大，夹具对玻璃板的弯矩也将增大。玻璃板之间的连接形式均相同，屋顶结构的四边由钢管形成封闭系统支撑在原有建筑之上，侧向具有足够的稳定性。冗余性加强设计由两种预应力钢索体系提供：第一种在玻璃结构带缝的垂直面上布置两簇对称式放射线索，两放射中心以索缆连接，作为一榀索桁架；每榀索架间隔4条玻璃带。放射索的设置起到了如下几点作用：①放射线索在节点处提供了法向力，可以达到

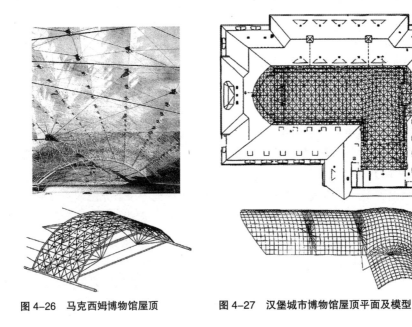

图4-26　马克西姆博物馆屋顶　　　　图4-27　汉堡城市博物馆屋顶平面及模型

减小或者消除折线交点的节点约束弯矩的作用，避免玻璃角部的应力过于集中；②放射线索在玻璃安装完毕之后进行张紧，施加初始预应力，压实玻璃缝隙，增强结构初始刚度；③风荷带来负压，张紧的索可以抵抗负压吸力，防止对玻璃带拉力破坏；④初始预应力的恰当设置使其一直处于受拉状态，可以对抗对称与非对称荷载，加强结构的稳定性；⑤一定程度减少或完全消除侧推力。第二种索系是平板玻璃内对角交叉设置的正预应力拉索，此体系保证了在个别玻璃破碎以后，玻璃拱带会变得不连续，但破碎处的荷载可以通过节点的关联传递到相邻的动拱带，结构依旧可以保持稳定性，与放射索系共同加强结构的整体性。

4.2.3.2　荷载的传递

大跨结构的荷载传递，可以简化到"屋盖—支承—基础"三大部分之间自上而下的承接关系。而具体的传递，可以细化到各分部系统内部的力的协作和传递关系。轻型结构的力传递关系从结构形态上反映在具体的结构构件形式的变化。空间结构可以看作是各种桁架的变体衍生组合的形式，那么可以用桁架的形式演绎来说明这样的关系变化：桁架的力学机制是以离散式的结构单元协作，提高个体空间结构的刚度，把结构整体的弯矩转化成轴向的拉力、压力，是一种化整为零式的拆解。当代的轻型结构尤其注重这样结构层级关系的变化与利用，很多优秀的设计通常是在设计阶段将结构形态与建筑的形象、内部的空间统一考虑，为了传达某种设计意图，将具体的结构构件形式与构件的交接关系设计得很考究，并以建筑表达元素直接呈现。这样的层级与力传递关系是可以通过视觉直接进行阅读的，而在结构的设计中，建筑师也常会利用建筑表现手法来设计结构构件的形式，来强化视觉关系与力学关系的统一。例如，将桁架整体或者局部弯曲，引入曲面元素，成为拱桁架，并利用桁架之间的"联络"与秩序排列形成力传递的精密感；或将桁架处理成立体感更强的中部收缩或扩张的体量变化形式，通过桁架的体积感传达结构构件的"力处理系统"的蓄力感；或者采用构件之间的体量对比、虚实对比、方向对比，来体现力流传递的收放、约束、汇聚等关系。

轻型结构体系的力传递有几个倾向：

（1）力系的匀质化　这样的情况在单层网壳的运用中尤为明显，结构的分格与结构的杆件都采用有限几种规格化的尺寸，既便于统一加工，同时一定的构件夹角和构件长度都确保了结构内的力流是以均匀的方式散布，不会出现过于集中的应力。

（2）力系的层级化　层级结构是自然界和建筑结构本体的逻辑方式，结构越轻型，结构的逻辑骨干越为突显，则结构的逻辑表现也更明晰。匀质化是屋盖结构层级逻辑的一种特例，更多的结构体现在结构的主次、母子关系的层级系统的复杂有序化。例如整体结构可以看作第一层级结构；桁架主梁、屋盖覆层、竖向支承可以看作第二层级结构；弦杆、弦索、撑杆作为桁架梁下的三级结构，檩条、面层作为屋盖覆层下的三级结构，张弦索、次级柱作为竖向支承下的三级结构。大的层级之间的力传递，可以体现为二级层级的直接集中传递，亦可以处理成每个二级层级之间下辖的多个组／三级层级的构件之间的衔接传递关系。

（3）传力构件的刚柔选择依据内部的力流性质   传统空间结构通常都采用刚性杆件组成空间网格，而新型的轻型结构则将构件的受力、传力关系直接反映在材料与其力学性质的选择上，受弯剪或内部为压应力的构件采用刚性的金属或者钢筋混凝土梁，而受拉构件则可以不采用拉杆，而是用拉索取而代之。虽然空间桁架的整体性质仍是一个大型的抗弯剪构件，但是其内部则完全为轴向受拉、压的构件单元；或根据层级原则继续向下一级别"分形"衍生复制上一级结构形态，相同受力性质构件组成采用同级或上一层级构件的相同的构成方式，形成更深化的层级秩序。例如张弦柱与张弦梁都是利用张弦结构提高刚度和稳定性的应用，树形柱的层级衍生则是利用结构自身的遗传相似性。

4.2.3.3　荷载的释放

大跨结构荷载的释放可以分为结构性释放与表现性释放。

1）结构性释放   结构性释放指结构从接收外界荷载以及将自身的屋盖重量（接收），通过支承结构（传递），到达下部的基础结构（柱础、拱脚），然后传递到土壤的释放过程。

作为可观察到的结构形态，这样的释放关系往往着力于支承结构与下部基础的交结和力感的表达。不同的支承结构形式与布置决定了释放形态的多样性。

（1）一些大跨结构具有明显的主结构（主拱、主桁架），则大部分的荷载需要通过主结构来释放，因而荷载相对集中。而这样集中的荷载传递与释放往往被建筑师进一步夸张处理，落地的拱脚或者撑柱通常会被放大，或者常利用钢筋混凝土作为基础的主要材料，利用混凝土的塑性，将拱脚处理成极具雕塑和虬结力感的形式，强调力的汇聚作用。利用基础的厚重敦实束缚，对比强调屋盖结构的轻盈张扬自由（图4-28）。而为了突出强调主体，这样的结构次级支柱体系常常会被弱化或隐藏处理，例如被隐藏在表皮之内或者采用简单的造型，与下部的基础或者裙房柱相延续。

（2）一些大跨建筑的主结构并不明显，或者支承结构采用完全相同或相似型制的构件，这样结构往往对应环索屋面，整体空间网架／桁架、弦支穹顶等结构，在一些屋盖形式自由的结构中也有所采用。支承构件通常都是竖向柱（构造最为简单直接）、V形／Y形／波浪形柱（将竖向支撑转化为斜向支撑，常用于暴露结构，活跃立面），或者自由的柱列组合。

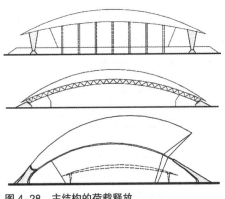

图4-28　主结构的荷载释放

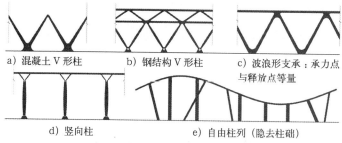

a）混凝土 V 形柱　　b）钢结构 V 形柱　　c）波浪形支承：承力点与释放点等量

d）竖向柱　　　　　e）自由柱列（隐去柱础）

图 4-29　无主拱的力释放体系

由于柱子数量相对较多，承力平均，因而柱础收脚都较小而简洁；通常采用铰节点或刚性节点；有些结合处为了强调构件的整体造型，或者不对上部屋盖造型喧宾夺主，确保结构表达形态的完整性，直接采用隐去柱础的做法，将力释放的尽端隐藏（图 4-29）。

（3）索桅（包括索膜）结构的荷载释放通常都是通过桅杆或者撑杆向下部基础传递荷载，因桅杆通常比例纤细，因而其基础尺度也小。桅杆往往对应结构的高点，但膜结构的低点或者拉索的落地点则需要施加预应力，为结构提供张拉荷载，这是索结构和其他结构不同的地方(索预应力施加的方法可以参考表 4-3 悬索结构的施加预应力的方法)。

2）表现性释放　第一层涵义即指结构自身的"落地"形态表现。如前文叙述与例举，巨型结构构件体量庞大，承担的荷载巨大，因而落地时通常会强调力的积聚感，将基础出地面，且有意夸张放大，处理抵抗形态的造型；而布阵均匀的承力结构由于各单元分配的荷载大大降低，则可以处理成较为纤细自由的形态，或者将落地部分收束，做到更细，体现力的细微变化，使"细枝末节"表现更为精致。离散式的柱阵则反映了一种上下相对独立自由的关系，去除了直接的几何式对位关系，使结构的力流释放显得更为活泼或者无序，一定程度让人产生了屋盖与下部结构脱离的心理暗示，但实际荷载的释放逻辑并没有变化。

第二层涵义指非结构竖向卸载的，视觉关系的力感释放与形态传达。这样的释放往往出现在结构的边缘形态或者出挑、桅杆的形态上。结构实际上的荷载仍会经由竖向的构件向下传递到基础。虽然大出挑或者张扬的构件支出会给结构增加负担，但这满足了建筑美学表达的精神需求，就像人类的舞蹈和运动，大的舒展肆意的动作往往会消耗更多的能量，但是却能带来更丰富的力与美的享受（图 4-30）。结构

图 4-30　卡拉特拉瓦的人体动态草图

的表现性"扩张",往往强调了力改向的奔突洋溢,尤其是在大跨结构中,这样的伸张更多地来自结构的自信性格,以及建筑师对于结构的深度理解和驾驭能力。

4.3　材料特质

材料策略一直是大跨结构最重要的建构因子,例如材料的定位、选取与生产的关系,如何结构,如何建造无一不影响着建筑的生成过程与建构结果。大跨建筑的单体建筑材料使用量集中、种类更为多样,因此,材料策略的细微变化、组合方案、加工方法,都有可能给最终的结果带来完全异质的外观呈现和空间体验。

一直以来,建筑设计都要依赖于材料和加工工艺的发展。材料性能包括材料本身的物理力学特性和它所体现出的对人感官作用(视觉、触觉等综合感官体验)的色彩、质地和视觉情感的刺激。建筑材料的选择和应用是影响建筑艺术效果的重要因素,不同材料性质要求决定了不同的建筑形式和构造方法,相应地影响了建筑作品的外观和效果。轻型大跨建筑的结构材料更注重其力学特性,其表面性状与表现应用潜力也一度得以开发,使其内外兼修、形神俱荣。不仅在物理结构层面,同时在形态表现与精神意旨的多重建构中,都传达出基于轻型自由的建筑理想——今日的轻型大跨建筑不仅仅是庇护所,也不仅是权力与野心的座驾,它更是容理寓情的一种创造,对生活理想的思考与追求。

材料可以让建筑师搭建一条通向理想的桥。近年来业界关于材料的探讨与建构的争论更胜往昔,轻型大跨结构能力和表现自由度大大提高,也使"物"(材料属性)和"形"(先验形式)的关系在各种大跨建筑实践中变得更为微妙;随主体的变化,对物形关系的认识和利用也每有不同,材料策略具有一定的主观性。

以路易斯·康为代表的建筑师力图将"物"作为建筑美学基石,但结构形式与建筑外观又都属于形式范畴,"形"依然独立于"物"的影响力[10]。大跨结构是个独特的建筑类型,无论是结构暴露、结构隐藏在覆面之内都可以一定程度上从建筑的外观感知结构形态,而膜结构则完全是"物"、"形"合一,其结构形态也是其建筑形态,既是结构,又是覆面。结构的自由度、材料的多样化和材料性能的开发扩展,拓宽了当代大跨建筑创作疆域,大跨建筑表达"物"或"形"并没有严格的操作规范,即便重重限定也可能得到不一样的答案。

"如果……是材料控制了它所建造之物而不是被加以控制,那么艺术就无从谈起"(歌德语),"物"与"形"同样影响着大跨建造和形态表现,设计在多数情况下都是"殊途"且不"同归",不同的设计出发点,相区别的设计思维与设计方法,不同的建筑师对同一建筑设计命题绝不会有相同的答案。但逆向溯回到设计的材料元素与材料组织的基本功能确是皆然。回归到基本原理,是结构研究和形态创作的重要途径,也是从材料角度入手研究结构形态的必然切入点。

按照传统的结构功用基本分类，大跨建筑的用材可以分为结构材料与覆面材料，但是当材料成为一种策略，形态承载一种情感，材料的合理使用则可以为建筑增添"表情"，既是结构形态的内涵扩充，也是建筑功能的再度拓展，提高了建筑与人、社会互动的能力和效率。材料除了"构材"以外，还有"材质"、"质料"的一层意思，也就是说，在物理性能之外，材料的应用还要考虑到视觉、触感等多方面的体验功效。

4.3.1 结构材料

不同结构材料的性能带来不同的结构建造，建筑的整体形象性格也因此不同。随着材料技术的发展，一些受性能缺陷困扰的传统材料纷纷获得了新生，摆脱了跨度、尺寸的使用限制，为大跨建筑轻质建造拓宽了疆域。

4.3.1.1 混凝土材料

现代意义的混凝土诞生在 18 世纪末，随着计算理论和方法的累积与突破，钢筋混凝土与预应力混凝土技术逐渐成熟[11]并在大跨结构之中得到广泛的应用。混凝土材料的历史悠久，但是在各个时代的性能都有所不同。混凝土具有良好的抗压性能，但抗弯剪能力弱，而其与钢筋具有良好的匹配性，钢筋混凝土可以融合混凝土的抗压与钢筋的抗拉性能，提高混凝土构件的抗拉强度。而采用型钢和钢管替代钢筋制作的劲性混凝土与钢管混凝土的承载力则更高。

当今大跨建筑的混凝土材料都是在 20 世纪 80、90 年代左右开始大量运用的高性能混凝土（High Performance Concrete, HPC）（图 4-31）。HPC 的耐久性、工作性、强度、体积稳定性都具有很大的优势，因而在相当长的一段时间内，混凝土仍将是最主要的工程材料之一。近 20 多年来，HPC 还采用了添加纤维材料提高混凝土的抗拉、抗裂、抗疲劳的能力，例如碳纤维混凝土较一般的钢筋混凝土的抗拉和抗弯强度提高了 5 ~ 10 倍，质量只有原来的一半左右，可以大大降低结构自重，适用于更多的结构

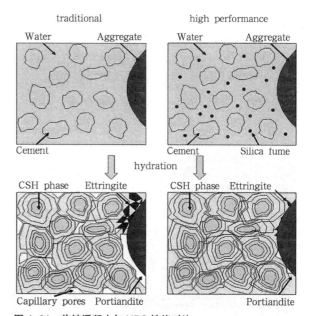

图 4-31 传统混凝土与 HPC 性能对比

建造。例如在蒙特利尔体育场以后，混凝土就很少用于大跨屋盖结构，屋盖结构逐步被钢结构、膜结构替代。混凝土多用于下部支承结构和基础结构的建造，但是混凝土的极强的形态塑造与表现能力、原生的密实力量感与力度美、坚实的体量感和雕塑工艺感一直为建筑师所垂涎。近年来由于新技术赋予混凝土材料的新生，轻型的 HPC 混凝土也逐渐回归到屋盖结构的设计考虑范围和实际的工程运用之中。

除了实体形态塑造，混凝土材还可以胜任混凝土薄壳的建造，例如早在 1958 年建成的巴黎德方斯国家工业与技术展览中心（跨度 206m）采用双层波形薄壁拱壳，底部埋设预应力混凝土拉杆。壳体厚度仅有 60mm，混凝土的折算厚度为 180mm，其跨厚比值达到了惊人的 1144 倍，而鸡蛋的跨厚比为 100 倍（40mm/0.4mm），整整提高了一个数量级，说明了混凝土材质同样具有用于轻型建造的巨大能力，只是现阶段其工期与施工方法成了其推广的主要阻力。

在里斯本世博会葡萄牙馆（图 4-32）中，建筑师阿尔瓦罗·西扎采用了另一种结构语言来叙述混凝土的轻型建造：轻薄如膜布的天篷自然悬垂，覆盖着跨度达 70m 的展馆入口空间。屋顶采用白色涂料，进一步辅助弱化了混凝土薄壁材料的质量，使其视觉感官如一帘帐幕，静谧而轻脱。70m 的跨度是结构挑战沉重质量的障碍，西扎的最初设想是利用高技术材料，如悬索膜材屋面或金属屋面，但是巨大的风荷载需要结构提供更多的稳定索和刚性支架来对抗风吸力，而这些辅助结构也势必破坏建筑的纯净效果，若利用覆层遮蔽，也势必会大大增加视觉厚度，脱离设计初衷。若采用双层索体系利用上部加设撑杆稳定屋面也会出现类似的问题，虽视觉稍有改进，但一样无法满足纯粹的视觉体验，同样也有混淆结构简单直接传力表达的嫌疑。解决这一貌似不可调和的矛盾，建筑师与结构师想到的办法是利用貌似不可能的材料——混凝土——来建造。首先，混凝土的相对自重比较大，可以增强结构的稳定性；其次，薄板屋面采用悬链线的形式，确保了结构内部应力都是轴向的，保证了混凝土内部不会出现扭矩，受力最为合理；另外，结构师贝尔蒙德并没有采用钢筋混凝土的结合一体材料，而是将二者分离，钢筋穿越混凝土曲面板内部的槽孔，

轻薄的结构不会因为两种材料不同的温度应力而产生破坏。设计的最精妙之处，在于混凝土板延伸到两边屋面基座的一定距离处就戛然而止，在原本封闭性最强、光线最弱的部位开了两道缝隙，索缆穿越基座结构，而屋面板则悬浮在两道光缝之间。此结构几乎是最简单的结构模型——"悬索＋配重"（见表 4-2 模型）的现实镜像，形式的简洁与空间的妙趣，竟完美地通过最简单而又巧妙的材料、力学、几何关系被设计营造出来。西扎向人们表达了一种姿态，在先进通会的

专业思想和开拓创新材料思维前提下的设计，就不会有乏味的形式和过时的材料。

在混凝土的面性轻型形态表现之外，更多地是用于作为支撑柱和基础结构，并利用自身的塑形创造具有力感的造型，强化下部结构的重和力度，以此对比烘托上部屋盖结构的轻质飘柔。这样的手法应用不胜枚举，此处不再赘述。

4.3.1.2　金属类材料

以钢材为代表的金属结构的发展一直在沿着一条交界线前行，左手传统，右手现代。金属结构可以作为替代砖石砌体、混凝土作为轻型的结构材料实行传统结构功能，还可以被加工成索缆、连杆等作为现代空间结构的主要材料，更被加工成隔栅板、穿孔板、复合屋面等装饰或结构面材，以其"骨"、"皮"分明的特点，强大的形态表现力成就了很多大跨结构的精彩。

水晶宫是金属材料应用在大跨结构的第一例，以其优异的力学性能、施工方式、形态表现震撼了世界，也借此迅速占据了建筑材料舞台的主角位置。金属材料匀质等向，高强轻质，抗拉压性能都极为优异，尤以抗拉性能为最，良好的韧性决定其动荷载的承受力强，抗震性能出色，亦可以通过特殊的制造方式制造特殊金属、高强钢材；同时金属的加工与施工工艺多样，能满足多种的建造要求和结构形式，如可采用焊接、铆接、栓接等连接方式，匀质性使得金属连接并没有损失连接强度，也因此钢材常被用于作为与其他材料之间结合的构件、夹具等，这是其他材料所不具备的特殊能力。

另外，金属材料具有很高的生态效益，施工的边角废料都可以回收再利用，结构拆除便利，同样可以进行回收，还可减少噪音和污染。施工不需要搭建模板，减少了场地的占用和施工时的尘土污染、废物和噪声等问题；相比混凝土结构，金属结构建造过程的有害气体排放量只有其 65%[12]。

不同的金属加工工艺与成分也决定了金属材料不同的物理性质，是典型的刚柔相济型的全能材料。而且金属材料可以与多种材料——砌体、混凝土、木、玻璃、膜材——混搭组合，形成不同的结构材料系统，适用于不同的建筑性格表达。

金属结构的轻型大跨结构建造逻辑与形态逻辑强，金属的杆件与索缆在空间结构的组织中起到人体骨架和筋络的作用，并且为了使结构力系更为合理高效，很多金属构件还可以向下细分层级，例如多单元构成的张弦梁、叉形梁弦支柱、树形柱等构件的设计，都是利用金属材料的优异性能，使其结构系统复杂化，增强系统的抵抗能力和稳定性的应用。

4.3.1.3　膜结构材料

膜材一直是轻型大跨结构最热衷于使用的结构材料之一，也是形态变化最自由轻逸的建筑材料。

膜结构利用少量的刚性支承构件和边界固定的柔性构件就可以提供全方位的自然采光，并满足人们对大跨空间的多样性需求。膜面由厚度不变的膜材料组成，依靠其曲面

形状和固有的大变形能力来承受规定限度
内的荷载，亦可以通过施加适当的预应力
或引入钢肋架来提高其刚度。

（1）形态   膜结构形态和物理性能与
传统刚性结构有着较大的差异，绝大多数
膜结构设计都采用负高斯曲面的形态（少
数充气膜、充气肋、气枕式结构为正高斯
曲面），这类曲面都是由经纬交织的"拱向"
和"索向"纤维织构而成。负高斯曲面可

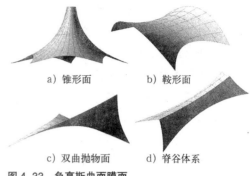

a) 锥形面　　　　b) 鞍形面

c) 双曲抛物面　　d) 脊谷体系

图 4-33   负高斯曲面膜面

以做到不明显改变曲面的形态而对整体施加预应张力，这也是其较多被采用的一个重要
原因。双曲的形态可以有效地抵抗上下的双向荷载，向下的雨雪荷载由索向的悬挂系纤
维承担，而向上的风吸力由拱向系纤维承担。常用于大跨结构的负高斯曲面有四类：锥
形曲面、鞍形曲面、双曲抛物面，以及脊谷体系面（图 4-33）。但膜结构的曲面形态不
一定能够满足数学方程，有些需要依据边界的支承条件和应力平衡来确定。因而在膜面
的找形过程中必先确定边界的条件，这是决定其脊索、边索、桅杆、拱架等支承构件确
定的先决条件。膜结构的曲率是保证稳定性和刚度的必要条件，曲率越大，膜应力越大（膜
面的边界索也同样如此），荷载导致的膜面应力变化就越小。因而在膜面设计中要避免
大面积的、较平坦的曲面，可以避免风荷导致的"颤振"，也防止积水积雪导致的结构破坏。

（2）变形   膜结构自身的刚度低，具有一定的变形能力是其特性。在外荷载的作用
下，结构的曲面形状会有相应的变化，内部应力也会随之变化。膜材的应变值远大于钢材、
混凝土结构的应变值，柔索边界与张拉索也增加了膜结构的变形能力，因而在满足稳定
性的前提下，膜结构有其特定的位移和变形标准。

（3）设计   膜结构的三维连续双曲空间特性，使其设计无法仅依靠二维的纸笔设计
方式，要确定外观形态、空间形态，必须依靠三维的物理和计算机立体模型。物理模型
可以辅助理解受力平衡状态和封闭空间品质，通常采用皂膜、植物膜、弹簧机械膜等方
式制作。计算机建模也采用类似的方法，先确定边界条件，然后通过程序设定生成膜面，
目前国内外已经有多款膜结构设计软件，多数都可以辅助找形、连接、裁剪、拼合设计、
结构分析，并可将结果直接用于计算机辅助制造。

（4）裁剪   装配前的膜材是二维面片，并由多片膜片拼装后施加预应力形成曲面结
构（图 4-34）。膜片的裁剪要遵循建造可行性与美学的两方面要求：其一，膜面的应力
方向要与膜材纤维的方向一致，并要结合裁剪的经济性；其二，拼接的形式和图案的韵
律作用于人们对双曲面的形态认知和美学体验。例如，简单形态通常遵循如下划分规则：
类锥形体常采用放射状划分法，类鞍形面常采用平行划分。当膜面为连续的自由形态时，

拼接和布置则更为复杂，需要经过反复的推敲、调整和计算。膜面接缝的作用不仅在于控制主结构曲率，更有丰富结构形态的表现力作用。例如在白天，膜结构室内空间由于材料的漫射作用，使空间失去了光影关系，结构的感知力降低，但膜结构的接缝却可以起到穹顶肋拱的作用，将韵律构成和图案形式参与到结构表现，令结构形态富于生趣。在夜间从室外观看也可以体验同样的妙趣。

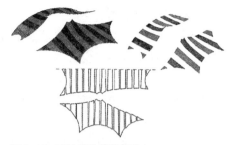

图 4-34　张拉膜的裁剪条元

　　膜结构利用裁剪创造有特点的结构形态的另一个重要措施就是利用应力集中区和洞口的设置。应力集中区通常采用高强膜材，质感和透光率与一般膜材有所区别，因而可以通过设计实现巧妙利用，既可以强化结构，也可以诚实表达结构特征，同时丰富结构形态，而利用一些图案组织还可以对应文化符号。膜面的洞孔开设方法多样，开洞同样可以丰富结构形态，增加其形态特点和识别性，直射光和漫射光的综合利用，也能丰富内部空间的光影变化。

　　（5）用途　膜结构在大跨结构中有着广阔的施展空间，除了用于外结构，膜材还可以用于实现其他的辅助结构和功能用途，完善大跨建筑的结构能力与空间品质。按照开敞程度，可以分为开敞、封闭、展开式；按照目的，可分为外部、内部、附属式。两种分类的交叉组合则可以衍生更多的膜结构类型（表 4-5）。

膜结构应用分类　　　　　　　　　　　　表 4-5

	开敞式	封闭式	展开式
外部覆盖			
内部分隔			
附属扩展			

4.3.1.4　复合木材料

国际上对木构建筑的生态性的重视始于 20 世纪 80 年代，时至今日已有 20 多年的历史。而大跨木构建筑也从 20 世纪 90 年代伊始，以一批具有代表性的博览建筑、体育建筑和会馆建筑的兴建为标志开始登上建筑历史的舞台，并由于其与当今世界可持续发展的主题在表层结构与深层结构的完美契合，而受到各界越来越多的重视。

我国在此领域的研究主要集中在新材料、新技术、新设备的开发利用方面，但是相应的对一些传统建材及建造技术的挖掘与再创作显然没有足够的积累，对历史上几千年来都在被使用的木材的认识仍然存有很多误解。对于木构建筑，国内多数建筑师对其的认识仍然停留在抬梁、穿斗、井干等传统的结构方式上，对于木材应用于大跨建筑的构造及技术明显缺乏足够相应的研究与实践，现代木构大跨公共建筑成了国内建筑师不敢涉足的禁区。另一方面，我国目前仍处在保护森林资源、"退耕还林"的时期，近几年出台了一些相应的法律法规，国内的木材资源开发受到较多的限制。基于以上两点原因，在国内以木材为主要结构建材的现代大跨公共建筑领域还是相对空白。相反，国际上对木构大跨建筑的研究和实践却远远走在了我国的前面，尤其是在一些森林覆盖率较高的发达国家和地区——最具有代表性的如日本和欧洲，森林覆盖率分别达到了 68% 和 43% 左右（部分欧洲国家的森林覆盖率达到了 50% ~ 60%），其对木构建筑（包括大跨与非大跨建筑）的研究是走在世界最前沿的，有很多先进的经验值得我们借鉴。虽然我国目前应用木材作为大跨公共建筑的主要材料还存有一些难度，但也不能放弃这种与我们文化传统本身息息相关，同时具有深远文化意义与生态意义的建筑材料的发展动向 [13] 关注和研究工作。

（1）木材用于大跨建筑的技术条件　天然木材存在易燃易腐性，木节、裂纹、变形、易虫蛀等导致的材料强度不均，构件尺寸受自然生长的限制难有大断面的结构用材等缺点；与钢、玻璃、水泥相比，天然木材往往难以在现代建筑中得到广泛使用。另外，天然木材的周边材料强度高于中心部位，于是完整的圆木较切割加工过的方木具有更大的结构强度，即便如此，天然的圆木仍是由于结构自重、强度等因素造成实现跨度困难，以及不能满足现代大跨建筑的规格化、机械化的构件生产等要求而无法大量应用于大跨建筑的实践。工业革命后，现代的木材加工技术催发了众多新型的木质产品，克服了天然木材的诸多缺点，使现代木构建筑的发展成为可能，也奠定了大跨木构建筑的物质基石。目前，木构技术主要向复合木材（hybrid composite wood product）科技发展，即将人工合成材料与现代木结构技术相结合，充分发挥各自的优势，开拓木结构应用的新领域。总的说来，国外的木结构领域已经由传统的"原木结构"（solid wood product），发展为"复合木结构"（SCL-structural composite lumber）（图 4-35）。

　　木材既是一种天然建筑材料，又容易被加工成各种不同性能的复合材料，同诸如混凝土、钢材等建筑材料相比，具有生产所需的能源少、再利用率高和可降解使用等特点，并且因其材料和建构的特性以及美学上的价值，在一些木资源丰富及木构技术发达的国家被广泛应用于住宅、商业和公共建筑中。尤其是在大型的公共建筑中，大跨木构建筑拥有很多其他建材结构所无法比拟的优势，例如：①抗震性能优异；②隔声性能优良；③良好的热绝缘性；④环保、可再生，以及较低的建设能耗；⑤较好的防火性能；⑥结构受外环境温度影响小；⑦一定的微气候调节能力等等。当木材的采伐利用与再生进入良性循环阶段后，木材的生态优势就更加突出。

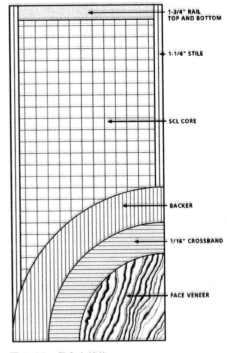

图 4-35　复合木结构

　　这里值得额外阐明的两个问题是：木材的耐火性与耐久性[14]。

　　首先是木材的耐火性。木材作为易燃材料在很多人看来是不耐燃的，但现代材料科学实验表明，当木构件截面达到一定面积，在同样的燃烧条件下其强度衰减要明显慢于钢构件。木材在一些国家被定为"准耐燃材料"，缘于大尺度木构件在燃烧时会在表面形成碳化层，可以将燃烧阻绝，直至火源熄灭。

　　其次是木材的耐久性。诚然，从材料寿命来看木构建筑并没有砖石建筑那么耐久。但木构建筑的耐久性并不是体现在材料的永恒性，而是作为木材与生态意义上的"可持续性"，建筑不朽的意义不只在于自身的存在，而是其反映的历史、人文、社会、经济、营建技艺和技术传承演进等多方面因素的综合[15]。

　　新型的复合木材与木构造技术也为大跨木构建筑的实现提供了足够的技术支持，尤其是当木材与其他材料组合而成复合材料系统之后，无论是作为结构材料还是维护材料，木材的应用空间都得到了大幅度的提升。目前世界上的木构大跨公建的实践，也证明了以木材为主要结构体系完全可以实现诸如桁架结构、网架结构、木拱结构、悬索结构、薄壳结构、树形结构等应用于大跨建筑的结构形式，木材作为大跨建筑主要结构材料是完全可行的。而木材作为围护材料和表皮材料的实例更是不胜枚举，有很多设计理念与构造手法值得我国建筑师借鉴。

（2）大跨木构资源因素与可行性　木构大跨公共建筑在我国实施的另一个挑战则是森林资源的总量不足和分布不均衡。我国的森林覆盖率仅相当于世界平均水平的61.52%，居世界第130位；人均森林面积0.132hm²，不到世界平均水平的1/4，居世界第134位；人均森林蓄积9.421m³，不到世界平均水平的1/6，居世界第122位。这些数字使我国木构大跨建筑的实践前景更显得筚路蓝缕。但应该注意到，这是由于我国森林分布不均，另有大片地域不适合森林环境，加上我国人口基数过大。我国黑龙江、内蒙古、四川、云南等省和自治区拥有林地面积最高，均超过1000万hm²；福建省森林覆盖率最高，达到60.52%，其次是中国台湾地区、江西省、浙江省，均达到50%以上。这些数字表明，有些省份是有潜力和一定的资源基础实现木构大跨公建的，并且我国总的森林资源与蓄积量等资源指标也在逐年上涨（表4-6），个别省份甚至已经具备了足够的物质条件，只要技术支持跟得上木构大跨建筑是完全可以实现的。

第1～6次清查全国主要森林资源概况　　　　　　表4-6

历次清查	清查时间	活立木蓄积量（亿m³）	森林面积（万hm²）	森林蓄积（亿m³）	森林覆盖率（%）
第一次	1973～1976	95.32	12186.00	86.85	12.70
第二次	1977～1981	102.61	11527.74	90.48	12.00
第三次	1984～1988	105.72	12465.28	91.41	12.98
第四次	1989～1993	117.85	13370.35	101.73	13.92
第五次	1994～1998	124.88	15894.09	112.67	16.55
第六次	1999～2003	136.18	17490.92	124.56	18.21

4.3.1.5　原生木材料

当代意义的木构建筑，已经不是传统的原生木构的意思，而是以木材为基础原料，利用加工后的木材——集成材与钢结合的构件作为结构的构造材料，或屋面结构的覆面材料。由于其视觉外观上仍以木材的肌理和质感呈现为主，才称其为木构大跨建筑。

但是，我们依然要注意到，原生的木材并不是没有实现大跨度的可能，仍有建筑师和工程师在这方面做试验，探索其大跨建构的可能性。但其只用于特殊的场所和功能的建筑，是具有强烈的地域色彩和主观需要的成分的：一方面是多数原生的木材有限的抗弯能力，自身不具备独立完成跨度的能力；另一方面是原生木材天然存在诸如易燃、易腐性，以及木节、裂纹、变形等导致的材料密度、强度不均，构件尺寸受树木生长的限制，难以提供大断面的结构用材等缺陷。因而严格意义的原生木构建筑是不适合当代的大跨建筑使用标准的，即便是原生木建筑也要经过现代建筑工艺的处理和加工，才能用于建造使用。

原生木材的材料性能特点是周边的强度高于中心，纤维完整的原木强度高于纤维被切断的。因而未切割的、拥有完整纤维的原木是作为结构材料的首选，一是圆木的自然味道更为浓重；二是圆木可以有效地降低构件截面积。

依山而建的日本岩木市林业博物馆（图 4-36），是一栋以展示当地基干产业——林业的技术和现状——为目的的展览建筑，建筑的功能性质和当地丰富的原木资源，决定了该建筑必然大量地采用当地的木材作为结构和室内设计的主要材料。主体结构由大直径的圆木构成，木材采用防腐工艺措施处理，跨度为 16m，这对自然木材料来说是很难实现的。该建筑在天然木材的技术上是一个有益的尝试，对于以后的利用天然木材建构大跨结构具有很好的示范和实验意义。就其对应的博物馆功能来说，其建构理念也恰呼应了当地的文脉和地域风格，建筑自身也成为最好的展品。原木梁中央的撑杆向外支撑屋面膜材，顶端采用红色端头，对环境的青山苍翠形成点缀的效果。室内部分的撑杆对应室外的部分，皆布置了张力索，张力索成对斜拉，与原木梁构成张弦柱的效应，大大增强了构件的抗弯能力。同时使木材摆脱了钢架与檩条的束缚，在简单背景的衬托下更像是展览馆之内的展品而非作为结构出现。白色屋面轻薄而柔和，底部落在绿坡之上，仿佛山周雾气般轻飘脱俗，摆脱重力般浮在绿茵之上。采用膜材与木材配合的另一个考虑，是出于建筑的体验考虑。木材的自然、膜材的柔和赋予建筑清新舒缓的视觉享受，同时阳光的移动与构件的投影变化在起伏的膜结构屋面上泼墨留白，为视觉阅读嵌入了戏剧性的效果；构件的序列，组合的形态，有礼兵架戟的意向，赋予了空间导向性和仪式感。最为巧妙的是，建筑师将听觉体验引入了建筑之中，纤薄的结构对外界的自然天气的变化十分敏感，无论是山风过隙还是雨打白屏，

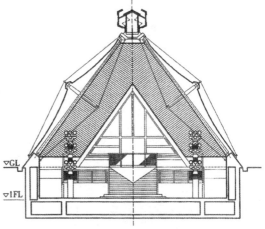

图 4-36 日本岩林市林业博物馆

都能在建筑内部聆听到自然的乐章。在一般的建筑内是要尽量避免自然的噪音的，而在这样的特殊场所，不利却化作神奇。这是利用结构形态的巧妙安排，利用"自然之理"促成"自然之利"的极佳案例。

诚然，原生木材料完全地应用于真正意义的大跨结构，以目前的技术条件还难以达到。但是原生木可以与金属夹具－接合件、复合木、膜材相结合使用，例如将其进行工艺处理后用作屋盖构件撑杆或支承构件是完全可行的。而木材的可再生性、轻质与良好的自然质感，对于使用者和建筑师都是具有诱惑力的。尝试在大跨结构中运用木材，提高木材的使用率，是人类集体记忆中对回归自然挥之不去的一种情节。

4.3.2 覆材 ❶ 组织

"覆"指代遮蔽性，或遮风挡雨，或避光防晒，或保护结构，或塑成外观。大跨建筑主体结构的覆层结构通常是外在的"包络"，或覆层本身就是建筑的主体结构（膜结构）。

主体结构的轻质转向、多种体系开发、构件样式丰富，使得屋盖形态造型渐趋多元；作为结构性覆层或覆层结构，自然会随结构形态的异构而产生相应的适变。结构选型与主要结构材料选用，都影响了覆面材料的定位；另一个影响覆层材料建构的要素是建筑功能 ❷ 的设计追求。复合屋面的开发，以及多材质组合的屋面，令屋面的样式、质感呈现和屋面功能得到了量变与质变的提升。

4.3.2.1 功能复合型覆面

轻型屋面有两个发展趋向：一种是在一块板上实现多种功能的整合；另一种是利用不同类型的屋面板的拼接组合形成多类型功能屋面的整合，以实现更为复杂的屋面效用。

1）整体复合　第一种方式是叠加复合多种功能，如防水、防雷、保温、通风、吸音等，还可兼具天花吊顶装饰功能（图4-37），与复合墙体的功能相类似。适用于体育馆、展览馆、车站、航站楼等人流密集的钢结构公共建筑。这样的屋顶通常采用薄板金属屋顶系统，可采用多种金属材，如钢、铝型材、钛锌板、钛板、铜板、不锈钢、不锈复合钢板、压型钢板、铝合金薄板等。各种材料的物理、化学性质不尽相同，肌理质感各异，加工工艺方法与工程造价也都有一定的区别，个别材料如钛板强度极高，是普通碳钢的 2 ～ 3 倍，具有很高的各项工程材料性能指标，但是成本高昂，在应用时要根据设计的定位和经济能力来有所取舍。

---

❶ 本节所讨论的"覆材"，主要指屋盖结构所属。
❷ 这里指广义的建筑功能：包括功用、结构、设备、造型艺术等方面。

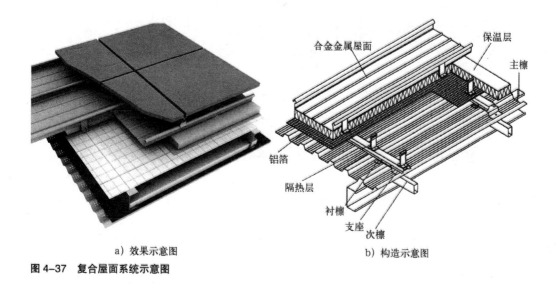

合金金属屋面
保温层
主檩
铝箔
隔热层
衬檩
支座
次檩

a）效果示意图   b）构造示意图

图 4-37 复合屋面系统示意图

第二种方式是生态整合。生态整合的目的是实现大跨屋面特定的生态效应，如创造人工自然环境，调节大跨建筑微气候；或利用光伏电池、太阳能蓄热板等作为屋面的覆材，提供给建筑额外的能量来源，提高自给度；或将屋面排水系统与集水净化设施（在后文有具体论述，见本书 5.2.4 章）结合；还有建筑尝试在屋顶利用风能发电，但是在大跨结构中这样的应用还不多，多见于高层建筑。

2）多类组合 多类组合是在整体屋面的基础上，进行屋面材料的置换与组合，例如将部分金属屋面置换成玻璃材料、阳光板、膜材、电池板等材料，在提供附加的采光、通风的基础上，更起到丰富屋面形式的作用，甚至可以实现一定的生态效应和屋盖开合能力。多类组合可以分为两种主要模式：

（1）同级组合。指在同一层面的并置式的不同材料的组合关系，如金属屋面板与玻璃屋面或阳光板就时常并置处理，不分主次，撤去任何一种都有可能破坏屋面的完整性。

墨尔本矩形体育场（Melbourne Rectangular Stadium，MRS）采用了一种"生命框架"（bio-frame）的薄壳结构概念，其形式演化自富勒开发的测地线穹顶，三角形的细分框架统一体能比普通的悬臂钢结构节省 50% 的用钢量。该体育场的覆面系统（屋盖和立面一体式设计）即采用了同级组合的方式，主要采用的屋面材料有金属屋面板、百叶板、玻璃板和光伏电池板，各种材料的位置根据空间的采光要求和功能设计而定（图4-38），配合以活泼的结构形态和其他技术措施，屋盖提供了遮阳、透光、通风、集雨、发电等多种基础和生态功能。

a) 模型效果图

b) 覆材的组合设置

图 4-38 墨尔本矩形体育场屋面材料方案

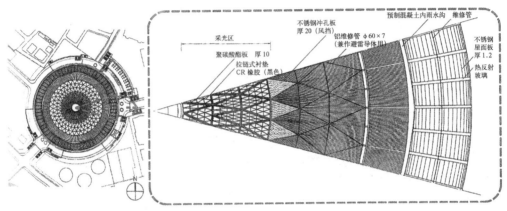

图 4-39 大阪穹顶屋面材料组织

日建设计的大阪穹顶（Ohsaka Dome）屋盖系统也采用了同级组合的材料策略（图 4-39）。该穹顶的定位是"场所性"体育设施＋文化交流中心，不仅要提供体育建筑的功能，还要满足音乐、展览、商业、娱乐等多功能的综合。因而屋面的形式设计非常具有世俗性，利用各种材料的组合：屋盖材质组合的图案具有日本民族传统特色，屋顶周边的"卷边"波形起伏——整个屋面采用不同的材料进行同级屋面组合，由中心到外围依次采用了金属屋面、聚碳酸酯板（采光板）、不锈钢冲孔板（削减风荷，铝维修管嵌边兼作避雷导体）、金属屋面、预制混凝土雨水沟，"卷边"采用不锈钢屋面板和热反射玻璃。材料分格形式按照材料力学特性细分，且组织秩序与下部空间的功能需求完全对应。

（2）多级组合。多级组合是通过对不同材料进行不同层级组织安排，形成一套复合的覆面体系。多级组合是在同级组合的基础之上发展出的材料组织方式，它以同级组合

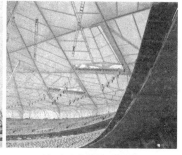

a) "两层膜"的室外效果　　　　　　　　　　　　　　b) 室内的膜屋面效果

图 4-40 　"鸟巢"的屋面材料多级组织

为基础，在特定的位置布置两种或两种以上的材料。不同于复合屋面的一体化方式，多级组合是将材料布置明显空间化分配，从视觉和构造上都可以明显区分不同材料系统层次。而这样的材料组合方法模糊了屋盖结构系统和饰面系统的界限，一些下部层级的材料往往同时具备结构和装饰功能，抑或满足特定的设计意图。

国家体育场鸟巢耗钢量巨大，为了削弱密集交织的巨大钢架带来的压迫感，鸟巢的屋盖系统采用了多级组合的模式（图 4-40）。

在结构顶部钢梁之下设置一层膜结构，和密织的钢架面系一并，作为屋盖的第一道覆层。而在屋盖钢架结构之下、坐席区之上的位置，又加设一道膜结构屋面，也采用"自由编织"式的骨架膜结构，实际上降低了屋顶的视觉空间，满布的膜屋面也屏蔽了巨型钢梁带来的压迫感，场内的观感开放舒展，同时解决了周边"镂空"构架风雨的"渗漏"。但两层大面积满布膜结构无疑也令造价剧增。

浦东机场 T2 航站楼采用了更为轻巧灵活的处理方式，其屋盖采用了混合体系的空间钢结构屋盖，结构形态与 T1 航站楼相延续，由于采用了不同形式的张弦梁，效果更为轻巧。屋面的天窗对应下部张弦梁上弦杆的"开口"，屋盖外表面采用阳光板材，在其下又加设了一层膜材内面，膜材与内部屋顶面持平（图 4-41）。膜材的设置避免了过强的直射光照进大厅，令室内的光线成为均匀柔和的漫射光，采光口也不会产生对比过强的眩光而引发人的不舒适感。

4.3.2.2　结构－覆面统一式

结构－覆面统一式体系是轻型结构发展的一个重要趋向。通常这样的体系采用张力膜结构、单层玻璃网壳，以及充气膜（气承、气枕、气肋）

图 4-41　T2 航站楼屋面

结构。而由于材料质量过轻，有可能造成过大自由荷载下结构失稳、颤振的情况，因而要对这些足够轻质材料的结构采用一定加固措施（表4-7）。

常用结构－覆面统一式体系加强措施 表4-7

体系	方法
张力膜结构	1）化大为小，化整为零：将大片膜面分解成小片，避免出现整体破坏； 2）引入钢肋架，利用钢结构的刚性提供额外的稳定性； 3）将膜面格构化，引入弦支构件或阵列式吊点加强稳定性，提高整体刚度； 4）用"索网＋箔片膜"体系替代织物膜面张拉体系，可以适用于更大的跨度（如慕尼黑奥林匹克公园）
单层玻璃网壳	1）合理分格屋面格构，计算好采用的玻璃材料的可承受压力及经济面积； 2）玻璃分格常采用矩形、菱形、三角形的组合。矩形用于较为规则的屋面形态，"菱形＋三角形"的组合常用于自由形式或起伏较大屋面形态，选用何种几何形要经过周密的计算和验证； 3）采用钢构架提供额外的结构刚度及稳定性； 4）加高网壳的边框格构的厚度，提高其抗弯剪能力（如Norman Forster设计的史密森学会Kogod庭院屋顶）； 5）采用张弦格构，提高每块单元的刚度； 6）在特定位置设置张力索或引入放射形集束张拉索构件为结构施加预应力，追加结构稳定性
气承结构	1）周边加设压环肋，用于固定，并提供边缘刚度； 2）在膜面之上加设张力索网，丰富屋面形态，并固定屋面； 3）合理设置索网的分格与索缆数量，一定范围内提高密分度和索缆数量可以提高结构的稳定性，但需要更大的气承力与更高的运作费用； 4）利用双层充气膜代替单层膜（可看作大型气枕）； 5）在目前的技术、经济条件下，用索膜、骨架膜结构替代气承膜更具可行性
气枕结构	1）化大为小，化整为零：将大片膜面分解成小片，避免出现整体破坏，局部破坏便于维修、替换； 2）合理划分格构面积，利用钢构架固定； 3）确保固定构架的刚度和稳定，能为安装气枕后整体结构提供足够抵御动荷载的能力，不会发生局部格构的变形导致气枕破坏
气肋结构	1）确保足够的充气压力，防止压力不足变形； 2）用环索或环向肋固定； 3）加设张力索提供稳定性

除了注意确保稳定性以外，结构－覆面一体式的材料结构体系由于材料较为统一，还要避免形态与细节表达的单调性。常见的有如下一些方式：

（1）对组合单元细分，通过对每榀、每格单元的形式、肋架分格与形态的设计，个性化整体形象，或者对网格采用自由的分格形式，如自由线性组合切割或者气泡边界线分格；

（2）利用印刷、信号灯、LED（半导体照明）等媒体技术，丰富材料的表现性和信息性，例如在气枕结构中可采用如安联体育场、水立方等应用的 LED 灯光技术；

（3）对于天窗及洞口的位置与形式，结合建筑整体设计综合考虑；

（4）利用自由的边界形式与屋面曲率变化的动感增强识别性；

（5）利用膜面的焊缝设计或网格结构的分格形式丰富形式；

（6）通过镀膜、涂层、添加剂等工艺改变同一种材料的色彩与质感呈现，利用此技术变化整体面的图案样式（同级变化）；

（7）通过连接件、桅杆、索缆集束板等构件的设计，提升设计内涵；

（8）对一种材料体系进行立体组合，利用材料的形式变化与同类材料的不同质料与性能变化形成立体的材料覆面系统（图 4-42）。

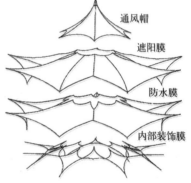

通风帽

遮阳膜

防水膜

内部装饰膜

图 4-42　同一材料的立体组合覆面结构系统

4.3.2.3　格栅式室外覆面

格栅式屋面板是当代大跨刚性屋面中十分常见的局部屋面材料组织方式，一般可分为边缘式与嵌入式两种，是一种类似百叶的面性构件（在一些大跨建筑边缘式格栅中，也可采用无百叶式的边框效果）。

格栅的设置可以使屋面的效果更加轻盈舒展，增加层级的过度，具有空间指示性与界定性，具有通风遮阳的功能，可减小屋面风压，也可用于遮挡设备或网架延续屋面的完整性。格栅的材料选择多样，可采用金属薄板、木条、玻璃板条、轻质混凝土、阳光板条、膜材、太阳能电池板等材料，也可采用可控旋转开合机构，针对特定时间的太阳高度与风向设定开合度，以达到更好地遮阳通风效果。

（1）边缘式格栅　边缘式格栅在形态方面的作用主要是扩展边缘，加大屋面悬挑的舒展效果，扩大建筑的灰空间，提高领域感，令屋面更富于层次变化，与外部空间交接关系过渡更为明确。

边缘式格栅通常沿屋盖结构的周边设置，可交圈设置，也可沿主要的边缘设置。可采用百叶式或边框式，也可以采用两者结合的综合组织，亦可以结合其他覆材使格栅应用更为灵活。在北京工业大学体育馆的设计中，即采用了格栅结合玻璃覆层的方式（图4-43），大悬挑的屋顶与主要室内空间的屋顶采用两种材质肌理相对比，设置水平格栅可能破坏屋顶的连续曲面形式，而采用统一的玻璃覆面则制造了视觉上的延续，实现了空间的对比变化，同时在材质上与屋面中心的采光顶实现一里一外的呼应与对比，内圈的圆形玻璃顶对应完整的内部场地空间，而外部的曲线变化自由的"玻璃＋格栅"则对应形式自由的室外平台空间。

（2）嵌入式格栅　嵌入式格栅通常设置在屋顶面内，对应建筑室外空间顶部的位置设置（室内空间的顶部通常利用采光顶）。嵌入式屋顶格栅的面积较边缘式单元要大，形式自由，通常无法预制，需要现场加工制作。

嵌入式格栅的设置位置通常对应建筑的入口空间，与采光顶不同的是，大面积格栅除了俱备采光功能，还可以成为更为有效的调节光照的手段，可通过格栅板角度的设置屏蔽夏季过强的直射光，或利用电动百叶系统实现更为动态的调节能力；同时格栅还具有通风调节局部空间风压，促进空气对流的功能。风荷对大面积屋顶通常产生的向上的风吸力，利用格栅则能有效地释放吸力荷载，在顶部形成负压区，促进下部空气的流动，形成自然通风。

广东外语外贸大学体育馆的设计方案中，采用了典型的嵌入式格栅设计（图4-44），在东西向两端利用曲面屋盖的落地创造了入口灰空间。如果采用实面的金属板材则会令空间过于死板，缺乏变化，设置格栅则活跃了原本封闭性过强的灰空间，使入口处的采光和通风都得以改善；且屋顶自由落地形态也被处理得更为轻柔，消解了大体量屋面落地的冲击感，也加强了入口空间的指示性。

图4-43　北京工业大学体育馆边缘式格栅

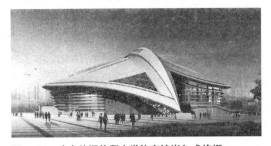

图4-44　广东外语外贸大学体育馆嵌入式格栅

4.3.3 "表情材料"

"建筑表皮"是近年来建筑界使用率很高的词汇，其最初的物理意义层面的所指是建筑和建筑外部空间直接接触的界面。当然它还包括建构层面的意义，其概念的提出也和建造的方法相关联。建筑表皮不仅起到控制建筑外观的作用，还具有功能属性、技术属性，以及空间界面的属性。例如根据采用不同的表皮材料建构，其结果所负担的采光功能、生态效能、信息传达，抑或质感呈现（视觉触感、触觉，甚至是听觉等单项或综合体验）都不同。由于"表皮"的丰富内涵，近些年来一直是建筑师或相关学者研究的热门领域。

但时至今日，由于"表皮"的含义一再扩容，原有的"表皮"含义已不能够完全涵盖当今建筑外界面所呈现的内容，"表皮"原有的界面属性也已经在新材料与新的结构形态的出现后，渐渐被消解。轻型的大跨结构材料与覆面材料的组织方式和计算机技术、信息技术与新型设备的介入，使得大跨建筑的外观有了全新的呈现和表达力。因而有必要为新型的"表皮"找到一个恰当的概念指代，综合表皮的结构、功能，以及在新形态的建构、建筑与环境的综合互动中所能传递的情感能力和更强大的信息输出能力，可以将新型的表皮材料称为"表情材料"。如果说传统的表皮是建筑的一层"面具"，那么表情材料则赋予了"面具"以生命力。表情材料和表皮材料有物质意义上的范围包含关系，同时表情材料吸纳了形态传达的情感与心理内涵，是更强调材料建构的体验性的提法。同时，"表情"的能力是生命体才具有的特征，在此也借用其来表示新型表皮的某些类似生命的机能，如具有呼吸控制能力的可变表皮（图 4-45）。

但涉及建筑体验，则触及一个同样广泛的命题，此处只能列举几个常见的手法及案例，阐释当代大跨结构中轻型材料及新技术的做功，给结构形态的情感表达带来的巨大潜能，而结构技术自身游刃有余的境界，也为材料的"情感叙述"搭建了更为自由的演绎平台。

4.3.3.1 信息的直接传达

由渐近线小组设计，2009 年在阿布扎比建成的玛丽娜酒店，有着世界上最大的采用

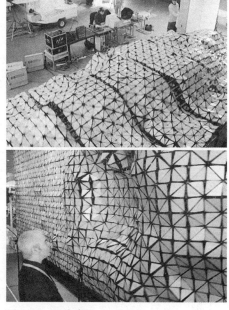

图 4-45 可变表皮

LED 嵌入技术的薄壳（图 4-46）。这是一座采用"宏复合材料"（macro-composite）的结构系统——所谓的宏复合材料，是将多种材料通过构造方法嵌合，使之协作表现如同一种单一材料。

整个建筑有两座 12 层的塔楼，在其外部用一个整体具有"流动性"的外壳覆盖，其中一个塔楼坐落在 F1 赛道的圈内侧。两个塔楼之间设置连桥，但是共同的大屋盖使其联系成一个整体。屋盖采用单层的钢格构网壳，网壳的覆面材料采用玻璃材料。每一块玻璃都经由模型参数独立设计，因而每一块都与其他有所区别，同时绝大多数玻璃都配备了 LED 灯，通过灯控系统，5389 块菱形玻璃板可以直接在起伏流动的形态上播放视频信息。每块玻璃板还可以做 30° 角范围内的旋转，这使得在白天不同的光照条件下，玻璃板可以通过角度调整来控制光照条件和透光率；而到了晚上，LED 的照明则使建筑成为全地区沙漠与海景中最闪耀的地标。

设计最有趣和最精妙之处在于设计者使用最为普通的建筑材料用于并不普通的设计和建造方法：对于酒店建筑的设计典型设计方法是用钢盒子构架，结合大面积的玻璃立

c）屋盖的联系作用

a）总体效果

b）利用光色变化传递赛事信息

d）钢－玻璃－LED 的复合构造

图 4-46　阿布扎比玛丽娜酒店的宏复合信息材料屋盖

面。而渐近线小组和阿鲁普的结构设计师却一改旧貌，将轻型大跨结构系统引入了高层的建筑设计，无论从建筑设计还是结构设计上来说，这都是一种创新的尝试。钢格构薄壳结构极为轻质，从视觉上，像是随时可以从塔楼上"流走"一般。壳体仅用少数几根纤细的撑柱固定，且落地柱并没有采用垂直落地，而是斜撑落地。

而当如此轻质的结构配合以 LED 系统时，屋盖结构更平添了几分灵动之气。变换的颜色使壳体具有沿着其曲线的形态翕合飘摆的动律。这样的宏复合材料的运用，使壳体用一种手段同时达成了两个主要目标：其一是提高酒店的环境适应能力；其二是利用巨大的媒体墙技术服务于城市和 F1 赛事的信息传达，同时作为城市的地标与宣传工具出现。

4.3.3.2　仿似的环境融入

"消融"（melted）的概念是建筑与环境关系的一种新探索，在大跨结构设计中，融入环境的手法常采用下沉体量，或借用自然的山体、地貌的依托作为建筑的界定要素，或利用建筑的形态、色彩与环境协同一致，及通过"透明"材料的介入取得共通性。

SANAA（妹岛和世—西泽立卫）设计的夏亭（Serpentine Pavillion）提供了另一种可能的，基于材料策略的解决方案。在设计中，夏亭的屋顶采用了一整片抛光的铝板，材料具有接近镜面一般的反射能力，制造了一种视知觉的模糊性（ambiguity）。屋面对于环境的映射产生了一种近似变色龙保护色的"伪装"效果，它的物质性没有改变建造的关系，但是镜面的错觉效应却让人的知觉关系发生了位移（图 4-47）。对于人的体验来说，屋顶的环境镜像使夏亭处于一种在和不在之间的摇摆状态，处在其间，人们都常会忘记追究建筑自身的建造逻辑，而是在权衡校正似是而非的状态，在建筑之外，环境景观及其镜像让人难以分辨；而在其内，所有的物质要素又都被复刻，这在人们熟知的世界之上施加了一种陌生而新奇的体验。这样的仿似融入，创造了一种原型与镜像之间

的微妙关系，为建筑的是与非、在与不在之外增加了一种中间态。追寻轻盈与非物质性（ethereal）的结合也是 SANAA 作品的一贯追求。

而采用此种材料策略的大跨建筑还没有已建成的实际作品，可见的方案如 MAD 的世贸中心重建方案（图 4-48）。方案将建筑的形态设计成纽约上空的一片云，云盖之下的材料也采用抛光金属。与夏亭不同的是，大片镜面金属的形态采用自由起伏的曲面，因而镜像的世界与现实

图 4-47　夏亭的仿似融入设计

图 4-48 MAD 事务所的世贸中心重建方案

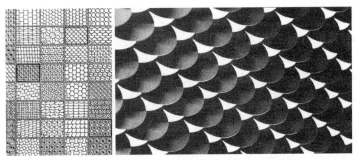

a) 可变表皮覆面肌理　　　　　　b) 可变表皮形态构成效果示意

图 4-49 可变表皮

的世界反差更大，加剧了不真实感；反映了建筑师对于传统城市与建筑关系的质疑，同时也表达了新世贸建筑的模式理念——来源于传统的城市生活，但是要以新的组织模式更有活性得被营造。

4.3.3.3 可变的生命自适

"可变表皮"（changeable surface）是指通过实现对建筑表皮的动态操作过程，控制建筑微气候的方法。这样的技术一方面给予建筑类似生命体的机能，另一方面也影响了建筑覆面的形态构成（图 4-49）。

当代大跨建筑的覆面系统，除了张拉强势的趋向之外，还有一个在渐渐走强的趋势——即是覆面系统的细分化与可微操作的发展。这也得赖于结构的轻质发展，将部分缩减的结构负担代之以环境监控、机械控制等智能系统的安置。

不同的表面组构方式与细分单元形式，以及朝向、开合度都对建筑的能量平衡与能源消耗产生一定的作用，一些大跨建筑已经尝试在表皮上运用这样的技术，如前文

（4.3.3.1）的宏复合材料系统即是一例。除了生态意义，还应注意到这样的表皮系统的组控方式同时对建筑形态与结构表现带来的积极意义，这样的机构矩阵使得原本静态的结构系统可以产生肌理性或机构性的运动或动态呈现。表 4-8 列举了已知可变表皮的单元开合控制分类组合方式。

可控表皮的单元开合控制分类组合方式　　　　　　　　　表 4-8

	运动方向				
	水平移动	垂直移动	圆周运动	离心运动	向心运动
平移					
旋转					
翻转					
卷轴					
折叠					

4.3.3.4　植入的拟物移情

材料的组织，新材料的开发利用，非建筑材料的建筑应用，以及建筑材料的创造性的构造运用都会给建筑形态带来革命性的改变。很多新型材料的构造方式模糊了表皮结构与室内装饰结构的界限，贯通一体。和内外一致的薄壳类、膜结构不同的是，这样的新式材料建构同样是基于"宏复合材料"的概念，和纤薄的纯结构体形态不同，宏复合材料可以根据具体的材料工艺在面性与纵深向的表达上有所选择，使形态呈现的效果更为立体化。

在 2010 年上海世博会的英国馆设计中，即采用了一种纵深化宏复合材料的空间"表情建构"。英国馆的设计采用了两个核心概念——"礼物"和"种子"，整个基地的形式设计如一张打开的"包装纸"，而作为"礼物"的建筑形象就仿佛是一颗巨大的植物种子，有着万千触须，在场地中摇曳漂游。英国馆是一个小而"过于"精致的建筑，但它的材料哲学却给大跨建筑材料建构以新鲜的启示：建筑的主结构是一个矩形"木箱"，"亚克力管＋外套铝管"的复合材料体按照一定的图案秩序均匀地"刺透"并固定在箱体之上，每根亚克力管出挑外套铝管约 2m，铝管提供固定的稳定性和通路的抗弯性，由于亚克力材料的柔韧性，出挑部分有一定自然下垂的弯度——这是一个巧妙的设计，固定的铝管可以看作是表皮的"结构"，内贯的亚克力管则可以看作是结构附加的一种机构。亚克力管在江风拂动之下可以轻轻摇晃，使巨型的"种子"的舞动效果像生命体般的机体。每根亚克力杆内置 LED 发光装置，并在室内尽端位置安放了作为展品的真实的植物种子，数量达数万之多。利用亚克力材料良好的导光性，白天室内可以通过导入室外的自然光，为室内提供照明，同时用作观看种子的辅助光；夜间利用 LED 的炫色光源同时为室内外提供照明，种子与绚丽的光色组合，象征着生命的活力，人们在这里可以感受到建筑孕育的生命力量，并借此引发各自的情感代入及更广泛的思索（图 4-50）。

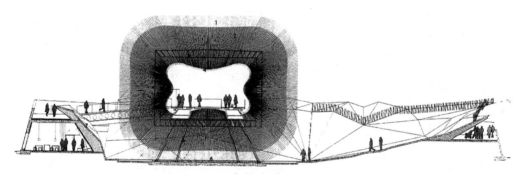

a）剖面示意图

b）亚克力管室内尽端安置种子及 LED

c）外观效果图

图 4-50　2010 上海世博会英国馆

4.4　结构分析

结构师对于结构的分析是偏于计算与量化的，而建筑师则是通过对结构的体验与解读来分析结构。对于大跨建筑的结构分析，要求兼顾结构与建筑的双重要素，既要着眼于建筑结构的环境参与，又要研究荷载传递的组织传达。

大跨结构的轻质构成与张拉强势不仅在几何形构、力系组织、材料策略等方面有所发展，这些分部共构而成的结构体系综合与局部形态也必有对应。

4.4.1　结构组织

大跨结构通常由屋盖结构、支承结构、下部结构三大部分组成，其中屋盖结构是最主要的部分，是"大跨"成立的根本，其他部分都以屋盖结构为核心而有针对地展开。广义的结构组织包括力系的组织和形态的组织，这实际上也和结构形态的组织相对应，"结构形"指的即是结构的形体、几何形貌，而"结构态"则是结构内力流的分布态、力系的状态。因而结构组织的轻型化特质，也即是结构形态设计的轻型化设计思维的现实对应。

4.4.1.1　结构力系与形构的组织

结构体系、形式、构件，都需要按照一定力学规律与美学规律，对建筑材料进行加工、组织来实现。以目前结构体系的发展趋势，金属材、膜材、钢筋混凝土、复合木等，及其同系衍生材料，将在很长一段时期内成为大跨结构主要的结构用材，金属及各类膜材则几乎成了屋盖结构尤其是覆面结构的最主要的材料。多种材料各有利弊，合理的组织设计可以对用材的性能取长补短，提高材料实效，减少材料使用量，降低结构实体感，提高结构空间与结构控制空间的"虚"的比率。空间结构的"虚"与"实"的比率逐渐增大，也是结构轻型转型的一种直观现象，其实质仍然是结构与用材的承力、传力组织更合规律性，以及结构本质上的合目的性的统一。

结构系统是力与材料系统的整合，它们联系而相互依存。当力可以更精确地分析与确定，材料的承力和抵抗可以更精确地引导与控制时，结构系统必然增加调度与调节能力，而增加结构层级、层级子系与不同力系之间的协同性是其实现途径。结构的构件从受力上可分为受压构件、受弯构件、受拉构件；按照用材的刚柔性质，可分为刚性构件、柔性构件。其中刚性可对应受压、受弯、受拉；而柔性则唯一对应受拉，受拉构件在多数情况可以实现刚柔置换。从结构的传力组织与模式混合中可以看到力与材料的另一重同一性，同时这样的"置换"性质一定程度上赋予结构组织以更高的灵活性与自由度，这也是轻型结构设计中的一条重要设计思路（图 4-51）。

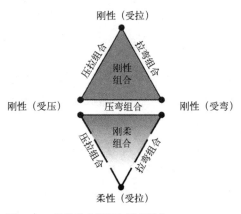

图 4-51   结构传力组织与模式混合

（1）压拉组合是利用砖、钢、混凝土、木等材料的受压性能与钢杆、钢缆的受拉性能形成结构组合。典型受压的构件或单元为柱、拱、拱架、拱壳等，这些单元可以为实面、实体，也可以被格构化，或引入拉力构件加强整体刚性与稳定性——这也是当代刚性构件的常用加强手段（后文将有详细讨论）。这是下级结构的层级复杂化的体现，同时也说明不同层级的结构具有分形相似性。在当代的大跨结构中，空间主体构件整体上反映了一种主要的受力，而在其内部构件单元的组合也常被空间化，同样是不同的受力系的空间组合。所以一切的结构组织形式和结构形态都可以归宗为合原理的应用，分类只能是趋向性的，各种分类间并没有严格的界限，往往不同的分类之间存在其他分类的印记，分类之间具有渗透性。简单的分类有助于理解分析结构的逻辑关系，但真正的设计中往往是更为混沌综合的思维，对原理的融汇运用。

压拉组合最典型的应用就是索（拉杆）—拱体系（图 4-52）。这样的体系有着广泛的应用形式，通常用于索拱体系屋盖，索可以与拉杆进行柔性刚性置换，但索的表现更为轻盈，效果更美观；拉杆便于计算施工，视觉感官偏于硬朗，有些位置用杆件代替索缆的另一个目的是利用杆件既能受拉也可以受压的特点，防止结构在风荷载的作用下发生变化致使内部应力转化，杆件可以承压以抵抗风吸力。如若用索缆，则需考虑加设固定索防止风吸力的破坏。索拱还常用在有主拱的大跨结构之中，利用主拱悬吊屋盖，这也是一种压拉组合。另外，当主拱的跨度、体量过大，有可能产生较大的侧推力的时候，可以在下部埋设拉索／杆来平衡（如南京奥体中心主体育场），同样是利用压拉系统的自平衡性。

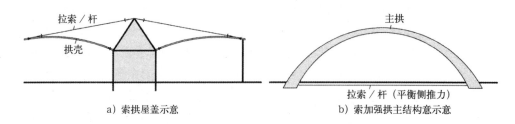

a）索拱屋盖示意   b）索加强拱主结构意示意

图 4-52   压拉组合的索拱应用

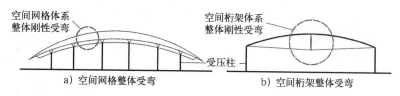

a) 空间网格整体受弯   b) 空间桁架整体受弯

图 4-53 轻型空间结构的压弯组合

（2）压弯组合在当今大跨运用是最为常见的。最简单的压弯组合即是梁板体系；在大跨结构中，则转换成屋盖结构与下部支承结构的关系。

压弯组合在当代轻型大跨结构中有着最广泛的应用。整体性独立的大跨屋盖都可以看成是刚性受弯结构，虽然结构内部的下级结构、构件的组织有可能有其他的受力情况，如空间网架、空间桁架（包括索桁架、索穹顶）等（图 4-43），但是从总的结构关系上来看，都可以对应成梁柱、板柱体系的压弯组合关系。轻型大跨结构除了对材料性能的利用率提高之外，还反映在结构内部力系的立体化与空间化，将二维的力系原型，转化成三维空间多级平衡调度。从这一点可以看到空间抵抗与形态抵抗的同一性。形态抵抗实质上也是将一维的形态向二维乃至三维的形态转换，这样的转换过程同样相当于转换了力系的维度，力流的途径也呈现空间的组织形式。形态抵抗与空间抵抗不同的是：形态抵抗以空间面系的整体刚性形式呈现，而空间抵抗则更多地表现为空间网格、架构的整体刚性形式。

典型的压弯组合的空间形态抵抗形式就是空间化折板结构，折板的"折痕"越深，其抗弯性越好（相当于提高了梁的高度），折板可以更薄。采用 45° 的折板材料最为经济，但是在结构上却未必最为合理，"折痕"越密集，角度越小的折板结构受力性能越佳，但随材料与面积的增加，经济性也会随之下降。空间化的折板结构，可以看作是空间受压拱壳与细分片面组合的受弯梁板的结合。近似的简化结构还有山形拱结构，这是一种更为明确地将梁板体系空间化的处理方式，但由于板面跨度大弯矩大，通常要结合空间网格或桁架体系（图 4-54）。

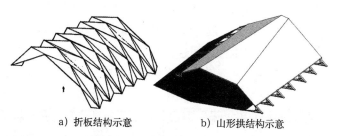

a) 折板结构示意   b) 山形拱结构示意

图 4-54 基于形态抵抗的压弯组合结构

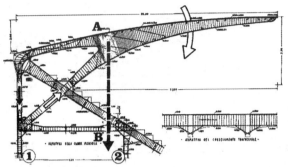

图 4-55　佛罗伦萨体育场悬臂梁示意

图 4-56　阳光谷的压弯组合结构

　　悬臂结构是压弯组合最基本的应用之一，在体育场的看台雨棚的设计中时有应用。混凝土屋盖时代的雨棚通常都采用悬臂压弯体系，利用悬臂结构静力平衡构件同时为建筑功能提供服务。例如在奈尔维设计的佛罗伦萨体育场用一系列的 L 形构件与斜撑组成静力平衡的钢架，而斜撑同时作为承托观众席看台的大梁（图 4-55）。同时悬臂结构还可以结合拉索平衡（压、拉、弯三者结合），取得更远的出挑效果，在钢、膜结构普及到大跨结构之后，悬臂结构屋盖的自重进一步得到压缩，借助预应力加劲技术提高轻型结构的刚度与稳定性，或利用交圈的悬臂体系提高整体性（也可看作是压拉组合的体系）。近年来，也有一些新的材料结构压弯组合，也取得了颇有新意的效果，如汉诺威世博会的大屋顶（图 4-13）即采用了木构架支撑柱与木格构的悬挑屋面的组合。2010 年上海世博会的世博轴"阳光谷"的设计也有异曲同工的意味（图 4-56），不过其采用的是屋盖支承过渡一体化的单层网壳式结构，质感、构形上都与前者颇有不同。

　　（3）拉弯组合最常见于悬挂体系，是采用受拉的钢索与以受弯为主的钢筋混凝土或金属材料水平构件的组合体系。这种组合方式实际上也需要借助受压柱、桅杆或受压拱的支承方可成立，但是最主要的屋盖系统结构关系是以拉弯为主。利用拉索的悬吊力，可以大大降低原本悬挑、简支结构的弯矩，结构得以节约材料、减少基础工程量，更可以借助悬索机制扩大屋盖的有效使用面积。拉弯组合往往可以形成超大跨度，在桥梁工程领域亦有着广泛的应用。近 20 年来发展迅速的单侧桅塔式斜拉桥体系，也是拉弯组合的一种模式。拉弯和压弯之间也存在过渡和渗透式运用的关系，只要合乎力学原理，灵活利用各种组合关系与过渡关系就可以设计出新颖且具有力之美感的形态（图 4-57）。

　　为减轻自重，受弯的构件可以采用钢梁或者空间网格体系。在一定条件下或在一定跨度范围内，双侧桅杆组或多组桅杆阵列的斜拉吊挂系统可以和单侧桅杆组置换，实现

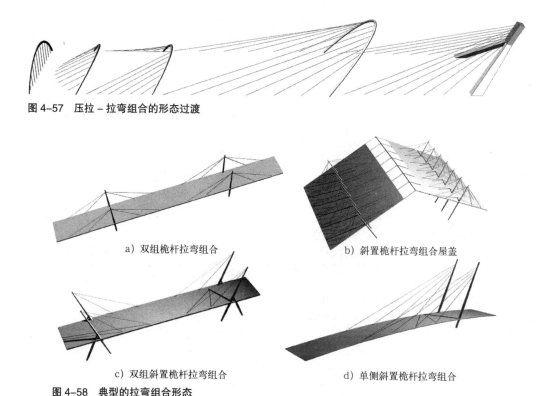

图 4-57　压拉 – 拉弯组合的形态过渡

a）双组桅杆拉弯组合　　　　　　　　　　b）斜置桅杆拉弯组合屋盖

c）双组斜置桅杆拉弯组合　　　　　　　　d）单侧斜置桅杆拉弯组合

图 4-58　典型的拉弯组合形态

同样的跨度以提供更多的形态设计选择。选用单侧桅塔的时候可以利用桅塔的自重与倒伏力平衡拉索的张力与悬吊力，这样的形态更具有观赏性视觉张力。灵活应用斜置的桅杆，亦是创造拉弯组合形态的有效手段，而这样的方法也可以结合过渡式的组合共同使用，创造更为丰富的形态样式（图 4-58）。

4.4.1.2　结构序列与机能的组织

大跨结构的轻质建构，物质层面依托于现代结构材料与覆面材料，技术层面则反映在材料的结构组织方式与构造方法——结构系统复杂化反映在屋盖结构与支承结构的构件层级的多级演变，以及各级别之间的对应连接或跨级别连接方式，其复杂性还体现在构件构成与结构系统构成上下级统一的分形相似性（见本书 4.4.2），如引入张拉元素的上级构件与其下级分支构件具有构成的相似性（张弦梁与其弦支柱杆件）。

1）屋盖和支承结构的连续性　"屋盖 – 支承"系统是大跨结构组织关系中最为显著的整体结构序列，可分为"屋盖 – 支承"相互独立、"屋盖 – 支承"一体连续以及"屋盖 – 支承"从主联系三种关系。此三类关系于今大跨结构建筑都较为常见，并有着更为自由、丰富的形式变换、体块组织与建构逻辑（表 4-9）。

轻型大跨的"屋盖－支承"连续性关系　　　　　　　　　　　　表 4－9

关系名称	关系描述	常用结构	案例
相互独立	屋盖体系与支承体系相对独立，具有明显的"分段"式的关系	平面网架、空间网架、桁架、弦支穹顶、张拉整体屋盖	广东外语外贸大学体育馆、淮南体育中心体育馆
一体连续	结构体系既是屋盖结构亦是支承结构，整合了两种结构功能，屋盖自高点扩散延续到近地位置，覆层同时起到屋面（板）和围护面（板）的作用	通常采用各种拱架，或者落地的空间网格结构	白城师范大学体育馆、黑龙江哈尔滨梦幻乐园
从主联系	屋盖结构为支承结构的从属结构，这样的结构通常为混合体系。桅杆或拱起最主要的结构作用，为了提供足够的稳定性，通常会辅以支柱、支架来稳定屋盖。此种类型的结构序列的屋盖外观最为轻盈，有悬浮感，这是张拉构件的大量运用，同时屋盖与支撑的距离被大尺度扩大的结果	常见的有桅杆式和主拱式悬吊屋顶	广东外语外贸大学体育场；温布利体育场、雅典奥运会主体育场

　　"屋盖－支承"相互独立的系统中，屋盖体系与支承体系相对独立，具有明显的"分段"式的关系，屋盖通常为平面网架、空间网架、桁架、弦支穹顶、张拉整体屋盖，具有高整体性。支承体系则为各种形式的支柱或剪力墙。"屋盖－支承"的连接具有明显的交接和转折关系。

　　"屋盖－支承"一体连续的系统中，通常采用各种拱架或者落地的空间网格结构，结构体系既是屋盖结构亦是支承结构，整合了两种结构功能，屋盖自高点扩散延续到近地位置，覆层同时起到屋面（板）和围护面（板）的作用。

　　"屋盖－支承"从主联系的系统中，屋盖结构为支承结构的从属结构，这样的结构通常为混合体系。常见的有桅杆式和主拱式悬吊屋顶两种方式。桅杆或拱起最主要的结构作用，为了提供足够的稳定性，通常会辅以支柱、支架来稳定屋盖。此种类型的结构序列的屋盖外观最为轻盈，有悬浮感，这是张拉构件的大量运用，同时屋盖与支撑的距离被大尺度扩大的结果。

　　2）内部与外部结构的连续性　结构的隐藏与外露除了功能与技术性的原因，更主要的影响来自建筑师的美学主张。结构包括各种承受荷载的结构构件，这个定义排除了纯粹装饰功能的元素（但亦没有否定其建筑学作用）。大跨结构建筑可采用吊顶装饰与暴露结构（图 4-59）两种屋面处理手法。由于其结构的秩序与组织性，结构自身就具有装饰性。而在大型的结构中，结构高度与构件之间的空间也足够容纳布置各种管线与检修马道，轻质化张拉化的结构自身也更具张力，结构空间更为虚化，给人更直观的视觉冲击——结构通常部分乃至全部外露，在室内与室外空间可以直接观察，这样的手法使结构的建筑美潜能得以深度开发。

暴露的结构也使得内部与外部空间获得了物理与美学上的连续性。尽管结构材料的外部经常会被防火或者防腐的图层与贴面覆盖，但其自身的形式组织就可以促成丰富的空间效果，也是强化室内与室外灰空间联系性的主要媒介。

图 4-59　蓬皮杜梅斯中心

结构内外连续性可分为显性与隐性两种关系。

（1）显性连续即为直接暴露的网格或者桁架直接透过建筑的外立面从室外延伸到室外；也有一种情况是，没有外立面的大型屋顶空间（例如火车站台、候机广场）的结构不做吊顶等遮蔽的装饰直接以自身的形态暴露。建筑的内外空间由结构过渡，由屋盖统合，

图 4-60　采用显性连续方式的伦敦斯坦斯特德国际机场

如采用网格或者刚架通常在结构的末端通常做渐收渐细的末端处理，若采用桁架则利用结构自身的收头细部形式作为结束。通常显性连续适用在悬挑屋面，创造建筑张扬飞逸的态势，亦可以结合体量减法设计创造一定量的过渡灰空间和入口灰空间。灰空间和内部空间又经由结构的延续一致得到先天的渗透统一优势（图 4-60）。

（2）隐性连续又可分为结构型隐性和表皮型隐性。

结构型隐性多采用全暴露式的结构体，结构构件多采用错综交接的形式，主结构构件隐匿其中，在小型建筑中较为常见。而大跨建筑由于结构构件巨大，采用此种形式会大幅提高自重，浪费材料，加剧结构负担多不采用。目前唯一的案例是北京的奥运会主体育场"鸟巢"，主结构为以受弯为主的箱型门式刚架，隐藏在错乱编织效果的钢构件之间，耗材量巨大，仅此特例，并不适合推广。

表皮型隐性惯常采用统一的外表皮来覆盖内部"屋盖－支承"的结构，从而形成将大部分结构隐藏的效果。结构的内外延续转化成界面的内外界定，用外部造型和轮廓来暗示结构的走向，一定程度降低了结构的可读性，同时也赋予建筑内敛的风格。这样的处理通常要在表皮的选材与构造上多做文章，一定程度上是为了弥补隐藏结构后损失的

建筑细节（图 4-61）。

4.4.2 构件设计

层级之间的分形相似决定了大跨建筑构件设计也必然具有轻型演化的趋向。将完整系统拆解，分而化之为最基础的梁、柱、架、节点、表皮，都有一些新形式、新的建造方法和设计构思。其主要的做法更新和设计思维都是将原有的刚性构件转化成刚柔组合，或者将

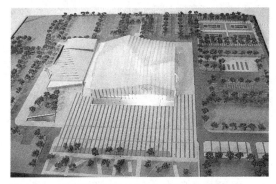

图 4-61　采用隐性连续方式的中国农大体育馆

拉、压关系分离处理，将原有的矩阵式关系转化成更为明晰的线性关系——这样的关系甚至可以直接观察到。同时这种转化将张拉式的受力关系，与结构构件推上了更为强势的位置。这里将最新、最具代表性的一些构件设计与细部处理思维进行归纳与推演。

4.4.2.1　桅杆式

桅杆式大跨建筑出现在二战以后，是一种新结构形式。桅杆大跨结构屋盖体系以张拉结构为主导，利用桅杆张索或拉杆为屋盖结构提供跨中支撑。

"桅杆＋索杆"是一种高效的结构，桅杆自身直接承受轴向压力，拉索／索杆直接传递拉力，巧妙的可以通过多组索杆为屋盖提供多个拉点，达到减小跨度的目的，亦即实现减小屋面结构构件的弯曲应力。自 1970 年起，当计算机仿真模拟接入到桅杆的设计之中以后，桅杆式大跨的设计与数量开始大幅增加。20 世纪 80 年代起，桅杆大跨结构开始广泛流行，以前形式丰富清新的结构形态广受青睐。

最典型的现代桅杆式建筑就是弗雷·奥托在 20 世纪 50～70 年代设计的一系列的曲线帐篷结构。在当时这样的结构仍处在实验和发展的阶段，其中 1967 年的蒙特利尔世博会的德国馆和 1972 年的慕尼黑奥林匹克体育场是桅杆帐篷式结构的典型代表。而由理查德·罗杰斯事务所设计的千年穹顶则是近年来最具典型的桅杆式建筑，它采用 12 根高达 100m 的桅杆，72 根拉索吊张膜面，其覆盖直径达到了惊人的 320m。

桅杆式大跨可按照数量分为单桅、双桅……多组桅杆，以及环布式（包括轮辐式）。按照结构形式可分为桅杆—网架、桅杆—拱架、桅杆—刚架、桅杆—膜结构等。

桅杆和索杆具有轴向传力的先天优势，即便是不同平面的索杆设置，最终的汇集仍是传达到桅杆。这也意味着桅杆结构可以具有一定将平面力系与空间力系、不同平面的空间力系之间互相转化的能力，这样的优势为桅杆结构的布置提供了更大的自由度，同时也提供了更强的形态建构的能力（图 4-62）。

设计桅杆结构有两点需要额外注意（其他的轻质大跨屋盖，尤其是屋盖面积过大，

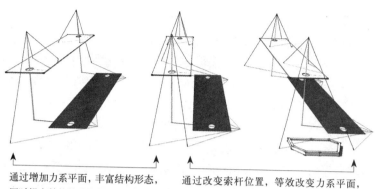

通过增加力系平面，丰富结构形态，
同时提高结构的稳定性。

通过改变索杆位置，等效改变力系平面，
同时可以达到改变形态，避开障碍等目的。

图 4-62　桅杆式结构的力系形态变化

并有可能受到强力风荷载的屋盖也存在类似的情况）：大风荷载的上抬力有可能导致吊拉构件松弛，令结构失效；另一种情况是多跨结构中，在非对称的动荷载的作用下，有可能导致相邻跨一边下沉，另一边抬起，而导致结构失效（图 4-63）。有必要在设计之初就对这些情况进行考虑，并需要结构专业进行验证计算。在需要的情况下，结构体系施加预应力使其始终保持受拉的状态；第二种情况则要适当提高桅杆的刚度，采用刚度更强的材料或者用加劲杆来提高桅杆的约束，减小弯曲。除此之外还有一种更为行之有效的方法——利用改进结构形态的方法提供结构自身的能力，具体实现手段是通过增加"逆向张拉"构件来解决可能出现的状况。通过这样的形态设计，可以更为有效地抵抗风的抬力，也不会损失桅杆的约束（图 4-64）。

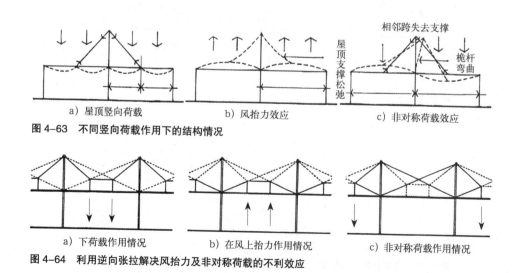

a）屋顶竖向荷载　　　　　b）风抬力效应　　　　　c）非对称荷载效应

图 4-63　不同竖向荷载作用下的结构情况

a）下荷载作用情况　　　　b）在风上抬力作用情况　　　　c）非对称荷载作用情况

图 4-64　利用逆向张拉解决风抬力及非对称荷载的不利效应

4.4.2.2　张弦梁

张弦梁结构通常也叫作 BSS（Beam string structure），通过引入拉力索杆及中继支撑杆，提高构件的刚度与受弯能力，与受压的钢构件组合而成复合梁结构（图 4-65）。张弦梁的生成概念来源于多种结构演化，也可以将其在特定的情况与设计需求中与简支梁、张弦拱或者桅杆式构件互换，以带来设计的变化和结构形态的多样性拓展（图 4-66）。在 19 世纪中前叶就已经有桥梁、建筑应用这样的技术。在 20 世纪后期直到今天，这项技术更有着广泛的运用和深度发展，在新建大跨建筑中的应用比例非常高。

张弦梁有着很强的结构能力和相对轻质的重量，这和它的结构特点是不无关系的：典型的混合体系构架；具有自平衡性；对自身的重力应变具有一定的控制能力；拉力索杆通常布置在下（为了说明方便，暂将索杆在上看作张弦拱）。这样的结构特点决定了其结构形态的建筑表征：可以用于实现低矢高的空间与缓和的空间；可以令屋盖效果更显轻盈自由（与空间网格与大截面桁架梁相比）；构件的杆件和索缆由于纤细、透化空间，也更具空间装饰效果。

张弦梁是典型的混合体系的结构构件，除了体现在其杂交结构以外，还具有一定的形态多样性以及功能适应性。例如可以根据空间和造型的需要，选择梁的形状——有直线型、正曲梁、反曲梁；还可以做交叉、分叉等灵活组合、变化的形态处理。张弦梁的

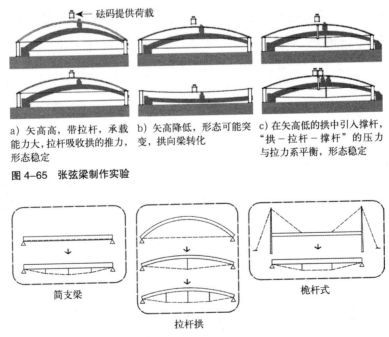

a）矢高高，带拉杆，承载能力大，拉杆吸收拱的推力，形态稳定　　b）矢高降低，形态可能突变，拱向梁转化　　c）在矢高低的拱中引入撑杆，"拱－拉杆－撑杆"的压力与拉力系平衡，形态稳定

图 4-65　张弦梁制作实验

简支梁

拉杆拱

桅杆式

图 4-66　张弦梁设计转化思路

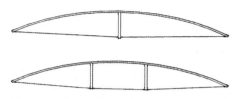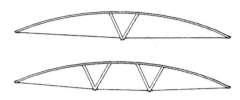

图 4-67　张弦梁撑杆数量与形式变化

布置方式常用的有并列式、放射式 ❶、交叉式（以正交为主）。中间的撑杆数量与形式可以结合屋盖与空间的设计需求，相对自由的设置和设计样式（图 4-67）。张弦梁的自锚性使其在塑造屋盖形式的时候更为自由，既可以敛于内，也可以露于外，创造意趣不同的形态与空间特质。

4.4.2.3　张弦柱

张弦柱（column string structure）的原理与张弦梁相近，都是利用柔性构件提高构件系统的整体刚度。张弦柱技术通常用于大型的支撑柱和桅杆之上。之所以采用张弦技术提高构件刚度的另一个重要目的就是可以有效控制主构件的截面，不需要通过提高截面积、用钢量来提升刚度。

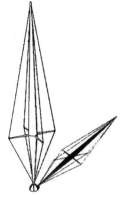

图 4-68　张弦柱示意图

这是一个一举多得的技术处理手段：结构上，四周撑杆的压力提供了支点，减小了计算长度，柱子的屈曲极限荷载也得以提升，平面内稳定性也随之提高；另一方面，预应力拉索提供了又一重的约束作用，靠系统内部的制约平衡提高了张弦柱系统的稳定性与整体刚度（图 4-68）。

还同张弦梁一样，撑杆与拉索的布置，以及节点的设计也同样丰富了张弦柱形态创造的多样性。巧妙地设置撑杆的位置、样式和数量，在提高构件结构能力的同时，更达到了或归化风格或张扬奔放其结构形态表现力的目的。

4.4.2.4　弦支系

弦支构件依然是复合构件，采用刚性与柔性的构件元素相互约束、杂交而成的构件单元。弦支构件可以看作是一个家族，它们有着相近的血缘性联系，即不同的弦支构件单元有着相似的构成原理。和张拉整体的原理不同，弦支系构件单元不是在"张力的海洋中散布的压力的孤岛"（富勒语），而是和弦支穹顶有着类似的原理，在刚性的边界中好比是一个小的"宇宙"，在这个小宇宙内是张力的海洋（柔性构件），海洋内可以有"孤

---

❶　需要注意的是，利用压环做成的圆环放射式的 BSS 体系与索穹顶体系并不相同，索穹顶的结构张拉比率更高，整体性更强。二者有着截然不同的设计理念。

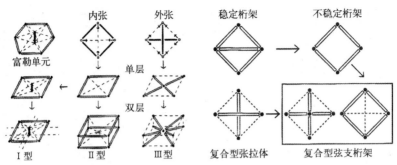

图 4-69   弦支桁架单元及形态演化方式

岛"（受压的刚性构件），也可以根据构件的型式设计而不设置，因为这个小宇宙本身就是一个呈现外在刚性的"**孤岛**"。每个"**孤岛**"单元可以两两相邻组合，形成一个完整的空间架构。这样的空间架构具有纤细轻薄的构件元素，并且每个单元都具备很高的轴向刚度、弯曲刚度和剪切刚度，常用来建造拱顶或穹顶之类的连续空间阵列式网格。

（1）弦支桁架可以是单层网格或多层网格，具有三种基本类型单元。Ⅰ型单元将压杆内设，并将张弦在其两端连接至边框的交角。Ⅱ型采用索格方式，具有高透明性，常用于玻璃幕墙龙骨。Ⅲ型是最稳定的单元，采用十字形的刚性框架和柔性索缆格以45°角交结，其施工难度低，同时具有很高的刚度。既可以用作穹顶，亦可以用作玻璃幕墙龙骨（图4-69）。

（2）弦支桁架还有一些衍生的结构形态，例如将一个单元内的部分张弦替换成膜材料，或在原有的桁架单元中央加设撑杆，用于顶撑膜材料（弦支膜，图4-70）。这个作法利用了弦支桁架的单元格将大面积膜面同样分成单元，有效减小了荷载负担；同时膜材与框架的空间得到扩张，使屋面形态具有更加漂浮的效果，丰富了结构层次；顶撑的膜面形成的反曲面具有一定形态抵抗的作用；另外，也一定程度降低了施工工艺难度，无论是预张，还是后期张拉，都利用顶升技术降低了难度。

一些构件技术运用也可以改进结构的性能，同时维系结构形态的稳定性。弦支膜单元的膜材是典型的张拉膜材，通常采用织物膜材，这种膜材经历了长时间的使用与动荷载的作用后，会有残余变形效应，因而变得逐渐松弛。通常的处理是重新施张，但是如果将撑杆替换成弹簧式支柱，就可以减少定期维护的次数，利用弹簧的压缩逐渐释放应力，为弦支膜提供长期持续的顶撑力是这一机构的设计思路。

4.4.2.5   连接性

如果将构件之间的连接比作人体的关节部分，那

图 4-70   单元型弦支膜

么今日轻型大跨建筑的连接形态已经不再囿于
传统的横平竖直式的实用至上的观念，它像人体
的动作造型一样，有着更为生动鲜明的舞蹈式的
语言。这样的变化令传力更为有效顺畅，提高了
实效，进一步"瘦身"了结构，也为建筑的空间
提供了更为生动的限定要素与构饰合一的阅读
体验。

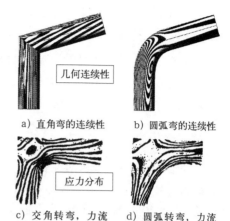

a) 直角弯的连续性　　b) 圆弧弯的连续性

c) 交角转弯，力流　　d) 圆弧转弯，力流
受阻，应力集中　　　顺通，应力均匀

图 4-71　转弯连续情况与应力分布状况参照

在前文中可以看出，在空间结构的构件中，
其构成元素有离散化的趋向；同时结构形态也更
契合最优的传力路径，渐渐突出力的视觉外化；
建筑形态与结构形态的贴合度也愈来愈高。同时，
我们也看到了结构整体性的提高，能带来结构实
效的大幅提高。要加强整体性，一方面是提高单元构件自身的整体性；另一方面就是要
利用多层级的构件，使构件与构件之间的连接渗透加强，提高全结构系统的连接，进而
提升总体性。

改进构件之间的连接，加强结构的连续性是实现这一目的直接而有效的途径。连续
性高的结构连接可以通过减小系统内力、均匀内力来提高结构性能。这也是整体网格、
索穹顶、环索屋盖这类的结构性能更优于一般的钢架、桁架，耗材更少的一个根本原因。

另外，构件的交接处的平滑处理也可以有效地提升连续性。在主次梁、梁柱的交接
变换位置，往往是应力集中的地方。采用微曲转弯式过渡的形态，应力分布效果要更均匀，
力流不会出现过于集中的"郁结"情况。而顺滑的过渡形态从造型上来说也更优雅温和，
这和内力的分布状况是一致的（图 4-71）。

4.5　结构显影

光可以看成是大跨建筑无形的构件，虽然其不能参与实体形态的建造，但却会因借
实体来作用于空间形态与氛围。

大跨结构的空间性、格构化与间隙式的结构构件，决定了其比实体性构件要更为透
光。将更多的光线引入到内部空间，意味着获取更为明亮的空间效果。而从视觉心理学
的角度来看，明亮意味着开敞和轻盈，昏暗暗示着封闭和沉重。轻质的结构有着更为开
放的结构系统内空间，实体构件的比例在构件系统所占据的总体积中会越来越少。也就
是说，如果屋面采用的是透光材料，在同等的覆盖面积下，轻质结构可能有着更好的通
光效果。

结构决定了光线所进入的空间。结构单元组织了光线的节奏，而非光的自身能实现的。构件存在的地方，光就不存在。光存在于结构单元的缝隙里[16]。

越是纤细结构单元对于进入空间的光线影响越小。利用结构形态的组织，可以控制调度光线的进入与效果。通常结构与光线有下面几种联系模式：①光线的通道；②最大化进光量；③利用反射和投射材料改变光的射入属性；④二者互相影响人对其的感知。

4.5.1 光构的对应

日光对于建筑的意义毋庸赘述，大跨建筑尤其需要引入较多的天然光线来解决内部大空间的日间照明。对于大空间，由于其相较于其他一般民用建筑的超长的"进深"，仅仅利用周边的幕墙与侧窗采光是远远不够的。有利的是，大跨结构通常都是单层建筑或是建在顶层，因而可以利用屋盖结构的通光设计来有效解决这一矛盾。

不同的结构系统有着不一样的透光性，而大跨结构的格构体系、构件之间的骨架间距或索格之间的空隙都使其具有更大的透光优势，这也是大跨结构最常用的自然采光设计的依介。例如在桅杆式的悬索结构中，常利用桅杆顶部，将之处理成圆环式顶点，从结构受力的角度来说，这样的形态与一个简单的顶点相比，避免了应力过于集中，刺破膜或撕裂织物膜，减小了单位面积的压强；而从光线的引入来讲，可以利用圆环开口将自然光直接引入，加大光通量（图 4-72）。

而一些有特点的特殊造型的桁架设计，又常常利用桁架部分的屋盖做对应的开口处理或者采用透光材料，例如前文提到的浦东机场 T2 航站楼（图 4-41）。由 SOM 设计的旧金山国际机场也采用了同样的处理，在大厅中部的桁架采用了和外部悬挑部分型式一致的梭形鱼腹梁，桁架上部都采用玻璃材料，同时下衬织物材料将直射阳光转化成漫射。桁架的大体量在光照的情况下被消减削弱，不显压抑，采光部位也有了过渡的层次，并得到强调，成了航站楼空间内的神来之笔。

由此可见，在大跨结构的设计中，重要部位的节点和构件常被对应设计成光线的通路，成为建筑内部空间的"光源"。这样的目的一是为了凸显重要构件在结构中的贡献，令结构的层级关系更为明晰；另一个原因是这样的构件往往是主结构构件，在结构层级体系的顶端，因而体量往往较大，为了减弱这种视觉影响，采用了令其成为"光源"的透光处理，形成摄影学上的逆光效果，利用光的衍射效应，将大体量构件包围削减，视觉上原本粗大的杆件，在逆光的时候观察会被大幅度"瘦身"。

图 4-72　圆孔式顶点避免高应力同时具有采光功能

4.5.2　光量的扩张

大跨建筑通常会采用大面积的开窗、幕墙或者半透明材料来"贪图"较多的自然采光，建筑师也会采用很多方式来处理结构的构件与节点的设计，另构件单元尽可能的小。这样追求设计、用材、技术等多方面最小化的方式被称作最小化连接技术（Minimum joint glazing，MJG）。

当节点、构件的结构尺寸最小化，结构形态就会呈现一种双重特质——复杂性与轻盈感。有计算表明，当一个大型的节点被两个更小尺寸但可以实现等效结构作用的节点替代时，其结构轮廓阴影缩减达 30%，如果替代以四个更小的节点，则阴影缩减可达 50%，那我们可以由此推论：构件越细小，虽然数量增加，但其面积与体积会相应缩小，建筑空间获得的光线会越多，同时形成更为复杂的光影。

当建筑的透明性成为设计者的一个目标，当开敞与明亮的效果成为建筑的一个追求，结构自然会被尽量尝试缩减轮廓阴影[17]。237m×79m×28m 的莱比锡会展大厅是目前最大的单跨玻璃建筑，其筒壳外部空间有 10 榀主桁架，用来稳定筒壳的格构网络。而长向剖面的可见到的次一级三角形撑架形成的弧形桁架由管径更小的钢管组成，主次的层级分明。而采用次级结构与玻璃筒结合的目的就是为了使主桁架隔开一定的距离，减少遮挡，利用次级桁架的较高通光率来实现光线强度的最大化（图 4-73）。

网壳的理形态是刚度均匀而造型自由，同时尽可能精准地被玻璃覆盖，形成优雅精致的效果。这样的理想形式会聚焦在单层网壳之上。但是单层网壳若形成大跨度，按照传统的设计，为了保证必要的刚度势必需要加厚格构的用钢量，但这又会降低单层的轻盈效果和通光量。约格·施莱希在汉堡市城市历史博物馆的内庭天顶设计中提出一种有效的解决方式：屋盖的 1.17m 正方形网格单元由边长 60mm×40mm 的截面钢杆构成，四边的网格通过夹具固定于节点，结构的刚度通过索缆施加预应力来实现，采用的即是前文提到的弦支桁架技术。不同的是，施莱希在这个设计中应用了最小化节点的设计，直径仅有 6mm 的双股不锈钢索缆，被巧妙的圆板行夹具引导固定，而圆板夹具的尺寸正好控制在格构间交点的范围内。因此，整个网架在内部看来，极为均匀纤细清透，没有丝毫结构的堆积感和郁结感，没有突出的节点另空间因突兀而被打断。在封闭的空间内，塑造的却是极为开敞的环境，在最大量引入自然光线的同时，将对原有的保护建筑的影响降至最低，并给予其有效的保护（图 4-74）。

图 4-73　莱比锡会展大厅利用结构层级扩大进光量

a）网壳整体效果　　　　　　　b）MJG 设计

图 4-74　汉堡历史博物馆的单层网壳设计

4.5.3　光影的渲染

除作为光源的对应，扩大进光量外，大跨结构还可以利用自身的特殊构造的方法与巧妙的构件设计来调节改变光线的投射强度，利用阴影拆解完整光源投射，利用光影渲染的氛围来消解结构的架构，让人将注意力聚焦在形态审美与空间体验之上。利用光的入射、透射与反射，以结构的手段来"结构"光影的组织，这是一种将技术、空间艺术化融合的高级创作，需要很深入结构的技术理解力、控制力和艺术修养，对绝大多数建筑师来说是非常困难的挑战。

在圣地亚哥·卡拉特拉瓦的作品中常能见到密肋梁结构的精品呈现。无论是在巴伦西亚科学城中的"花园"，还是在雅典奥林匹克中心的廊道，抑或在东方火车站的候车大屋顶之下，我们都能看到细拱和密布其间肋架共同架构出来的迷幻氛围。在卡拉特拉瓦的空间中常出现哥特式的高耸空间和空间形态，但与哥特迥异的是其一扫压抑神秘宗教氛围，而是用一种明快、如歌的行板一般的节奏来布置形态。这样的形态成了光线的过滤器，透过其间，光线如结构构件一般，被分割成细密的段落。在精密的织构、炫美的空间中，如树影一般婆娑渐变的光影仿佛是最意外而又奢侈的点缀（图 4-75）。

大跨结构利用自然光调度空间氛围的另一个重要方法，是利用大面积或有序的结构面来透射、反射，或杂糅模糊此两种光，在不同的光源变化中，在不同的色温条件下，形成丰富的显色效果与自然表情。膜材是最典型的良好的透散与反射光线的材料，用于大跨建筑中的织物膜以白色最为常见。织物膜在光源照射下呈现的透明是纸一般的隔断的透明感，最强烈的

图 4-75　里斯本东方火车站

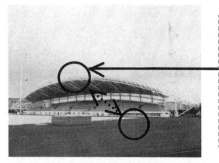

体育场下部的大面积屋面板，反射场地及坐席区色彩，形成一致统一的环境。采光带的设置也消解了大体量，使屋盖具有叶片般漂浮游离之态。

图 4-76　广东外语外贸大学体育场

日照直射光通过膜材后也会有着柔和均匀的效果。而在夜晚将人工照明光打在膜结构之上，同样会将光线柔和的反射，避免了直射带来的眩光不适感。在体育场建筑中，膜屋面与大面积的浅色屋面还可以一定程度地反射场地和坐席区彩色座椅的色彩，令屋面的色彩与下部环境有了同质的倾向，一定程度上将建筑"稀释"在环境之中，建筑与结构退居其次，赛场的氛围与观众体验成为环境的主角（图 4-76）。

4.6　本章小结

　　继第三章的研究内容，在明确结构形态轻型化发展的动因，与其外化的种种显现之后，本章就其内在与外在的种种特质，进行了深度解析。从几何、力学、材料、结构、光等几大方面入手，将大跨结构形态本体的、现象的以及附属的各类特征显现与特征背后的原理一一疱解。了解和掌握这些特质，有助于在大跨建筑创作中理性的调用各种设计元素，运用合理的组织原则，调度形构俱佳的结构形态。要避免流于形式的模仿抄替，先要把握其理，抓住其质，贯通之后才可做到有的放矢地信手拈来。大跨建筑的强技术制约性，要求其结构形态的设计必须在理性的平台上创作，欲破先立，必先成立方能诗意地释放。

　　结构形态的首要特质就是其几何性，一个结构如果失去了几何稳定性，要使其牵强成立就必然需要付出更多的结构代价。所以在创作之时当首选稳定的几何形态，然后在此基础上发挥演绎。历史上的建筑形态变化与发展，也多依赖于数学与几何的进步，当科技不足以支撑结构所需要的足够计算，那么生成一个新的形态必将要建立在经验与更多次试验的基础之上。而当几何学相关科技发展到可以负担新形态所需要相应运算、生成和定位，甚至是建造的时候，大量的新式建筑形态也会开始稳定滋生。

　　几何与形态外表下，对应的是力的实质。形是力的途径，力是形的图解。如果形态不利于传力，甚至导致力流过于集中、郁结、阻塞，同样需要耗费大量的材料来解决结构的先天不足。因而在设计之初，就要对各种荷载有着正确的认识和对应处理方法。如果掌握一定量的先天受力合理的形态，在其基础上加工演绎就会事半功倍。这些形态往往在自然界有着恰当的对应，自然结构的启示往往是结构形态的生成最初的那一闪火花。同时力流传递的一些高效原则，也是轻型大跨形态所遵循的创作圭臬，亦是其力学特质的缩影。

材料是结构形化的物质基础，脱离材料，设计只能是构想图。不同的大跨结构材料有着不同的建构方式和建造技术，这也影响着结构形态的显现效果。要成为大跨，首先要选择有实现跨度能力的材料。而一些传统材料和新式材料自身不具备结构大跨的能力，但是在利用一些现代的加工工艺技术，或材料组合方式形成组合材、集成材则同样可以达到跨度要求。材料同样也赋予了大跨结构功能性和情感性，新的材料建造术、形态设计与设备技术，在一些新设计理念、功能拓展、价值转型和情感需求中也应时而生。而这样的内涵扩张，是在轻型转型之前的时代无法同期实现的，这些技术虽然是个行发生，但在大跨建筑中的实现，却是和结构技术进步相绑定的。

自 20 世纪 80 年代之后，大跨结构的形态发展迅速，几乎每 10 年就有一个阶段性的变化。从传统的拘束严谨、轻重杂合，到现今的自由奔放、轻质主导，繁复的变化让人目不暇接。经过统计分析，能看出结构组织力系与形构的一些调整，可选择的结构元素也越来越丰富。受拉构件的迅猛发展，改变了传统空间结构的构成比例，其增长比例在逐渐侵蚀空间网格式结构的数据。而新的结构序列与机能对应的构件与组织，也往往是以受拉为主的混合结构和杂交体系。

光是大跨建筑不参与建造的建构物质材料。光环境的作用效果比之结构形态的直接作用与人的感官，往往有过之而无不及。通过结构关键部位形态的变化与预设，可以制造光线的通路，实现光源与结构同构的机巧。而轻质的结构实体构件空隙更大，光通量更多，有助于塑造更明亮宽敞的空间体验。

参考文献：

[1]　（古罗马）维特鲁威．建筑十书 [M]．高履泰译．北京：知识产权出版社，2001：12-13．

[2]　李岩．生命形态下的竞技空间——山东济南奥林匹克体育中心 [J]．时代建筑，2010（2）：14-19．

[3]　新华社记者任正来摄．照片：长野 M 波浪速滑馆．新华社．2008-04-24．

[4]　Philip Jodidio. Santiago Calatrava[M]. TASCHEN, 1998：82-85，136．

[5]　（德）弗拉格等编．托马斯·赫尔佐格：建筑＋技术 [M]．北京：中国建筑工业出版社，2003：136-182．

[6]　（美）温迪·普兰编．科学与艺术中的结构 [M]．北京：华夏出版社，2003：67-74．

[7] （英）安格斯·J·麦克唐纳．结构与建筑 [M]．陈治业，童丽萍译．北京：中国水利水电出版社，2003：34—35．

[8] 中国工程院土木水利与建筑工程学部编．论大型公共建筑工程建设——问题与建议 [M]．北京：中国建筑工业出版社，2006：63．

[9] Heino Engel. Structure Systems[M]. Hatje Cantz, 2007 (1)：15—18.

[10] 王丹丹．"过时的"和"即时的"材料策略 [J]．新建筑，2010 (1)：19—30．

[11] 马国馨．建筑艺术创作中的结构美 [J]．建筑创作，2002 (7)：8．

[12] 吴爱民．金属结构研究 [D]．哈尔滨：哈尔滨工业大学学位论文，2002：3．

[13] 赵晨．木之建构——关于国际当代木构建筑的发展 [J]．世界建筑，2005 (8)：19—21．

[14] 陈启仁，张文韶．认识现代木建筑 [M]．天津：天津大学出版社，2005：20—30．

[15] 赵晨．木之建构——关于国际当代木构建筑的发展 [J]．世界建筑，2005 (8)：19—21．

[16] M.S Millet. Light revealingArchitecture[M]. Van Nostrand Reinhold, 1996：60.

[17] Ian Ritchie. The Biggest Glass Palace in the World[M]. Elipsis London Ltd, 1997：34.

图片来源：

图 4-1：《建筑十书》插图．http://mypaper.pchome.com.tw/souj/post/1325302613．

图 4-2：宝安体育场几何草图．http://www.archdaily.com/158838/universiade-sports-center-and-bao%E2%80%99an-stadium-architects-von-gerkan-marg-and-partners.

图 4-3：上海浦东机场 T1 航站楼．http://pic.feeyo.com/posts/534/5348835.html.

图 4-4：ETFE 膜材．http://www.mjgchina.com/cailiao.

图 4-5：李岩．生命形态下的竞技空间——山东济南奥林匹克体育中心 [J]．时代建筑，2010 (2)：14—19．

图 4-6：作者自绘。

图 4-7：作者拍摄。

图 4-8：作者拍摄。

图 4-9：作者自绘。

图 4-10：新华社记者任正来摄．照片：长野 M 波浪速滑馆．新华社．2008—04—24．

图 4-11：作者拍摄。

图 4-12：Philip Jodidio. Santiago Calatrava[M]. TASCHEN, 1998：82—85，136.

图 4-13：（德）弗拉格等编．托马斯·赫尔佐格：建筑＋技术 [M]．北京：中国建筑工业出版社，2003：136—182．

图 4-14：凤凰国际传媒中心 BIM 模型．http://www.shigongjishu.cn/Item/11051.aspx.

图 4-15：作者拍摄。

图 4-16：Massimiliano Fuksas. New Trade Fair Milano[EB/OL]. （2010-03-18）[2010-06-13].
http://www.fuksas.it/#/progetti/0703/, 2005.

图 4-17：作者自绘。

图 4-18：作者自绘。

图 4-19：作者自绘。

图 4-20：（德）温菲尔德·奈丁格，艾琳·梅森那，艾伯哈德·莫勒等 编著. 轻型建筑与自然设
计——弗雷·奥托作品全集 [M]. 柳美玉，杨璐译. 北京：中国建筑工业出版社，
2010：23，30，131，253.

图 4-21：弗雷·奥托的索网结构研究草图. http://read.html5.qq.com/image?src=forum&q=
5&r=0&imgflag=7&imageUrl=http://mmbiz.qpic.cn/mmbiz/UVyFHSaWqbr8pF
MvLXotHCN64G3H4gFrx5kfFx6QFYyLibvEY8MCXz72bZ8u50TukLU8s6MarDNae
wHzicEVJicxg/0.

图 4-22：（德）温菲尔德·奈丁格，艾琳·梅森那，艾伯哈德·莫勒等 编著. 轻型建筑与自然设
计——弗雷·奥托作品全集 [M]. 柳美玉，杨璐译. 北京：中国建筑工业出版社，
2010：25；（日）斋藤公男. 空间结构的发展与展望——空间结构的过去·现在·未来
[M]. 季小莲，徐华译. 北京：中国建筑工业出版社，2006：129.

图 4-23：（日）斋藤公男. 空间结构的发展与展望——空间结构的过去·现在·未来 [M]. 季小莲，
徐华，译. 北京：中国建筑工业出版社，2006：238-239.

图 4-24：北京西客站. http://www.yibopark.com/zslist.aspx?t=1.

图 4-25：龙文志，白宝鲲，编著. 现代屋顶新技术 [M]. 北京：化学工业出版社，2007：37，59.

图 4-26：龙文志，白宝鲲，编著. 现代屋顶新技术 [M]. 北京：化学工业出版社，2007：37，59.

图 4-27：Alan Holgate. The Art of Structural Engineering: The Work of Jörg Schlaich
and his Team[M]. Edition Axel Menges, 1997：111.

图 4-28：作者自绘。

图 4-29：作者自绘。

图 4-30：大师系列丛书编辑部编著. 圣地亚哥·卡拉特拉瓦的作品与思想 [M]. 北京：中国电力
出版社，2006：33，43，104-111，121，137.

图 4-31：传统混凝土与 HPC 性能对比. http://theconstructor.org/concrete/high-strength-
vs-high-performance-concrete/8617.

图 4-32：Alvaro Siza Vieira Homepage[EB/OL].http://alvarosizavieira.com.

图 4-33：作者自绘。

图 4-34：（英）Brian Forster，（比）Marijke Mollaert 主编. 欧洲张力薄膜结构设计指南 [M].

杨庆山，姜忆南译．北京：机械工业出版社，2007：45．

图 4-35：复合木结构．http://www.mfrbee.com/product/516167/Door_-_MODEL_CSCLC_7%3A_STRUCTURAL_COMPOSITE_LUMBER_CORE.html.

图 4-36：王静．日本现代空间与材料表现 [M]．南京：东南大学出版社，2005：104-105．

图 4-37a：复合屋面系统示意图（效果示意图）．http://www.acp-panel.com/2-metal-roofing-system.html.

图 4-37b：复合屋面系统示意图（构造示意图），作者自绘．

图 4-38：Photo by COX Architects. Homepage of COX Architects [EB/OL]. [2010-06-26]. http://www.cox.com.au.

图 4-39：（日）日本建筑构造技术者协会编．日本结构技术典型实例 100 选 [M]．滕征本，滕煜先，周耀坤等 译．北京：中国建筑工业出版社，2005：331．

图 4-40：作者拍摄．

图 4-41：作者拍摄．

图 4-42：（英）Brian Forster，（比）Marijke Mollaert 主编．欧洲张力薄膜结构设计指南 [M]．杨庆山，姜忆南 译．北京：机械工业出版社，2007：65．

图 4-43：作者拍摄．

图 4-44：作者自绘．

图 4-45：可变表皮．http://interlab100.com/2015/02/02/parametric-design.

图 4-46：Photo by Asymptote Architecture. Homepage of Asymptote Architecture [EB/OL]. [2010-07-14]. http://www.asymptote.net.

图 4-47：照片由 Bleuchoi 提供．

图 4-48：Photo by MAD Ltd. Homepage of MAD Ltd [EB/OL]. [2010-07-15]. http://www.i-mad.com.

图 4-49：（德）弗拉格等 编．托马斯·赫尔佐格：建筑＋技术 [M]．北京：中国建筑工业出版社，2003：136-182．

图 4-50：唐可清．大事件中的小建筑——解读 2010 年上海世博会英国馆 [J]．时代建筑，2010（3）：82．

图 4-51：作者自绘．

图 4-52：作者自绘．

图 4-53：作者自绘．

图 4-54：作者自绘．

图 4-55：Pier Luigi Nervi. Aesthetics and Technology in Building[M]. Boston：Harvard University Press, 1965：38．

图 4-56：http://www.vnphoto.net/forums/showthread.php?t=62120.

图 4-57：作者自绘。

图 4-58：作者自绘。

图 4-59：蓬皮杜梅斯中心．http://www.archifetish.com/shigeru-ban-pritzker-prize-2014.

图 4-60：作者拍摄。

图 4-61：作者拍摄。

图 4-62：作者自绘。

图 4-63：作者自绘。

图 4-64：(英) 詹姆斯·哈里斯，李凯文．桅杆结构建筑 [M]．钱稼茹，陈勤，纪晓东译．北京：中国建筑工业出版社，2009：132-133.

图 4-65：作者自绘。

图 4-66：作者自绘。

图 4-67：作者自绘。

图 4-68：作者自绘。

图 4-69：(日) 斋藤公男．空间结构的发展与展望——空间结构的过去·现在·未来 [M]．季小莲，徐华 译．北京：中国建筑工业出版社，2006：15，118，129，220，238-239.

图 4-70：作者拍摄。

图 4-71：作者自绘。

图 4-72：(英) Brian Forster，(比) Marijke Mollaert 主编．欧洲张力薄膜结构设计指南 [M]．杨庆山，姜忆南 译．北京：机械工业出版社，2007：118.

图 4-73：P Quoted in Collins. Changing Ideals in Mordern Architecture 1750-1950, 2nd edn[M]. McGraw-Hill, 1998：68-71.

图 4-74：(德) 安妮特·博格勒，彼得·卡绍拉·施马尔，英格博格·弗拉格．轻·远——德国约格·施莱希和鲁道夫·贝格曼的轻型结构 [M]．陈神周，葛彦龙，张晔 译．北京：中国建筑工业出版社，2004：159，163，160，166.

图 4-75：Philip Jodidio. Santiago Calatrava[M]. TASCHEN, 1998：82-85，136.

图 4-76：作者自绘。

第5章 轻型大跨形态设计应变策略

"结构形态"作为结构与形态的复合词，至少具备三个方面的含义，或者说实现三个方面的理念：具有表现力的结构、构件、体系的协作关系；可建造性；一种结构体系与建筑形式相协调的设计概念，它实现了结构与建筑形态的统一和关联，结构形态不是建筑的最终形态，但是对建筑的总体呈现（轮廓、外形）和内部组织原则却有着决定性的意义。福斯特说："建筑必然是产生于合乎逻辑并且充满表现欲的结构中的。"在福斯特眼里，结构也承担了参与建筑表现的意义，结构优化不再是力学体系的单方面的数学式的物理性优化，而是具有美学深度的思考。18世纪法国的建筑师、建筑理论家维奥莱·勒·杜克对结构与建筑形态有着如下的论述："如果给我一个结构体系，我就会为你找到与其对应的形式。但是如果你改变了结构，我便有责任改变其形式。"[1]杜克的论述隐含了一种对"结构形态"的自发式认识，他的论述阐明了一种逻辑关系：结构形式对建筑形式有着决定性的意义，但是建筑形态通常无法逆向决定结构形式。在既定的建筑形式下，结构有可能变换不同的形式来实现，尤其是对结构与维护分离的结构来说就更是如此。

要通过设计实现结构形态的轻型转型，这是对原已富有大跨设计经验的建筑师的新挑战，他们往往需要在一些既定的设计模式、"套路"基础上进行改变，甚至有些功能和空间性的设计都需要在新的形态策略下做出新的应变。采用新的结构形态，意味着新的结构承载力和承载体系的变化、空间营造的变化以及形象美学体验的变化，甚至还会影响功能组织等一系列的变动。因而在查其因（第二章）、通其理（第三章）之后，就有了应其变——制定针对性相关应变的设计策略基础。这个策略是在因显与特质的内容中归纳、提炼，然后进行整合得到的系统化的立体式系统。策略的导引性体现在多层面的"多点开花"式效应，而非简单的递进式、并列式的关系。在一个相位上的改变，有可能牵动多方面的"响应"。亦是说，由于轻型结构的高整体性与高关联性，往往一点的设计目的实现，有可能引起一定程度的"多米诺效应"，达到一种"一点投资，多点收益"的效果。

5.1 整体形态轻型化控制策略

整体形态是大跨建筑的综合形态，它是空间形态、结构形态等建筑形态的综合，是大跨建筑结构呈现最直观的外显，处于人的第一关注序列。结构选型、形态方案、界面限定以及机能安排等内容，都是为实现整体形态设计的重要思维节点。如何对它们展开，编排组织，将对结构形态的最终结果有着决定性的影响。因而对它们未雨绸缪，先决调度，定下全局基调，是对构造形态设计与关联形态拓展的统筹控制。

5.1.1　结构选型——混合共济

屋盖的结构选型通常要根据设计的需求，确定适应的选型范围，在可选择的几个结构系统中，结合设计意图，比较排除，最后得到最终的选型。这个过程可能是极为复杂的，因为不同结构的形态会有差别，从而导致总平、空间形象、结构机能的一系列变化，则对应的与城市的图底关系、人的空间体验与美学体验和使用方式都可能需要做出调整，针对结构选型的改动往往是触及设计根本的调整。

5.1.1.1　轻重的权衡

通过表 5-1 我们可以看出，屋盖结构的选择，会牵涉到的各种要素，它不是在结构形态上的简单替换，而是会带来遍布整个建筑系统的各个要素的联动。表格中左边两列是刚性屋盖结构，右侧两列是柔性结构。

不同屋盖结构形式比较

表 5-1

屋盖结构形式		钢骨桁架穹顶	混凝土穹顶	悬挂结构	空气膜结构
		体系化桁架穹顶，或称为平面桁架组成的穹顶	现场浇注混凝土，以及预制混凝土构件	悬索结构	一重膜、二重膜以及横梁方式
结构性能	结构力学特性	各种荷载条件下稳定，材料可靠性也高，对重量荷载承受能力大	必须解决开裂、蠕变、重量、下部结构负担大的问题	可以实现大跨度，但对主索直交方向的风荷载等不稳定	可以实现大跨度，要仔细注意空气压力的控制。对中央悬挂荷载、风荷载、雪荷载等存在问题
	施工性	实例多，能应用各种施工方法	现场浇注场合下，高空作业给混凝土浇筑带来困难	悬吊构件的拉力在按计划施工时必须有细心的管理，整体施工相当困难	原理虽然简单，当时日本尚未有实例，施工时必须有抗风和雪的对策
	经济性	能够轻量化，下部结构负担少，较为经济	重量大，施工性差，不够经济	支柱和锚栓等的施工以及考虑整体的复杂性，稍微不够经济	能够轻型化，经济性好，只是为了保持空气压力必须有运营费用
	屋面的耐久性	如果有充分的防锈处理，耐久性好	若现浇有开裂问题，用预制混凝土构件节点部位问题多	由于风的反复荷载，对支撑点和节点部位必须有对抗疲劳损伤的对策	膜材的耐用年限比较短

续表

屋盖结构形式		钢骨桁架穹顶	混凝土穹顶	悬挂结构	空气膜结构
		体系化桁架穹顶，或称为平面桁架组成的穹顶	现场浇注混凝土，以及预制混凝土构件	悬索结构	一重膜、二重膜以及横梁方式
形态	外观	对必要的拱高根据结构形式有一定的宽度，周边可以较低	拱高可以很大，周边可以较低	周边部位在整体上或一部分变得较高	拱高必须小，周边可以较低
	内部空间	容易确保必要的空间	容易确保必要的空间，但有时会使中央部分过高	中央部分下垂，对体育馆也有不合理的地方	为了确保必要的空间，注意风的同时将整体提高，有时将中央场地向地下发展
屋顶性能	屋顶材料	轻量混凝土、ALC 板、金属板、膜及这些材料的共同使用	混凝土表面防水、贴面砖的预制混凝土构件	金属板、预制混凝土构件、膜	膜
	室内音响	屋顶形状不利于音响，必须另外设置吸音天顶	沿屋顶形状作吸音处理，效果有限	屋顶下方形状凸出成为扩散形对音响有利	因为拱高平坦，比穹顶有利
	隔音	用混凝土等屋顶材料较好	好	用预制混凝土构件效果好，用金属板的场合效果差	原材料隔音性能差
	遮光	好	好	好	不可能
	空调负荷	没有室内入射日射，屋顶材料选择得好，更可以使负荷减小	好	好	有日射，空气流通负荷也大，空调负荷最大，差
	防露	因为并用隔热材料，能得到更好的性能	好	好	因为屋顶隔热差，最差
	换气、排烟	如果设置顶部监控器，可以自然换气	同左	根据方式和形状的不同，有时设置顶部监控器困难	因为室内平时必须加压，自然换气不可能
	各种悬挂物装置	对集中荷载最容易对应处理	容易对应处理	对局部的集中荷载对应处理困难	最难对应处理
	维护	如果注意防锈，没有问题	开裂、接缝处必须有防水对策	必须对悬吊构件和支承部的疲劳进行维护，很难，形状不利于防水的场合也很多	必须对膜材修补和替换
法规及防灾		实例很多，没有问题	材料耐火，没有问题	没有特别问题	材料的耐火性上有难点，作为永久建筑法规上也有问题
代表性实例		维多利亚（西班牙）农产品家畜展示场、休斯敦阿斯特罗穹顶	西雅图皇家穹顶	日本代代木国立室内竞技场、纽约马其逊花园广场	大阪世博会美国馆、温哥华 BC 穹顶

续表

屋盖结构形式	钢骨桁架穹顶	混凝土穹顶	悬挂结构	空气膜结构
	体系化桁架穹顶，或称为平面桁架组成的穹顶	现场浇注混凝土，以及预制混凝土构件	悬索结构	一重膜、二重膜以及横梁方式
对本方案的整体评价	长圆形的平面使外周张力环的内力变大，但实用上没有问题，只是与景观的协调必须是拱曲最小，圆形虽然在结构上有利，但这里不能使用	施工性及室内各种性能不如钢结构穹顶	结构上有耐久性问题，对悬挂物的集中荷载对应处理困难，因此不如左边两项好，景观上也最不令人满意	音、光、热、耐久性都有很多问题，申请手续要花很多时间

通过比较，仅从结构选型的角度来看，刚性的混凝土结构由于重质、结构性能、施工性等问题都已经相对落后，因而在近年来新建的大跨建筑设计中已经基本不再使用。纯刚性的空间网格结构技术成熟，施工难度低，适用面广，空间格构化的构件也大大缩减了原本面系结构体系的质量，因而有着较广泛的应用。而柔性结构虽然单位质量非常轻盈，但是施工难度大，对外部的荷载的稳定性难以控制，全柔性对于耐久性和集中荷载的应对也很被动，耗材少，但成本并不低，因而在目前的技术阶段，还很难全面推广。

5.1.1.2　混合的增益

采用混合体系，利用刚柔并济之功，在目前阶段提升结构性能，降低结构自重、空间的厚度感，减少材耗能耗，平稳提高行业技术水平是一个多赢策略。在新混成的力改向机制中，结构的"压""拉"机制开始分离，无论是从用材到视觉呈现都要得到明晰的解释。和面性体系的混沌、空间网格的均质化不同，压拉分离强化突出了力流、力图的走势与力属性的表达，通过视觉感知，结构的组织关系就可以具备一定的可读性。而非匀质网格一般需要一定的结构基础才可以实现对结构的理解。但这样的设计转变，需要建筑师提高自身的专业素养，掌握一定量的跨学科知识，在掌握知识的基础上具备结构构思能力与技巧。混合体系结构的理念与实现手段就是撷取刚、柔两种体系的强势基因进行杂交，优势互补，整合两种体系的优势。虽然说和原有的体系相比，有所损益，但带来的结构整体效益增值确是偿有所得的。例如原有的刚性结构以轴向受压最优，实现这样的形态往往需要较高的矢高，但这样的空间在多数的建筑类型中是不必要的，因而需要降低矢高。降低矢高就会带来另一个问题，即结构力系会从纯受压转换成受弯、受压、受拉三种情况，侧推力也增加，结构的力流系统开始变得复杂，因而必然要增加结构代价。这时采用混合体系就可以将复杂系统简单化，以典型的张弦梁（BSS）体系为例，体系整体受弯，下部张弦索受拉，中间撑杆受压，上部压杆受压，且体系具有自锚性，几乎消除了侧推力。虽然各种力属性也都存在，但力组织清晰可辨，结构实效高，因而这样的混合体系要更优越。

混合体系的另一个优势是增加了力流的维度，这也是典型的空间结构优势。但空间网格的力图是空间矩阵式的排布，和空间网格相异的是，混合体系的改向机制往往是在一个平面内进行力的拆解、收分，然后通过平面的各种阵列组合、联系，形成空间结构体系。

有很多刚柔混合体系常用于大跨建筑，现将其归类列表 5–2。

刚柔混合体系结构　　　　　　　　　　　　　　　　　　　表 5–2

项目	分类	特点	示意图例	备注
悬吊体系	刚性悬吊式	采用刚性拱 / 桁架作为悬吊部分支撑体		有可能出现巨型承载构架高造价、高材耗的情况
	柔性悬吊式	采用悬索体系作为悬吊部分承载体		需要控制稳定性，通常采用施加预应力的方法
	斜拉式	通常采用桅杆 / 塔式结构作为承载体，可分单向斜拉、双向斜拉、放射斜拉等		拉索与悬挂体的交角不宜过小；悬吊体若为刚性构件需要适当吊点刚度
杂交体系	弦支梁	在刚性弦与柔性弦之间设置支柱（撑杆），对刚性弦提供支点，减小计算距离，降低弯矩		常用于各式张弦梁（BSS）体系和弦支穹顶体系。单层的刚性弦不能承担过大撑力，可以替换以格构式桁架
	构架式	在刚性构架之中直接设置拉索、弦支索系，或利用骨架撑膜，利用预张力来提高结构的刚度，减小结构截面，提高系统稳定性		常用于张弦框架、弦支框架、弦支膜、骨架膜、索–拱结构、索–单层网格等结构体系
	整体式	张拉整体 Tensigrity，由连续的拉索与不连续压杆组成的自平衡系统		真正的张拉整体还没有建筑实例，利用其概念衍生的索穹顶结构有少量实例，工艺难度大，普及性弱，易出现超张拉的情况

以上分类是较为基本的型制，在实际的设计中常可以据此进行演化和变体，例如将一组平行的弦支桁架中的撑杆，替换成横向刚性桁架。这样的置换虽然一定程度地提高了结构自重，但却加强了结构直接的联系，提高了整体性，平面力系转化为空间力系，也使得原本可能局部集中的荷载得到更均匀的分配。还有采用类似原理的其他变体，例如采用刚性桁架垂直加设在悬索体系之上，利用机械方法下压桁架进行锚固，对下部索缆施加预应力，提高系统整体的刚度和稳定性。由此可见，结构选型的定制是具有一定的灵活性与变通的，同时，结构也和建筑一样，是可供建筑师涉及的设计领域，甚至有可能通过结构形态的设计，创造出具有极佳的结构性能，同时具备良好的美学观感的形式。混合体系结构提供了刚柔杂交和一定条件下刚柔互逆的种种可能性，我们可以通过各种组合变换，结合建筑设计内容，得到最优化的轻型结构形态。

5.1.2　形态表述——轻逸之形

在多数轻型大跨结构中，结构不再是次要的建筑形态参与者，而是一个主动的塑造者。结构自身形态与建筑的总体形态的契合度越来越高，甚至在特定的设计与结构中，结构形态和建筑形态是同一的。一般情况下，建筑形态是空间形态、结构形态、美学形态三者的统一（图5-1），当结构形态和建筑形态渐趋重合的时候，结构形态就势必会更多地牵涉到空间形态与美学形态的领域，即结构形态的内部空间和形象传达趋向于最终的建筑形态表达。

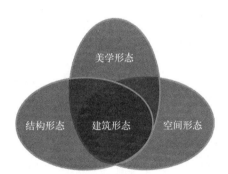

图5-1　建筑形态关系图

除了结构自身的轻质选型之外，还有一些结构的处理手段可以使其形态的表述在视觉呈现上，得以更轻盈的强化。这样的处理可以是结构的，也可以是非结构的，但都是依托于结构的平台，并参与突出结构的表现力。

5.1.2.1　结构的方式

从结构效用上来看，结构是可以通过一定的置换与变化的手段来实现等效的作用 ❶。因此同样的建筑轮廓，可以选择不同的结构体系，例如用空间网格、索穹顶替代混凝土结构穹顶，利用索桁架体系替代平板网架。这样的替换具有一定的灵活性和自主性，但需要注意的是，一旦结构变更，其所对应的结构形态、空间及外部的形体质感、肌理传

---

❶　前文提到，由于原理相同，结构的层级之间具有相似性。因而在结构的体系的下级构件之中也可以进行构件的置换和变换，这将在后文中论述。

达都会随之变化，建筑的气质和性格必然不同，和环境的关系也都可能产生很大的变化。虽然同样的轮廓、同样的城市图底关系并没有发生明显变化，但是在建筑的小环境中，当建筑作为观察的具体对象时，这个变化有可能是明显的质变。

另外，需要注意的一点是，即便都是轻质体系的变换，也会存在同样的情况，尤其是单纯结构和混合结构之间，这样的力改向机制的整体变动，视觉体验就已经十分明显。而大跨结构的选择亦不是一个设计者随意的趣味取舍，需要依据一定的设计条件，做出足够的理性判断。例如在日照强烈的地方要避免直射光同时预留一定的结构缝隙与开口，使通风顺畅；在风力较大的地区，则要避免使用柔性元素过多的结构体系，适当提高刚性构件的比例，同时利用结构的加固措施提高对风荷载的抗性；在空旷的地区，需要较高活动空间的建筑可以采用矢高较高的结构，甚至采用张扬的结构形式来提高建筑的标志性，在需要削弱建筑影响力的环境下则要采用低矢高结构，甚至利用下沉和人工环境的创造等手段来隐藏一定的体量，并收敛结构，例如取消或减小悬挑构件。

通过之前大量的案例和系统的分析，可以总结出一些基本的原则，利用结构自身的形态变换提高整体的轻逸观感传达。需要注意的是，这些原则的设计思维出发点不尽相同，但通常可以在最终的设计结果中找到这些原则的对应，究其原因，还是由于它们有着相同的本质和原理。

1）化整为零　这是一种将主要结构构件,拆分成多个小型构件的方式,或者利用"主要构件＋多个次级构件"替代原本整体式空间网格结构或多个主结构构件。这样的处理手法对于耗材量并不一定有明显的缩减，但是对于内部空间的释放却有着明显的效果。

（1）采用多个小构件的群组替代大型的构件。一般在跨度不大的情况下，采用大型的主结构构件的一个原因是，在承担自重以外，结构还要承担大面积的屋盖重量，如果屋盖质量过大，则结构的负担就会加重。但是大型的结构构件带来的问题是下反距离过大，会占据空间高度，对下部造成压力。小体量的构件也可以实现同等的跨度，但是承载力下降，则可以采用多个成组的小型构件来实现这样的效果。这样不仅降低了结构的高度，同时也有利于减小次级构件（如檩条或次级桁架）的尺寸，对于空间高度要求严格的建筑尤为适用（图 5-2）。

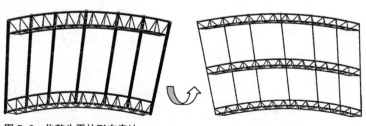

图 5-2　化整为零的形态表达

（2）采用"主－次级结构"替代主级系统或"主－主级结构"。传统的空间网架技术足够成熟，也便于计算施工。但是会存在内部空间单调的问题，且一些网架的计算并不严格，会存在杆件过于粗壮，球栓尺寸过大，网架过密的情况，这样同样会令结构体臃肿厚重。而空间网格在内部通常是直接暴露，不做吊顶，这样对人的观感来说，屋面的厚度常被附加以网格的厚度，失去了轻薄的信息。所以对于空间高度和跨度有限的大跨建筑，要慎重使用空间网架。

在广东外语外贸大学体育馆的创作中，尝试了使用"主拱＋桁架系"的系统来替代网架屋盖系统。由于不是密布的屋盖结构系统，因而大量的屋面得以直接暴露，配合次级桁架间的天窗，可以清晰地分辨屋盖的轻薄厚度。而天窗的走向和桁架一致，都指向中央的主拱结构。主拱处于建筑的中央，限定了屋盖的总体走势，采用尖角向上的三角形截面，避免了下反割裂空间，占用高度，同时还提供了走管线便于维修的平面。结构系统层级分明，主次有序，和屋面划分清晰，不易混同，维持了整体屋盖结构的轻盈感（图5-3a）。

主次转化的应用在屋盖结构之外，在支承（立柱）系统中也可以作为有效实现策略的途径。例如原本一根较粗的立柱，可以替之以较细的成组立柱或 V 形柱、Y 形柱这样的分叉结构，消减体量并丰富表现，甚至可以被设计成树形柱这样的空间支承体系。在表 5-2 中的构架式图例就是采用了多元转化和主次转化两种方式的综合应用。

2）化实为虚　实体体量、面或者构件越多，建构则越封闭越显沉重，反之则越开放轻盈。化实为虚的原则旨在利用结构间隙大、数量少的构件替代间隙小、布置密的构件，即减少结构体的整体体积，显现更多的屋面，同时适当利用透明或透光的材料取代实体屋面结构，利用通透感间接传达结构的开敞与轻质。

前文提到的混合结构是最典型的化实为虚的结构处理方式。张弦构件在内部空间形态的营造中有很优渥的先天条件，虽然部分 BSS 构件下反的距离比一般的网架厚度要多，

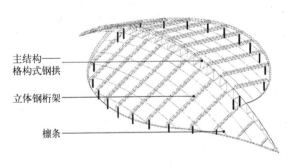

主结构——
格构式钢拱

立体钢桁架

檩条

a）体育馆屋盖结构层级

b）体育馆屋盖室内效果

图 5-3　广东外语外贸大学体育馆屋盖结构

但由于桁架的间隙大（如图 5-3b 中的桁架效果），且 BSS 的上部构件为刚性，一般直接和屋面相接，而下反的部分只有撑杆和张弦，对空间的影响被强力压缩在点和线的程度，而没有像网架一般扩大到面的影响，因而，从观感上来看，屋盖结构的压力并不大，屋面大部分都是直接暴露在视线范围内，没有过多的遮挡。

　　另外已知结构虚实处理方式是，用膜结构替代肋架或网格式金属屋面。膜结构是较为特殊的一类结构。作为结构出现时，膜材必须通过张拉或者充气的方式，预张应力，因而在结构成立的所有时刻，膜结构内部都会有应力，而不只承担重力。因而膜面自身也是结构，无论是充气膜抑或是张力膜。直观上的膜面既是建筑的外表面同时也是结构的外表面。膜结构是一种极致化的结构体系，它的结构形态和建筑形态基本完全一致。同时选用不同的膜材料可以实现不同的透明和透光的效果。"透"的能力也是一种化实为虚的能力，配合膜材自身超轻的自重，结构骨架的负担可以大大缩减，结构的截面与构件尺寸可以相应缩减。慕尼黑安联球场的肋架式充气膜枕结构同时采用了透光与透明两种膜材，丰富了屋面的形式，也彰显了膜材的"虚质化"建造的能力（图 5-4）。利用轻透的材料建构结构形态，不仅具备轻质化构架的优势，其"收益"更体现在空透明亮的观感与空间体验。

　　3）化内而外　大跨结构的主结构通常都置于室内，但当构件的尺寸过大，或占据的空间过高，会影响内部空间效果，或限制了使用高度的时候，则可以考虑将内部的结构置于室外，内部只保留必要的次级结构。

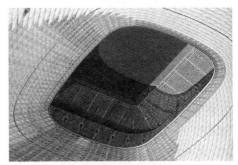

图 5-4　安联球场的气枕式屋面

　　（1）外置拱。这样的处理常用在巨型的拱架式结构之中。拱是典型的轴向受压推力结构，其矢高越高则侧推力越小，结构的受力也越合理。但矢高过高的拱无法纳于室内，因而可采用强化突出的方式令巨型的拱结构跨越建筑整体，将建筑纳于主结构之内，将包容的关系互置，将结构的作用和表现力推到高点。

　　外置主拱式结构常常和张力结构进行混合配置。例如将主拱作为边界，在一侧或两侧设置拱形桁架梁，形成另一个边界，在其间设置悬索屋面或者张力膜屋面（图 5-5）。另一种外置拱的应用就是用其悬吊屋盖结

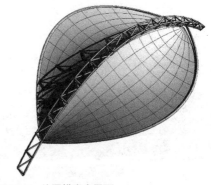

图 5-5　外置拱张力屋面

构,由于承起主要由上部的拱和吊索承担,故下部的结构可以做得很轻巧,只需要提供一定的抗弯刚度和固定的稳定性。另外需要注意的是,如果拱的矢高过低,则会产生较大的侧推力和弯矩,需要增加结构代价做抵抗,即加大拱的用材和尺寸。如在南京奥体中心的主体育场就出现类似的情况,而且过于倾斜布置拱对拱的结构作用损失很大。正确的布置外置拱－悬索结构应该采用较小的拱平面倾斜角,利用两侧拉索的设置取得体系的平衡,利用吊点的拉力平衡两侧的侧推力减小弯矩,同时达到缩减构件尺寸的目的。

(2)外置桁架。外置桁架常用于开合结构,通常是在完整的建筑外部加设一套结构体系。这样的目的是将开合机构与原有的建筑结构区分开。台车式开合机械设备的自重大,机械制动时动荷载变化明显,需要刚度大的结构来承载,因而结构体相对庞大,为了内部空间形态的简洁完整,将开合部分独立,在一些情况下比用建筑自身的结构系统承载开合设施更节省造价和材耗。

4)化直为曲　虽然自由的形态的耗材量与规整的几何形相比并不节省,甚至要更多一些。为了实现自由的外在形体变化,结构常要做更为保守的选择,这样的结构往往呈现了一种"外柔内刚"的性格——外在形体自由"流动",内部的结构常采用全刚性构件和刚性连接,同时需要很高的构件加工工艺和建造施工水平。但自由的形体比几何形态明确、棱角分明的形体更为适合传达轻逸律动的精神旨趣,因而也有一些案例被实现——尽管背后是高昂的实现代价。

这样的建筑整体数量比例并不高,由于建造的复杂性和设计的复杂性,其大型设计的话语权往往掌握在少数的设计师或设计机构。以扎哈设计的伦敦奥林匹克水上中心为例,建筑的外观效果轻灵自由,有水波一样的荡漾起伏。但是看到结构施工的照片会发现,其结构依然采用的是刚性的空间网格体系,且构件的规格不统一,有各样的长宽及尺寸的变化。屋盖结构形态的走势与最终的效果几乎相同,但实现这样走势体态的材耗与质量同样不菲(图5-6)。

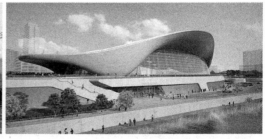

a)施工中的结构　　　　　　　　　　　　b)建筑效果图

图5-6　伦敦奥林匹克水上中心

　　当然这是一个相对极端的案例，在多数大跨建筑设计中可以采用一些便于计算实施的方式来实现。例如采用可以落实到公式的弧形取代直线（例如直纹曲面），并避免使用过多的自由曲线；使曲线形部分的构件采用相同的制作加工工艺和截面尺寸；或利用自由形态的张拉膜结构取代"自由形态"的刚性结构体——但这样则会完全颠覆建筑、空间的体验。

　　虽然大跨建筑的设计的思路可以由概念入手生成形态，也可以由设计入手，从形态提炼符号，但一般说来，选择后者作为设计的主导理念更为可取，有着更多的积极意义。

5.1.2.2　非结构处理

　　在结构方式的处理策略之外还有一些较为常用的非结构的处理模式，同样可以实现结构形态的轻型化传达。有些策略甚至是通过了一种结构方式来实现的，例如加长出挑结构，或后退收缩建筑的下部结构，使出挑显得更远，但是大出挑对结构来说是不必要的，是在结构满足内部空间的能力之外，需要额外提供的，而外径的结构由于周长大，增长一定的尺寸，材耗与结构的代价很大，但是出于整体的建筑形态考虑，这样的牺牲又是有必要的。也有一定的对策来缓解这样的代价，例如在出挑的最边缘处，只保留结构的骨架，而不敷设面层。这样一方面减少了材料使用，降低了自重；另一方面也降低了风荷载的影响。而且从建筑设计角度也有着积极的意义，末端的框架式较之面系对空间的限定小，从而形成了过渡的灰空间，令建筑的空间营造更具层次性。

　　表 5-3 是笔者尝试提出的结构形态传达的非结构处理方式策略模式。通过该表的总结可以看出，一些非结构的建筑的方法同样可以实现烘托结构形态的目的。出挑的目的更多来自建筑设计的原因，而达成这一目的，则需要结构做出应变进行支持；加大出挑可以有效地提高结构的轻逸感，尤其是在出挑的末端，将结构处理成渐收或者细肋、隔栅的形式，会强化这样的效果。立面的适度倾斜，与一定的形势变化则可以传达一种结构能力"游刃有余"的信息，空间的层次感和渐变也同样影响人对于上部结构的阅读与感知。而在屋盖与下部支承体系留有透明的"缝隙"，则会在一定程度上制造屋盖的悬浮感。屋盖的划分可以利用材料、肌理的变化和图案走势来衬托结构的一些特点（如索穹顶结构适合做圆形划分，环索桁架则适合做放射状天窗，目的是强化结构的走势）。而一些色彩和有色材料的选择除了建筑的设计目的外，色彩一定程度上还掩盖了材料的质感与材料的物质属性，那这种材料对应的物理重量、硬度及触感体验就可能在色彩的覆盖下得以消解，这样就间接作用于人对于结构的感知体验。色彩在吸引人注意力的同时，实际上也淡化了人对于色彩包覆下材料的关注，因而结构的无色彩倾向反而在有色的背景中得到了反衬的强化。

大跨建筑结构形态传达的非结构处理方式策略模式　　　　　表 5-3

	壳体式	主脊式	悬索式
基本型			
出挑	利用出挑/内敛形体加强轻盈感	出挑/渐收下部结构	利用下部渐收强化出挑
综合	利用出挑和立面变化	利用出挑和立面变化	利用出挑和立面变化
综合	利用屋面划分和色彩	隔栅/划分/色彩/挂板	色彩/材质对比

5.1.3　虚质界面——消隐之意

"虚质化"建构是近年来建筑发展的一个热门趋势，这个趋势和大跨结构的轻型化趋向在很多内容上是暗合的。因而，大跨建筑的设计与结构呈现也都或多或少地渗透了一些虚质化建造的设计思维。虽然设计者在设计时没有考虑到追求这样特定的设计理念，但基于一些相同的设计表达与实现手段，不妨将其归纳成虚质建造的类别。

5.1.3.1　虚与实之辨

所谓"虚"，取其消隐、消失、模糊的释义，与实体相对，强调空间感，与不同属性之间的空间联系；所谓"质"，取其质量、质感、质料的关联。"虚质化"实际上，就是通过一定的选材、加工、构造与结构的方式，使建筑或结构实体呈现得以弱化，只强调利用建材与结构的限定作用，创造出围而不死、通透交融的建筑环境和场所领域。而虚质相对于实质就有着轻、空、透的效果，其建构依然受大跨结构形态的刺激影响。

此处的"界面"，也不仅是一层表皮的概念，它指的是人与建筑交流接触的界面，既包括外部的表皮肌理、立面及屋盖，也包括内部可见到的内表皮和构件结构，对于大跨建筑来说，内外的结构传达同样重要，它不能像一般的建筑在内部通过实体建造将其主要结构进行隐匿，而要采用另一套语言体系来叙述自身的存在。大跨结构的结构体如果选择遮蔽则势必会增加结构负担，同时丧失了大跨结构特有的表现性。因而大跨结构往往选择暴露结构，并通过结构形态的表现力塑造美学与空间的表现力。

5.1.3.2　覆面的"虚隐"

结构自身的虚质化表现在前文已有部分介绍，例如采用压拉分离、提高张拉构件比例，提高构件自身的空隙与结构的间隙，将跨度内的空间感放大，较之采用实体性强的构件所限定的空间，更具空间的完整性。同时，在面层结构更多比例地采用具有透明性或者透光性的材料，目的亦是一定程度消弭内外环境之间的隔阂，使两境渗透熔融。大跨建筑常作为大型的公共建筑，因而这样的处理可以赋予建筑开放、平等、包容等人化的亲和力，优化人在建筑环境之中的体验。

在玻璃、各类膜材（织物膜与塑料膜）等透光性的材料之外，一些传统的材料和原本属于非建材的材料也被再度开发，成为新型适用于大跨建筑的建材。例如一些镜面（玻璃、金属）材料，穿孔板、网格板和隔栅板成型材料的大量应用，为大跨建筑的创作带来了一些新鲜的设计元素和思维。

镜面材料（图 5-7）在大型公共建筑中常有所应用，但是在大跨建筑中尚未见有所先例。目前可见的方案仅有一例，即 MAD 的世贸重建方案，用大跨结构的下表面来反射城市的扭曲的投影。这样的材料注定不会在多数的大跨结构中采用，但是其显示的建筑意义却值得关注。本质上，这是一种可以控制光线反射的材料，即通过这样的材料设计建造可以直接控制人对于建筑、结构环境的感知，例如可以通过镜面隐蔽、反射甚至扭曲、碎裂结构形态，达到不一样的传达效果。也可以通过设置，将多种建筑元素杂合，例如外部与内部的环境，结构、空间与人的活动等。此种材料以真实的投射取代了真实的自身，是另一种意义的虚质，但由于导向性和安全性等问题，在使用的时候要结合场所慎重考虑。

图 5-7　汉街万达广场立面镜面金属球

而穿孔材料（图 5-8）、筛板和隔栅式板材则已经是目前较为成熟的面层材料，这样的材料通常采用金属板材加工而成，空洞的孔型与尺寸可以定制制造，满足不同的设计需要，在大跨建筑中常用做立面的表皮结构。穿孔的筛性材料在结构的显隐方面可以制造一些很有趣的感知现象，其原理类似纱网，可以达到一种半遮半透的效果。在远观时可以看到轮廓但是看不清结构的关系，近观时，可以清楚地看清构造关系，但由于实板的遮挡又无法得到完

图 5-8　东方体育大厦穿孔板表皮

整的信息，一切要待进入到建筑内部才见分晓。还有一类穿孔板是采用"微穿孔"，其视觉效果类似日常生活中的纱帘的遮挡效果，可以看到轮廓，但无法分辨细节。此材料还可以有效的吸声，因而有着很好的建筑应用前景。例如在人群聚集的开敞式大跨建筑中（如体育场），采用这样的材料可以是内部活动的光影成为环境的风景，同时又减小了活动音响噪音对外部的影响。

5.1.3.3　结构的"虚隙"

在一些开敞性的大跨建筑，如体育场和一些交通建筑中，也常利用结构的间隙做文章。

以体育场建筑为例。体育场建筑的看台后下部空间，常被用作疏散和交通空间，一般都作为"室外"空间，没有屋盖和外部界面的限定。但近年来有一些体育场采取了席下室外空间室内化的做法，将屋盖向外延伸一定距离，并采用外围护界面界定席下空间，使之成为内部空间。虽然有可能增加结构代价，但也有其积极意义，例如提高建筑的"庇护所"的能力，增强建筑的全天候的适应性。采用此方式比较著名的建筑有"鸟巢"（图5-9）、天津奥体主场的"水滴"。但这样的空间不会做成全封闭式，使建筑成为"巨馆"，通常还要保有一定量的开敞性。这样的开敞性则需要通过外围护结构的处理来实现。开敞和封闭的程度，要依据建筑所处的具体环境来定，一般来讲，对于大型聚集人数多的建筑，需要较高的开敞度，以便于通风和换热[1]。

在惠州奥林匹克体育场的设计中，设计者采用了PTFE膜材的扭转矩形模块的矩阵排布作为建筑的外立面围护结构，实现了一种珠帘一般的效果。这样的模块没有选择密布式的布局，而是通过间隙的布置和扭转的形态放大了开敞性，材料的面积没有减少，但是通风和遮阳的能力却都得以增强。PTFE膜材带有50%的网孔率，提高了光透性。这样的围护结构设计使得整个建筑像一个精致的半透明体，从外部可以清晰地看到体育场内部的轮廓线（图5-10）。

图5-9　"鸟巢"内部空间

图5-10　惠州奥林匹克体育场

---

[1]　由于较高的封闭度，"鸟巢"和"水滴"都存在夏天举办赛事时过热无风的问题。

5.1.4　可动变形——通达之能

本文 3.2.4 中已经介绍了一些可动设施的内容和原理，目前已知的大跨结构可动设施都是在这些基础之上的实际应用。

可动和变形的能力其实是建筑的一些基本功能，并不是在一些大跨建筑中的特有能力，例如门和窗就是最典型的建筑可动设施。这也是说明了可动设施的一个基本目的——为了方便人的活动并提供更强的建筑适应性。大跨建筑的大型可动设施与结构，实际上也是出于这样的基本需求而被研发出来的。

5.1.4.1　屋盖

"重"意味着迟缓和固定，只有"轻"才能带来灵动和变化——可动变形是结构的轻型化带来的能力进化。巨型结构成为可以活动的机构，需要强大的制动力和动荷载的抵抗能力。尤其是当移动部分采用轨道台车型的驱动方式时，重力荷载的负担也要相应加大。因而有必要将移动的部分屋盖和设施，采用轻质化的结构，可以降低重力荷载，减小制动力和台车数量，降低台车的功率与体积，从而降低下部结构的荷载负担与材耗，实现结构整体的瘦身。

表 5-4 中是目前已建成的各类开合屋盖开合方式的统计，可作为设计时的参考。

开合屋盖的收束位置与方法　　　　　　　　　　　　　　　表 5-4

		收束位置			
		边置 Side（S）	中央 Centre（C）	扇形 Fan（F）	外围 Outer（O）
收束方法	分片式 Sliding（S）	SS	SC	SF	SO
	折叠式 Folding（F）	FS	FC	FF	FO
	旋转式 Rotating（R）	RS	RO	RF	RO

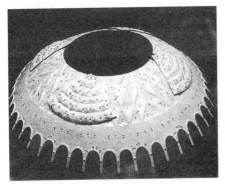

图 5-11　釜山体育场开合屋盖方案

除了以上的这些开合方式，还有一些未实现的设计构想，例如利用飞艇作为开合屋盖，这在前苏联建筑师的体育场设计中就曾提出，在 2008 的北京奥运会主体育场投标方案中也有方案采用了这样的概念。除去机械成分，从结构的角度来看，这是下部支承构架与上部充气结构的一种组合开合机制。虽然未有建成，但具有可行性。

另外需要注意的是，轨道式开合屋盖在目前并不适用于柔性要素过多的屋盖结构。如韩国釜山世界杯体育场就曾提出过四瓣拼合的方案（图 5-11），但是由于下部屋盖采用索穹顶结构，都是柔性索缆，不能在其上敷设刚性的轨道。这样的结构若要采用轨道式开合，只能另外加设刚性构架单独用作轨道，一方面加大成本，另一方面可能会破坏原有设计的简约性。因而，以目前的技术水平，只有刚性屋盖结构适用于台车式开合，而柔性结构只适合采用同样是柔性的折叠收束式的开合方式。

5.1.4.2　围护

在开合屋盖系统之外，大跨建筑最重要的可动设施就是围护系统。❶

作为围护体的移动设施，最基本的方式就是轨道平移式。这样的方式可以细分为围护体单独移动，和"围护＋屋盖"单元的整体移动式。

另外一种重要的方式是，表皮网格的单元式个体开合。这样的开合方式有很多种（表 4-8），其阵列组合使结构系统具备了一种生态适控的能力。目前可以通过技术实现整体式控制以及个体的单独控制。通过控制来实现建筑"皮肤"的开合程度与遮阳角度。这种可变性，不同于一般意义的开合措施，是利用结构的拓展能力来实现建筑全系统的能力进化。同时，这样的结构变化能力，也一定程度上颠覆了人们对于传统建筑结构系统的认识——也许今后在物理结构系统之外，会有更多的建筑要被附以一类新的"机械结构"系统。

另有一些极富创意的设计，也在挑战我们已有的认知，并为建筑师的设计带来新的启示。例如在密尔沃基艺术博物馆的扩建中，卡拉特拉瓦采用了一种极富新意的开合结构。在风和日丽的天气，结构系统舒张开启，成为巨大的屋盖顶棚；而在风雨如晦的气候中，屋盖则可以像鸟类的翅膀一般收束闭合，形成一个庇护所。结构作为屋盖，抑或围护，完全是由使用的需求来决定（图 5-12）。这也反映了设计者的一个哲学思考——

---

❶　虽然移动场地之类的设施对于一些建筑也有着非凡的意义，但由于其不属于结构范畴，暂不予以讨论。

名称本无所谓有无，当其功用，方有结构
之名。

5.1.4.3　选择

如前文所述，可动和变形的结构能力，
是人的能力一种物化、延伸与放大，它们
带来使用的便利与更优越的建筑环境。但
同时，不容忽视的是，它们在现阶段的实
现依然需要极高昂的代价，即便我们已经
尽量追求结构的轻质高强。但高便利性总
要付出高代价，不论怎样的综合意义，从

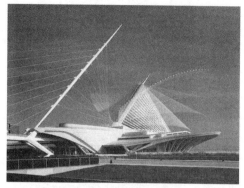

图 5-12　密尔沃基艺术博物馆

经济出发，可变结构依然是一种奢侈的选择。故目前较多的可动设施，多数都集中在小
型的大跨建筑应用中，大型者用之寥寥。随跨度的增加，其造价的增长是非线性飙升。
因而，从理性的角度来看，不建造或减少可变的面积是最为"轻省"和经济的。虽然这
降低了功用能力，但只要满足适用、舒适、宜人的标准，就已经是善之善者。一味地求大、
求奢，实际上是和轻型化、生态化这些科学观念背道相驰的。

5.2　构造组织轻型化生成策略

"建筑细部是建筑的指尖"[2]，结构形态的一些精髓与品质，都溶释在结构构造细部
的设计之中。大跨结构的形态设计，应该始于技术，而显于艺术。现代建筑工业的加工
能力，已经可以适应各类精致的建筑构件设计需求，因而可以有很多精确而巧妙的构件
被设计、批量制造出来，这是传统的手工加工所远不能及的。这样构造的装饰性和手工
时代的借助其他艺术门类的表现所实现的装饰性，是合自身的构成逻辑与原理的技术释
放，是属于技术美学的范畴。在路易斯·康的眼中，这样的构件是建筑的"本体装饰"
构件，这样的构件重在节点表现。大量本体装饰性构件的应用，使得现代构造工艺转化
了人们对于审美体验的需要，这是一种从"瞬间"到"随时"的体验改变[3]。

大跨建筑的构造设计与其结构组织有着一定的设计原则和手法，有很多专著有相近
的论述，但是涉及轻型化生成的内容，则要在原有的原则基础上有所变化和改进。这样
的变化也有着自身的基本原则，其因循的基本信条就是使结构的单位质量更轻，使结构
的性能更高，使构件的受力更合理，使序列的组织更有效，使美学的体验更丰富。

本文的 3.2.3 和 4.4 的内容中对轻型大跨结构一些具有特点的构件设计、细部节点
与连接设计，以及轻型化结构组织，进行了相近的分析和解读，并提出了一些设计参考
原则。在本节中将尝试提出一些实际设计中的设计思维转换与构造组织的概念生成策略。

5.2.1　原型及变体演绎

　　组织建筑的几何元素原型是点、线、面、体，任何建筑的形态都是脱胎于这样的基本原型的变化、调度、组合。这些原型对应的建筑结构内容就是节点、杆件、梁柱、索杆、建筑界面、结构体系，一直到建筑体量等内容。大跨结构是各类建筑结构系统中的巨人，但是其设计依然离不开这些基本内容。但难以想象的是，如果大跨结构仅仅采用这些基本元素的累积，而没有自身的设计特点和特有的细部传达，就会导致枯燥无味的趋同，好比失去灵魂的躯壳。结构设计大师P.莱斯就认为细部与节点如果富有表现力，可以赋予结构"人性"，并可以传递"友好与亲切"。这里莱斯表达了两层含义：结构本体可以通过设计转化为传达情感的媒介；这样的设计还要获取人的认同感，即要合规律，不能恣意的天马行空——合理的控制，才能实现精炼的表达。

5.2.1.1　支承

　　支承体系之于建筑意义，相当于双腿之于人，常用来传达修美与力度感。常见的支承构件大至屋盖系统的承接体系的立柱、拱脚、基座，小至弦索结构、索膜结构的撑杆，都是以竖向的传力为基本方向——无论如何承力，最终都要归结到竖直的方向。依据这一基本原理，就可以衍生出很多支承构件的形式。另外，还有一则重要的原理也有着很多的衍生形式，支承构件的主承力属性为轴向受压，受压构件要抵抗屈曲带来的失稳。因而加强中部的抵抗能力，提高构件的屈曲强度，是支承构件的一个追求目标。

　　表5-5将适用于轻型大跨结构支承构件的一些形态演绎进行了归纳总结。

支承构件形态的变化演绎　　　　　　　　　　　　　　　　　　　　表5-5

	形态及应用	布置方式	图例
管形柱	大跨建筑中最多采用的立柱形式，具有简洁明晰的特点，力流的传递明确。管径可粗可细，适应不同的荷载需求与安排。和方柱不同的是，圆形柱更适用于大跨建筑空间，适合空间的流通性	直立式；还可以采用离散的间或倾斜的布置方式，以表达空间的自由性	
梭形柱	柱中适度加粗，两端收束的柱形。即是利用了形态处理提高了构件的抵抗屈曲的能力，加粗的部分和混凝土柱的箍筋原理类似。而两端不易屈曲，且要和其他构件链接，故收束集中，既便于连接，又能使荷载传递更有效率。可分为管式梭形、肋式梭形	直立式／V字交叉倾斜式／桅杆	

续表

	形态及应用	布置方式	图例
格构柱	将基本型实体性柱转化成空间体系，利用空间网格制作的大型支承构件。利用格构化来削弱巨型构件带来的体量压迫感，并可以减少光线的遮挡。张弦柱可以看作采用了梭形柱原理的格构柱	直立式 / 倾斜式 / 桅杆	
树形柱	树状结构模仿自然界的树形，自下而上逐级分叉变细，用于支撑屋顶结构。设计难度大，构件系统复杂，利用上部的斜向细柱逐次传递到最下部的竖向主立柱。虽然占据空间大，但形象生动，有很好的空间效果	系统整体直立式	
板型柱	多用于集成材。由于集成木材的加工工艺，其材型多为叠层板型。去除了传统木材的缺陷，可以制作成大型尺寸的构件。既可作支承构件，亦可用作梁拱构件。一侧成板，一侧为肋，利用方向的不同布置可形成丰富宜人的空间效果	直立式 / 梁柱一体的框架式 / 拱式	
格构墙	采用空间网格墙作为承力体系，抗剪能力优越。常见的形式有空间编织网格和立体网格形式，网格设计变化繁多，形式感强烈。"水立方"即是采用的 Weaire–Phelan 多面体网格概念	直立式 / 空间立体式	
拱脚	与拱结构、大型斜撑柱对应的大型支承构件，通常有铰接和刚性连接的方式。一般来讲结合部较细，向基础部分逐渐放大。可采用钢筋混凝土结构，设计成极具雕塑感的造型，强调建筑"落地生根"的力量感	接地基础	

5.2.1.2　梁拱

梁系与拱系构件是大跨结构的水平向、空间向的传力构件元素。在大跨结构中梁系构件常以桁架的形式出现，采用格构型构架作为构件的基本构成要素。桁架分为平面和立体桁架，平面桁架适用于单一方向的传力，立体桁架则形成空间体系，适用于更大的跨度。立体空间桁架也叫作空间网架，是通过三维的组合构架覆盖大空间的结构。由于整体构架都是由相同的构件组构，任何一个杆件都只有两个方向传力，整体受力均匀，可以大量缩小构件截面积，实现整个结构体的轻量化。

张弦构件的引入可以成为既有的梁拱系构件的强化剂，利用张弦，可以形成多种的结构变体，提高结构自身效率。例如梁与桁架可以通过张弦形成张弦梁／索桁架，或者悬索结构。拱结构则可以通过张弦约束来形成张弦拱，或者形成拱式吊索屋顶。而封闭的空间梁系框架或拱系框架之间张拉索网，则即为扭壳式（双向悬索）屋顶结构。

表5-6将适用于轻型大跨结构梁拱系构件的一些形态演绎进行了归纳总结。

梁拱系构件形态的变化演绎 表5-6

	特点及说明	备注	图例
平面桁架	最基本的桁架，具有形式的简洁性，常用作型钢梁的替代品，由于组构的空间性可形成更大的跨度。也可用作立柱和墙式（格构柱、墙）构件。可分为平行弦、三角、三角平行弦等三种（图5-13）	杆件衔接可有焊接、栓接、铆接等多种方式	 平行弦桁架 三角桁架 三角平行弦桁架
空间桁架	也称为空间网架，消除了所谓大梁、次梁的层级差别，是一种极为匀质化的结构系统。跨度能力、整体几何形态的塑造能力都要强于平面桁架（图5-14）	由于多向杆件都汇聚一点，其节点技术发展成为结构形态变化的关键	
张弦梁／拱	在抗压梁（水平或空间）上，利用张弦（和撑杆）来提供吊点／支点，以减少弯矩计算距离或吸收侧推力。有三种基本形式：1.利用吊点实现弯曲应力的均质与减小；2.低矢高构件加撑杆形成弦支体系；3.斜置时利用撑杆与背撑杆张弦，生成斜悬式屋顶（图5-15）	撑杆的数量与尺寸可依据跨度和设计来决定，形成不同的空间效果。混合结构的基本构件形式，可以衍生出多种构件和结构	梁 拱 悬垂拱

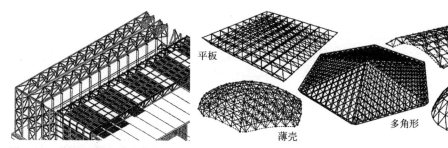

图 5-13　塞恩斯伯里视觉艺术中心　　图 5-14　空间桁架的形态演化

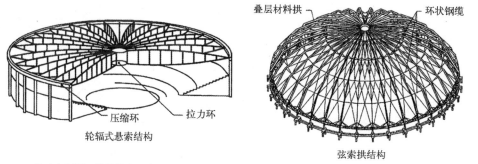

图 5-15　弦索加强梁 / 拱结构应用案例

5.2.1.3　膜系

膜材料是极轻的建筑材料，在大跨结构中有着越来越广泛的应用。大跨结构中最主要的膜体系结构可分为空气膜与张力膜。掌握它们的原理与形态生成方法是灵活利用膜材进行结构创作的基础。

空气膜的原理是利用膜面两侧的气压差，使膜面呈受张状态，并利用这样的气张力来抵抗外荷。按照力学性质可以分为气承式与气胀式。气承式又可依据封闭膜面内外的气压差分为正压型与负压型气承膜。

张力膜结构可依据张成模式与结构方式分为边界张拉膜、索网张拉膜与骨架张拉膜等类别。

在设计膜结构时，要依据不同的膜材性质及特点来考虑结构形态的组织方式（图 5-16）。

在本文 4.3.1.3 中，将膜作为结构材料进行一些形态设计分析，以及对其在不同的建筑设计用途的基本形态进行了简单归纳和统计。以下将对膜结构的具体设计问题进行讨论，并提出应对策略。

目前空气膜和骨架膜的结构形态是比较容易处理和落实的，它们的平面对应度高（气胀式平面是例外，但气胀式结构常用于临时建筑，施工难度较低，易控制），气承

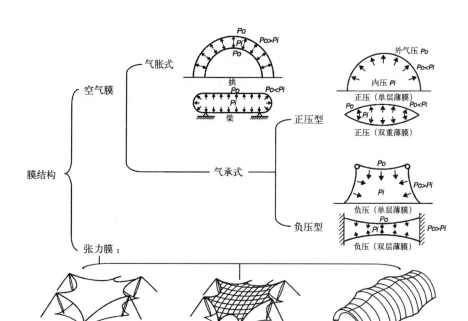

图 5-16　膜结构分类

式常被处理成充气枕式结构，或和刚架结构构成混合结构，具有很高的控制度。同时气枕式结构还可以与灯光技术相结合，作为结构表达更多信息的媒介。此处对它们不做过多讨论。

　　而张拉膜的形态样式丰富，找形、裁剪、洞口设置、连接过渡都需要复杂的推敲和计算。目前大跨建筑设计中出现膜结构，都需要依赖于膜结构厂商提供相应的技术支持，而且这样的依赖性很大。想要创作更为优秀的膜结构形态作品，需要建筑师提高自身对膜结构知识的熟识掌握程度，迎难而上。此处列举一些常见的设计问题及处理方式，抛砖以引玉：

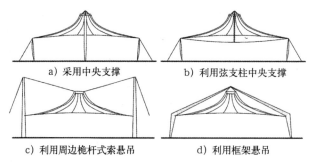

图 5-17　具有内部高点的张拉膜形态生成

　　（1）具有内部高点（以一个为例）的张拉膜结构可选择的结构形态（图 5-17）。

　　具有高点的张拉膜是最常见张拉膜形态，通常高点的拉环还可以用作采光或通风孔，采用圆环还可以避免应力过于集中。而在一般的膜结构设计认识中，高点常采用立柱撑起或者桅杆吊起，这也是最基本的形式。实际上结合前文提到的混合结构原理可以得到很多衍生的形态。例如采用弦支体系替代中央撑杆柱，就可以将跨度扩大一倍；而桅杆的形式和数量也可辅之以锚点，变化数量和形式；另外还可以采用刚性的框架结构来张拉膜材，形成框架膜。甚至可以用框架弦支膜的阵列组成大型的大跨结构。

　　（2）压杆的设置与处理（图 5-18）。

　　在张拉膜的设计中巧妙运用压杆可以有效地减少结构的占地面积，并减小结构整体的支撑荷载。尤其是在用地局促的情况下，合理设置撑杆可以收到奇效。例如在低点位置引入压杆可以缩减约束索外伸的距离，将膜的拉力分解成撑杆压力和索的拉力，并可以将边界适度提高，扩大结构可用活动面积。而高点桅杆的斜置也同样可以

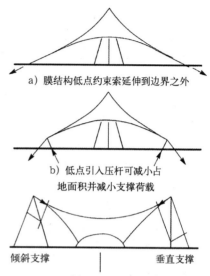

a）膜结构低点约束索延伸到边界之外

b）低点引入压杆可减小占
地面积并减小支撑荷载

倾斜支撑　　　　　　　垂直支撑

c）桅杆和支撑索的荷载可用几何方法确定，
倾斜桅杆可减小其与拉索的荷载

图 5-18　压杆的设置与处理

达到缩减其承受压力和拉索拉力的目的，通过图 5-18c 的几何图示方法，可以看到倾斜桅杆与垂直桅杆的两种情况下的荷载比较，无论是压力抑或拉力都有非常明显的缩减。

　　（3）脊谷式张拉膜的形态生成（图 5-19）。

　　脊谷式张拉膜系统是另一类较为常见的张拉膜结构，它的单元由桅杆、稳定索、脊索、谷索、边索和膜表面构成。和一般的悬索边界张拉膜不同，脊谷式张拉膜的边界更为硬朗清晰，具有清晰的脊线和谷线，常以线性阵列或者环形阵列的形态出现并形成大空间。在体育场等需要大屋盖开敞式结构中，常采用单桅杆式脊谷体系，这样的体系采用刚性边界替代柔性谷索，来承担单向悬挑，刚性边界的自重可与部分膜张力相抵消。

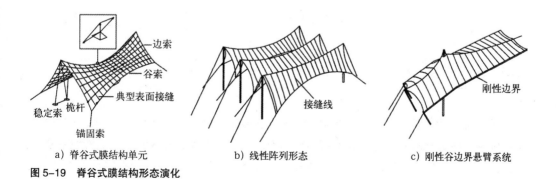

a）脊谷式膜结构单元　　　　b）线性阵列形态　　　　c）刚性谷边界悬臂系统

图 5-19　脊谷式膜结构形态演化

5.2.1.4　节点

笔者在表3-5中曾提出了一些轻质化连接的设计原则，包括等效分解、样式转化、相似整合。而这些连接原则实际上就是针对节点设计的思维。节点作为结构中力的转换机构而出现，它是力流汇聚、分散、转向的中继器。如人的关节部位一样，建筑的骨骼因为节点的功用而被组织起来。在大跨结构中，节点又多暴露在外部，作为各类构件的汇聚、交接点而出现，线性构件具有视觉的导引性，因此节点很容易成为视觉的"聚焦点"，节点设计也可以很大程度影响观者对于结构评价。一个优秀的节点设计，可以通过外在形态的观感来传达内在的理性逻辑。可以说节点有着审美"焦点"和力流"交点"的双重身份，但通过观察统计国内很多大跨建筑的创作实践，不得不无遗憾地说，我们对其关注的并不够，甚至常常忽略掉节点的设计，将其推给结构师和制造厂商。这样的情况似画龙而无点睛，总是让人感到精彩的整体形态下缺少让人可以细细阅读的精彩。当然，这也和以往节点的加工工艺相对滞后有关系，很多建筑师对于节点加工的认识还停留在焊接、锻造的阶段，久而久之形成了惯性。而现今节点加工制造已经可以依据设计者提出的造型实现各种的复杂形式，整体浇注等技术可以用来制造各种精确光洁、富于工艺美感的节点。在当今世界的大跨设计中有一个很明显的现象——凡是经典的、有世界影响力的、教科书式的大跨结构，必有自身极具特点的节点设计，这些节点有些来自对结构有着深度理解贯通的建筑师，有些凝结建筑师与结构师的协作心血。一个优秀的节点设计未必可以成就一座建筑，但一个优秀的建筑一定有着令人着迷的节点设计——"于细微处见精神"，诚然如是。

富有表现力的节点应该遵循结构逻辑、建造逻辑，并要与结构的整体具有统一性，似自然地生长于结构之间，而不能简单地拿来嫁接。而大跨建筑的节点种类繁多，目前已知已有近百种，且这个数量随着新设计的出炉亦在不断地更新。但通过一些归类和对一些具有现实意义的节点分析，对于立刻转化到实际设计中研究运用，是有现实意义的（表5-7）。

常见金属构件连接分类　　　　　　　　　　　　　　　　　表5-7

连接工艺					连接关系					连接刚度		
铰接	栓接	焊接	铆接	销接	相贯式	交叉式	交接式	嵌套式	……	刚性	半刚性	柔性

无论哪一种分类、哪一种连接类型，在大跨结构中都可以找到对应。当新式材料、柔性构件、加工技术大量介入到大跨结构的设计之中，为大跨建筑的轻型化转型带来了强大助力。构件的界面也因此大幅缩减瘦身，节点的设计也出现小型化、精致化、工艺

化的趋向。索缆的大量运用，也使得各类销栓、夹具、套件和锚具的样式飞速增长。很多节点设计的新形式、新思路也开始井喷式爆发。这里总结并评析了一些具有代表性的案例，其中大部分都是轻型大跨结构中常见的节点和基本型，通过对它们的掌握可以在设计创作中推演出一些新的节点形态（表 5-8）。

常见典型构件连接案例　表 5-8

连接	说明	图例
柱 - 桁架梁（铆接）	典型的刚性连接，由于刚性节点的弯矩较为集中，因而采用钢板作为铆板，增强节点的抵抗能力	
弦杆 - 斜弦杆（焊接）	采用不同的型材弦杆的焊接组合方式也不同，有些情况需要增加焊片来提高抗弯。其中以圆管焊接最为简洁干净，但工艺要求也最高	
球栓式连接（栓接）	此图例为典型的球栓连接方式，此外还有楔式连接和贯穿式栓接等方式。栓接为半刚性连接，弯矩较之刚性连接小，因而节点可以缩小，杆件两端也可以收束便于连接	
拱脚处连接（铰接）	拱脚部位连接可分为刚接和铰接。刚接对于温度、下陷敏感；两铰拱由于支点可以摆转，不会有较高的弯曲应力；三铰拱具有更好地抵抗下陷的能力	

续表

连接	说明	图例
悬索吊张膜（销栓/夹具）	此处演示的是采用夹具的交叉式索缆，并用其吊张下部膜结构的节点。膜材与吊杆的连接采用了环片铆接夹板式连接	 辅助钢缆　钢缆边缘　聚四氟乙烯　悬挂钢缆　装饰盖
集成材构件的拱脚连接	此处是集成材的三种拱脚连接方式，颇具代表性：集成材的连接通常都要借助钢构件作为嵌板和铆板，以形成铆接、铰接，并利用嵌入件的接头形成栓接。中部图示展示的是利用索缆抵消拱的侧推，直接铆接垂直方向柱	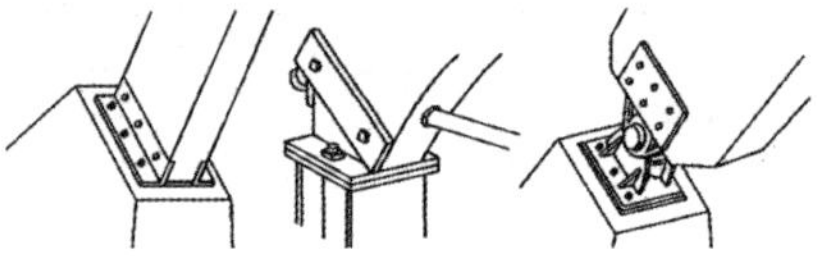
索网扣件式连接	索网结构采用刚性节点可能在网格角度不同时导致索网的变形和破坏，节点采用带转动轴的可旋转式扣件，就可避免这样的情况。左侧是成组式边索节点，右侧两图为双重交叉式索网，异向索缆的两种连接方式	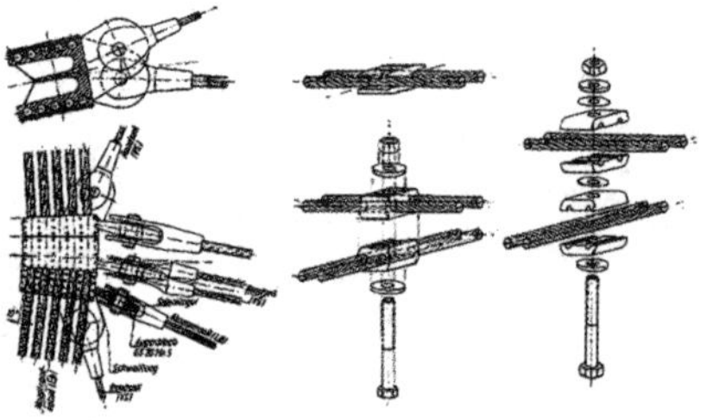
拱与悬挂构件的连接	在拱的下弦杆，利用夹具套件与下部索缆的夹具套件伸出的索缆相连接。拱得到稳定，下部悬挂得以张拉，通过拱和悬挂体的分离关系，使这种结构应力关系清晰可见	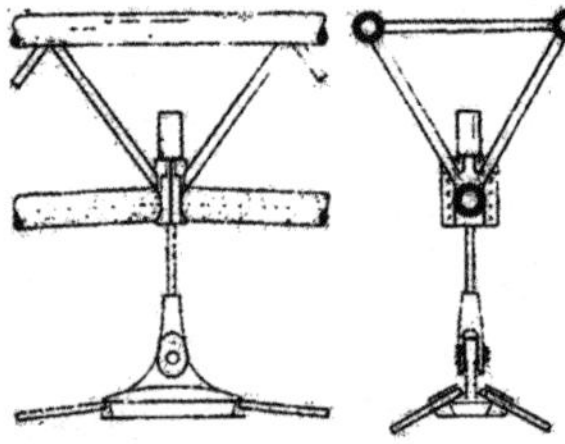
背张弦拱架的弦支节点	这是钢索穿越反弯点式拱架的典型节点。这样的结构可以使拱架主要承受压力。撑杆与钢梁采用栓接，索与索、索与钢梁的连接采用了夹具式。夹具的弧形夹片设计也很巧妙，避免了应力过于集中，使力的改向更为顺滑流畅	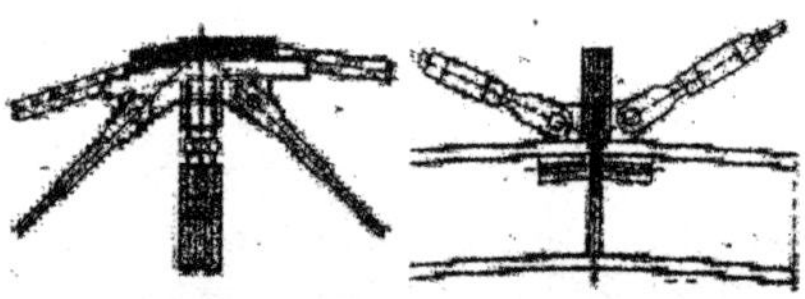
扇形轮辐式索结构节点	一种经典的构思奇巧的节点，常用作单层网壳的加强结构。可以将一个平面内多向的力流汇聚在一两个方向，用于加强网壳的刚度和抵抗动荷载的能力，构件纤薄轻质，工艺感极强	

5.2.2　裁剪及组合变换

大跨建筑一些传统的设计方式依然适用于轻型结构的设计创作过程，但是有些方法需要有针对性的做出调整，做出有利于轻型形态建构表达的应变。传统的空间结构形态创作手法常有形体裁剪、单元组合与参数调度等，这是空间类结构形态创作的圭臬法则。虽然这些法则有广泛的适用度，在以张拉强势为主导的轻型结构之中，有着更为自由的创作应用，但有些特有的结构也有自身特定的限制条件，倘若突破这样的限制或因势利导地做出设计调度变化，可以实现功能与表现的双赢。例如利用形态变化形成的一些"冗余性"的空间看似多余，实则工巧，可以实现个性丰富的场所空间与场所体验。

5.2.2.1　形体裁剪

裁剪是最为基本的形体变换手法，在非大跨结构中相当于体量的"减法法则"。大跨建筑由于结构形态的基元往往是完整的几何形体，但由于建筑空间与建筑的功能平面的设计每有不同，不可能完全采用一个完形来作为覆盖，要通过巧妙的修剪以达到空间、功能与形态的协同；但也不必过于强调极高的"贴合度"，往往巧妙的收放把握，可以使空间与形态别有韵味。

形体裁剪也不是一种简单的取舍方法，它包含了一整套的变通思维，也包括单元组合和参数调度的内容（图 5-20）。由此可见，裁剪组合变换的方法是一整套基于裁剪基本形态生成基础的形态生成方法。它始于减法思维，但是可以利用剪裁得到的元素，进行再度加合创造，其间可以对个体元素进行旋转、缩放，甚至是再次裁剪。

影响裁剪的主要因素有两点：母胚的形态和裁剪切割的形式。这两点决定了裁剪后的子胚几何关系，如近似、不等、全等。依据子胚数量和之间形体的关系，可以定夺它们再度组合的关系。这也是单元组合和参数调度的设计依据。

另外，在轻质结构的裁剪中有两点值得注意：

第一，一些形态的裁剪要配合其采用的结构形式来推敲，有些体系的结构方向性强，或者网格形式特殊，故裁剪要和结构的型制走势相一致，否则会出现无法配套的情况。例如采用了渐变式三角形格构网壳的圆形穹顶，如果采用直线切割就有可能对结构整体性造成破坏，且空间形态不完整。因而要采用顺沿结构网格的方向近放射状裁切，保护

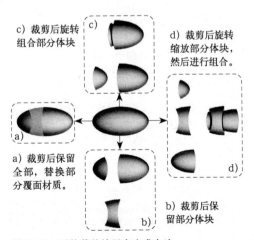

c) 裁剪后旋转组合部分体块

d) 裁剪后旋转缩放部分体块，然后进行组合

a) 裁剪后保留全部，替换部分覆面材质。

b) 裁剪后保留部分体块

图 5-20　形体裁剪的形态生成方法

图 5-21 渐变三角格构球壳结构剪切示意图

了结构的秩序，也获得了优美的最终形态（图 5-21）。

第二，结构与覆层的分离，或结构材料自身的缝合性（如膜结构），使得剪裁方法多了一种特殊方式——对表面（包括结构性与非结构性）材料进行切割而保留原有的结构形态。由于材料的置换性，同样可以得到富于变化的表面形态。这样的方法适用于强调结构完整性与空间完整性的大跨建筑。常用于天顶采光或结构采光缝。

5.2.2.2 单元组合

"组合"带给平面、形态、空间变化的更为丰富的变化能力。与空间组合不同，结构的组合是利用单元体的协作创造出一个整体的大跨度空间而不是多个空间，即空间内要确保无柱，实现结构整体的大跨度。理论上任何两种大跨结构单元体块都可以进行组合，它们可以来自同一母胚，可以来自异胚，可以相同，可以相似，可以相异，甚至可以采用不同的结构。

表 5-9 为常用的单元组合方法总结。

单元组合方法

表 5-9

同胚组合	阵列式	线性	结构单元沿直线或曲线布置排列
		环形	将结构单元绕一中心点（可在形内，可在形外）旋转布置，若单元的两放射边高度不同还可形成错缝式天窗
	镜像式		沿一根法线将结构单元镜像复制，法线可以通过单元或保持距离，单元之间的间隙可用于采光
	自由式		常用于面性传力结构，如推力网格和帐篷类结构。形体设置可以更为自由，空间的流畅度更高

续表

异胚组合	空间层面	在一些建筑类型中，如会展、展览、交通体育综合体建筑，需用不同的大跨空间，而这些空间还要具有连通性，因此要利用不同的大跨空间进行组构	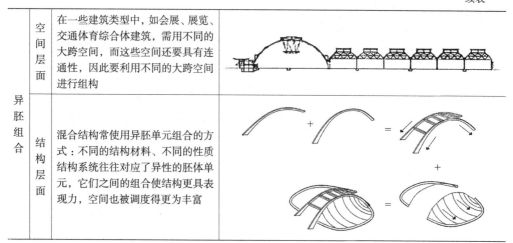
	结构层面	混合结构常使用异胚单元组合的方式：不同的结构材料、不同的性质结构系统往往对应了异性的胚体单元，它们之间的组合使结构更具表现力，空间也被调度得更为丰富	

5.2.2.3　参数调度

在一些情况下，结构形态仅通过裁剪与组合还是无法达到设计的预期，例如和环境的协调共鸣，在已有的形态上进一步提高形式美感，或局部空间的升降、缩放等，都需要结构有进一步的应变能力。而建筑从图纸到建造，所依据的基础工具就是数学与几何，结构的每一根杆件每一个点，实际上都可以用数学的公式或几何的方法落实，因而变换这些参数可以带来更细致的微调能力。当今的大跨建筑设计也逐渐加大了参数化设计的内容，有越来越多的参数化设计程序和辅助化设计软件也在更新升级中，将参数化的插件、脚本引入并逐步完善，如 Rhino 软件中的 grasshopper plugin package 和 rhino script 的技术发展，非常适用于大跨类和高层类建筑的形体和表皮的设计推敲比较。"计算机手工时代"的设计，都是需要人工绘制建模，不同的关联形态变化，需要建立不同的模型，这样的参数调整是静态的。而计算机运算的参数化是一个动态的过程，它是通过公式与函数关系来建立形态变化演绎的关系，一旦确定了一种运算关系，在设计者提供的函数范围内，就可以看到形态的实时动态变化，可以生成给定数量的方案供设计者比较选择最佳的形态方案。

在鄂尔多斯体育中心的体育馆方案中，采用了主辅相连的形体组合方式。训练馆与体育馆在内部联通，其空间高度低于主馆的高度。为了和主馆的结构形态配合，训练馆部分也采用了弧形边界，同时为了节约空间，边界的控制曲线采用了一种类渐近线的形式。对应的空间折板桁架则呈现为逐渐加长加宽的渐变形态（图 5-22）。

2010 年广州亚运会跳水馆则采用了一种更为复杂的参数控制方法：建筑采用的是矩形平面，为了避免平面简单可能导致的单调性，设计者将结构形态组织成蓝白矩形体块

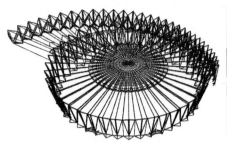

图 5-22　鄂尔多斯体育馆结构方案

图 5-23　广州亚运会跳水馆的形态参数控制

阵列交叉的样式。并通过参数控制，实现了两组单元螺旋起伏流动的动态效果，巧妙地隐喻了广州市的两个重要自然地标——"云山珠水"，可谓匠心独具（图 5-23）。

5.2.3　构件及材料置换

　　构件置换是一种思维也是一种实践手段。优秀的建筑总是始于有效的建造，结构置换是在不同的结构之间取舍权衡，选择决策。作为单一的建筑设计，可以有无数种解决的方案，方案可以对应着不一样的结构形式，相同的基本结构形式，也可以有不一样的构件形式设计与组合。

　　在进行建筑设计时，选择一个至轻的结构，或者一个并不轻盈但美观坚固的结构看上去都是不错的选择。但是二者背后的价值观念是截然不同，建筑、结构的形态，往往反映的是一个地区、一个城市的文化状态，是来自这里的文化价值认同感。在彼得·莱斯看来，技术更是一种文化选择，而不是简单的逻辑推论。从这个角度来看，结构的置换就显得别有意味。重质的结构往往意味着保守、求稳、怀旧和停滞；轻质的结构则象征着进取、活跃、开放和发展。从技术—文化观的角度看，建筑的"骨骼"潜在地隐含了建筑的"性格"。对高技术的追求，隐含的是人们对于高情感回报的渴望。当代的建筑实践也一次次证明了，在挖掘重复性生产和轻质技术的时候，建筑不必以牺牲建构表现为代价。现代性的建筑革命，使很多建筑迷失在"失魅"（disenchantment）的世界，大跨建筑也受其波及，例如在大量的建造中采用相同的结构与构建，结构趋同，空间趋同，不同的只是在建筑的外表面做文章，本质上是不断地拷贝与粘贴，泯灭了建筑的个性。由此看来，当今的大跨建筑设计在追求异形、异构的潮流，实际上是对文化"反魅"的一种诉求和行动，但这样设计常常滑入了另一个极端，过犹不及——失去了理性的控制，一些通过常识就可以判断出荒谬的方案都堂而皇之地在一轮轮的竞标中入围。这反映的是一些建筑师与决策者对于大跨建筑设计一些基本结构问题与其和建筑的关系认识的有限。鉴于此，笔者尝试提出两点折中性的置换策略，这对于一些长期从事大跨建筑设计的设计师是较为低端的，但对社会上的一般设计机构及人员，是具有可行的操控性，对普及性提高大跨结构的设计质量有一定的积极意义。

5.2.3.1　构件的置换

构件的置换，是结构个性化的一个简单而有效的方式。其基本要求是建筑师对于一些大跨结构基础性的结构选型及形态有所掌握，这在一般高校建筑系的研究生教育中就可以实现。大跨建筑的创作要打下这样的基础之后，才能有的放矢，不会出现一些莫名其妙、矛盾百出的结构方案。基础的形式是共性，结构形态要有所新意，有精彩呈现，就需要在这个基础上发展演绎自身的个性。当建筑与结构的总体关系确定之后，结构的选型就可以确定。在一个确定的成熟的型制下，是不会出现致命的结构错误的。每一个空间结构形式，都有着特定的构件选择范围。例如平面桁架体系屋盖对应各式的桁架，而对于桁架则可以有多样的选择（图 5-24），例如格构式桁架、张弦梁式桁架、反弯式桁架、背撑式桁架。即便是同一种桁架也可以选用不同的构件形式，而即便是同一种构件形式也可以有不同的构造细节和设计内容。当今大跨建筑设计中的一个重要矛盾就是对外在的整体形态关注有余，而对结构的细部形态的设计深度严重不足。这样以不足奉有余的情况，也许可以成就一时的精彩，但却无法促成经典的作品。

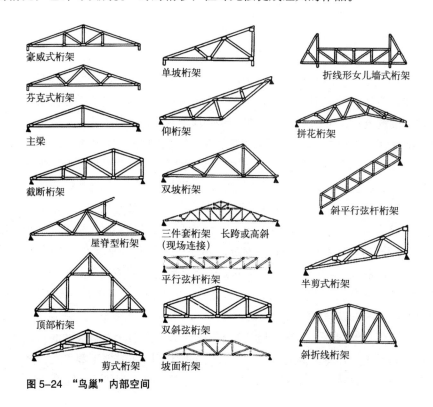

图 5-24　"鸟巢"内部空间

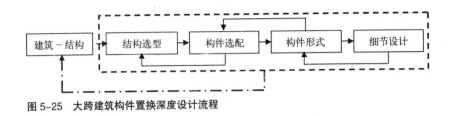

图 5-25　大跨建筑构件置换深度设计流程

　　构件的置换，目的就是层级深入的设计方式，是一种拓展设计深度的理念。其流程关系如图 5-25。

　　这是一种局部可逆、整体嵌套循环的设计机制。其后两点流程是在国内极少被关注的，在此将其明确地加入到整体的流程之中。

　　以环索屋顶的设计为例[4]。环索屋顶是体育场覆顶的理想选择，综合了张拉索与张力膜结构的优势。自我围合的大网格组成主承重结构实现了自锚性，在压力环与拉力环之间张拉钢索和张力膜结构，由于形成环形的整体系统，同时又采用了拉索作为桁架主结构元素，环索屋顶几乎是轻质性最优的桁架结构。但这样的结构形式的问题就是造型相对受限制，只能在环形的基础上加以变化，较为常见的是圆形、椭圆形、类椭圆形、类长方形等形式，不同的形式对应功能不同的体育场。

　　环索屋顶较为常见的是"2+1"的结构组织方式，即外围两个压力环，内部一个预应力拉力环；或者外部一个压力环，内部两个预应力拉力环。拉力环与压力环通过放射状的索桁架相互联系，取得环内力的平衡。由于环索屋顶是极为轻型的屋面结构体系，所以必须要着重考虑抵抗不均匀的荷载造成的屈曲变形。施加预应力是必要有效的提高结构整体刚度的方法，可以限制屋顶的变形和偏移，保证结构体系的安全稳定。

　　德国的戈特利布·戴姆勒体育场采用的就是"2 压力环 +1 拉力环"的环索屋顶形式。两个外围的压力环形状延续运动场椭圆的形状，架在 40 个等距排列的支柱之上，支柱之上对应 40 个放射性排列在压力环与拉力环之间的索桁架。每榀索桁架的下弦拉索承载上覆张拉膜结构的自重。两榀之间的张拉膜则由平行内拉环切线方向的 7 个带有下拉弦的小拱支起分格。小拱因为其塑形支承张力膜的同时，还要起抵抗屈曲、保持稳定的作用。在上压环的内部将横加拉索平面分成两部分，沿压环加做了一道桁架式加固梁。其原因是压力环曲线环半径是不断变化的，因而环的径向应力也不尽相同，从而导致平滑处的索桁架预应力小于弯曲处的预应力。另外还要考虑不均匀的活荷载抵消的预应力，因而加设的桁架梁可以增强结构的刚性，提高压环平滑段的抗弯性。

　　而同样采用环索屋顶，同样采用"2+1"模式的马来西亚吉隆坡的武吉内加尔体育场采用的则是"2 拉力环 +1 压力环"的形态，而且索网在屋盖下部下反，形成了内部空间丰富，外部屋盖简洁，与戴姆勒球场风格迥异的内外空间体验（图 5-26）。

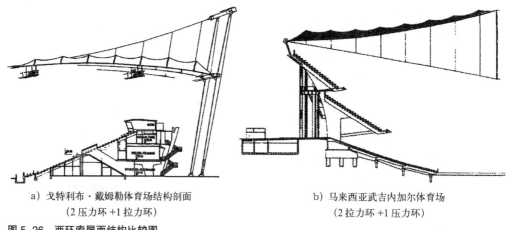

　　　a）戈特利布·戴姆勒体育场结构剖面　　　　　　　b）马来西亚武吉内加尔体育场
　　　　　（2 压力环 +1 拉力环）　　　　　　　　　　　　（2 拉力环 +1 压力环）

图 5-26　两环索屋面结构比较图

5.2.3.2　材料的置换

　　材料的置换可以带来表达的新意与不同的结构性能，直接替换并不一定都具有可行性，按照原理适当的变化与配置适合新材料的新构造的开发，是材料置换的先决条件。

　　戈特弗里德·森佩尔认为，材料置换是人类文化发展的常见现象，一种新的材料常带有之前的材料属性的使用印记。但是随着人们对于材料属性认知与逐渐深入理解，新材料的特有的建构方法体系被建立，旧有的材料印记被渐渐消除，其又成为之后的新材料的旧印记。但是随着工艺技术的突飞猛进，高度发展，这样的置换时间间隙被大大压缩，材料科学的进步也让人们对于每种材料的使用属性有着正确的认识。甚至有些材料就是"刻意"地被开发出来，用作某种目的的建筑材料。材料置换在今天的科技平台上，是可以快速兑现的。但这样的兑现是需要"代价"的，这个代价依然是对建筑师自身的要求——要对材料保持敏锐度，要有深入研究的精神，如果对新材料和材料的新用途、新工艺失去了好奇心，那么我们的建筑设计水平就很可能会遇到瓶颈，长期停滞在高原地带，难以突破。而这样的现象，在我国是确确实实存在的，很多建筑师对于大跨类建筑材料仍停留有限的几种之内，因而设计作品也都是在不断地重复使用这些材料，缺乏创新的激情和学习的热情，断送的不但是自身的竞争力，还有建筑的生命力。

　　大跨建筑的结构材料选择并不复杂，本文 4.3.1 中已经对一些结构材料做了详尽的叙述和分析。而覆面材料的选择则是一个需要更多考量和比较推敲的复杂工作。近年来，较多用于大跨建筑实践或者实验的覆面材料有纸材（用于实验，还不适用于推广）、塑料、镜面金属或玻璃、穿孔金属板或石材板、金属隔栅、藤条板、复合木、印刷玻璃板、金属板或混凝土板、透光理石板、竹木栏杆墙等各类材料。它们有着各自特有的性能属性、质感呈现、构造方式与结构位置。表 5-10 中将补充一些材料，并对其适用于大跨结构建筑覆材的用法汇总。这些的材料实践，只是当今大跨建筑设计与建造实践中的一些典型代表，它们代表了一些优秀建筑师对于材料发展与构造方法的关注点。对于我们实际中的研究与创作，也不无启示意义。

常用的大跨结构建筑覆材用法（主要结构材料见本书 4.3.1 章）　　　　表 5-10

材料	说明	用法
纸	在中国古建筑中用于门窗的封闭，半透光材料。通过一些新材料工艺可制成特种纸，具有一些特殊的材料性能，可一定程度防水、防风。常用于实验型建筑或临时建筑，还不能作为正式的建材	可用于屋面结构，纸屋面有着膜屋面一样的透光效果，漫射效果更佳，表面没有膜材光滑，质感更温和。纸筒构件常用来作为结构材料，和集成木材相近，其网格可利用自然弯曲形成壳体
塑料	分类与种类繁多，如按物理化学性能分有热塑性和热固性两种。质轻、绝缘、化学性能稳定，多数可以制成透明盒半透明制品。广泛地用于各类建筑与结构	在大跨结构中常用的有 PMMA（有机玻璃）、PC（聚碳酸酯）板（阳光板）、ETFE 膜（目前最强韧的氟塑料）、织物膜材等，可用作立面
陶土空心板	加工精度高、观感好，具有很好的人工性能与隔声性	陶土板、百叶常用作外立面材料，具有精致的秩序感
室外用复合木质板	具有天然的木质纹理，跟人亲切、自然、真实的感官体验，耐久性、耐候性提升	用于外立面以及格栅式墙面
穿孔板	有石材穿孔板、金属穿孔板，形成既透非透的效果	金属穿孔板常用作建筑的立面的外表皮结构
百叶式格栅	大型的百叶系统构件，用来创造似透非透、隔而不断的效果	既可用来丰富立面，也可用来作为遮阳系统
金属板材	回收率高、易加工、形式多、色彩丰富（通过与处理手段），能够表现多种复杂的纹理、质感，轻型合金质量轻，有利减少荷载，耐候性、耐久性俱佳	常用作立面表皮，具有丰富的肌理、质感、色彩等创作可能（例如波纹、凹凸、闪亮、锈蚀、印刷、穿孔等）；复合金属屋面可用作屋面结构；抛光镜面金属可形成丰富的表面金属效果
藤条板	自然的藤条材料的编织式板型材料，可通过工艺加工出丰富的色彩呈现，并提高其耐久性	在 2010 上海世博会中用于西班牙馆的立面系统，质感、色彩、肌理都非常丰富，将自然的粗犷和编织细致有机地结合起来
玻璃类	种类多样，利用不同的工艺，可制出不同用途的玻璃材料。多种工艺赋予玻璃材料极为丰富的表现力，也可以根据构造方式创造出不同性能、不同功能的玻璃结构	大跨建筑中最常使用的为玻璃幕墙和玻璃屋顶。彩釉钢化玻璃或玻璃＋彩色百叶板系统，可以创作视觉表现丰富的幕墙体系

5.2.4　结构与设备共生

新的结构形态拓展带来的建筑自身功能的变化，例如网格结构配合以覆面材料的组

合可以实现更为自由的采光、通风方式，
并且配合以构造及机械、机构手段可以实
现各种主动、被动式调控，使得建筑的适
应能力大力强化；另一方面传统意义的建
筑附加设备通过新的形式设计及整合处理，
可以以构件或者表皮的形式融合于建筑之
中，成为新的建筑有机体。

5.2.4.1　结构的设备化（被动式）

图 5-27　体育馆的百叶式遮阳

其中充分利用结构处理，实现气候调
节能力获得适用环境的被动式技术更加具有建筑创作上的可操作性，可称为"结构的设
备化"。应对气候的构造形式表现分为构造表现和建筑表现，构造表现指为了适应气候
的特点通过在一些建筑部件上复合处理以达到环境调节的目的，同时它自身也成为建筑
表现的重要组成部分，如各种遮阳构件。广东外语外贸大学体育馆在比赛厅屋顶天然采
光和自然通风的同时，在东西向上利用曲面屋盖的自然落地创造了自遮阳的入口灰空间，
而在南北向通过水平百叶遮阳板避免了休息厅入射过量阳光导致的温室效应，而且丰富
了尺度张力和表情层次（图 5-27）。"遮阳设计不仅仅是对舒适度的控制——它已经成
为而且能够成为一种美学的载体。……为了获得建筑的整体感，这些因素必须与基本的
建筑意义结合起来，并且成为建筑形式优美的一个传达者……遮阳设施可以成为创造建
筑形体的调节者。遮阳设施是建筑形式的一种表达性媒介。"[5]

5.2.4.2　设备的结构化（主动式）

环境设计控制则是通过主动式技术进行气候调节。设备的"结构化"是把设备与建
筑结构系统整合设计，使设备不再是建筑艺术处理的负担，而成为有机的装饰。大阪机
场航站楼流线型屋面是顶层大厅的空调气流轨迹的直观映像，如此形成特有的"开口风
道"，而不必使用空调管道，实现了建筑设备与空间的有机一体化。汉诺威世博会 26 号
馆为最大限度减小通风管道对空间采光的影响，将其设计成透明结构，精致的通风口也
被整合为空间的装饰，颇具表现力（图 5-28）。由此看来，精致高效的建筑设备构件是
大空间公共建筑技术美学的积极表征。

图 5-28　汉诺威 26 号馆利用结构设计解决自然通风

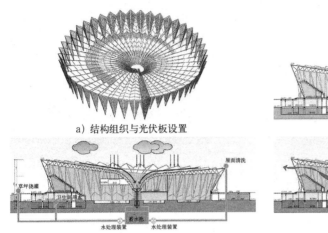

a) 结构组织与光伏板设置

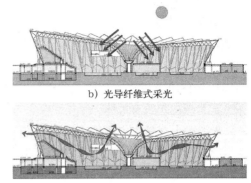

b) 光导纤维式采光

c) 利用结构组织进行排水，同时结合水净化
设备将雨水有效回收利用

d) 利用结构缝隙组织通风设计

图 5-29　结构 – 设备整合性方案

在鄂尔多斯体育中心游泳馆的投标设计方案中，依据该地区自然光照充足降水少的特点，结合了游泳馆的折板结构，布置了一定量的太阳能光伏板，解决了馆内一部分用电和用热的问题。屋盖的局部采用了光导纤维采光，节约了照明用电；同时利用屋面结构向内倾斜的趋势和中央支承体系的中空空间，解决了屋面集中排水的问题；并结合了集水与水净化处理系统，供给场馆之内练习池与戏水池；是典型的被动式与主动式结合的结构 – 设备整合性方案（图 5-29）。

5.3　关联领域轻型化协调策略

一个品质优异、富于创造性的结构，不会在建筑方案之后才开始利用现有范式进行"组装"。对于大跨结构来说，尤其是这样——一个高品质的大跨结构往往是在设计的最初，就和建筑设计整合同步，在既有的条件下寻求一种和建筑完美融合的结构形态。故步自封、循环程式、单调机械地拼凑式结构形态设计，只能扼杀其自身的表现性。

要缓和、逐渐解决这样的矛盾，使结构既要回归自身的本源，即足够的坚固安全，提供更为方便舒适的活动场所；还要反观人类自身的需求，将人的生活、发展、心理的诉求映射到结构之上，与时俱进地更契合建筑自身所处的文脉与时代。

一个优秀的结构，一定是超越"结构"自身的意义，在完成本体任务之外，结构还可以作为时代技术、文化形象、生态意识等内容的载体，而这些亦能成为结构创作构思的泉源与控制因子。

5.3.1　施工技术的先决定位

施工技术是和结构设计密切相关的技术领域，结构决定了建筑的成立，而施工建造的技术水平则决定了结构的落实质量与"生长"速度。

在前文有叙，一些特有的结构形态是和施工工法并生出来的。例如攀达穹顶和一些折叠结构，这样的结构通常不会在设计的后期阶段被确定，绝大多数都是设计师或决策者在设计之初就确立了结构选型意向，决定了要建造这样相对特殊的结构；或是由于某些大型建筑的工期紧张，需要短时间内完成建造，一般的工法无法在有限的时间段内完成，这时可用于快速的建造结构就被推到了候选台上，而这样的结构往往是要结合其工法被量身打造出来的，需要被设计的不仅是结构自身，还包括工期、设备、工序、结构提升方法、结构定位／展开／固定方法等一系列的内容，这无疑也增大了建筑设计的挑战性。尤其是当施工技术的程序阶段突破了传统的建筑实现流程，被大幅度前置，并影响制约了建筑与结构的设计内容。

5.3.1.1　形态速成的展开式

展开式结构（unfold structure）是轻型结构的一个发展分支，其特性决定了它可以多次地重复使用，并可以简化建筑结构的安装程序。但展开结构未必意味着高造价和高人工费用[1]，它的经济性甚至更有优势，目前在国内推广的困难是缺乏实验基础和实践项目的支持。（由于前文对攀达穹顶式展开结构有详尽的论述，此处以另一种展开式结构作为案例。）

西班牙塞维尔世博会的委内瑞拉馆（图5-30）采用了一种很有创新性的展开概念和施工工法。由于西班牙的施工费用高昂，委内瑞拉决定在本国加工制造该馆的屋盖，然后运到现场安装。该馆的规划设计是一栋临时建筑，展会之后要运回本国，从便于运输、再次安装的目的出发，该馆选择了展开式的空间网格。建筑的用途定位于视听展示大厅，需要大跨度空间，结构形态采用了三角形剖面形式的大屋盖。三角形截面的长边用支架将其分成两不等跨。空间网格为单向网格，在成型后加设横向联系杆以提高完

图 5-30　塞维尔世博会委内瑞拉馆

---

❶　"展开结构"要与"开合屋盖结构"区分开，二者对应的概念完全不同。虽然都是可动变形机制，但前者对应的是施工工法，后者对应的是使用功能。

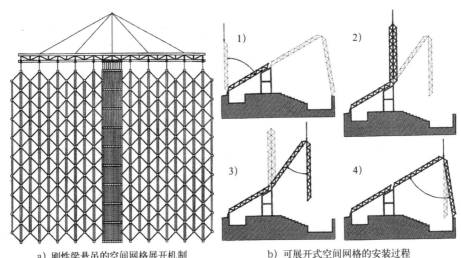

a) 刚性梁悬吊的空间网格展开机制　　　　b) 可展开式空间网格的安装过程

图 5-31 塞维尔世博会委内瑞拉馆的展开式结构安装

整性确保荷载的空间性分配。桁架间采用铰节点连接，可使结构在一个线性上做"手风琴"式展开、折叠，展开后用 U 型夹具锁铰固定，夹具同时还承担悬挂下弦覆面板的作用，桁架斜腹杆和展开后用于固定的横向杆都采用扁接头管杆，便于栓接。

在施工现场折叠网架像窗帘一般用钢索悬挂在吊臂的轨道滑轮上，对称展开，加设横杆和斜杆以形成稳定双向网格，然后吊装。主跨网格打开后成八字形，分别支承在中部支架和后部墙体（图 5-31）。

精致简洁的展馆诠释了展开结构的应用潜力，覆盖面积 1242m² 的结构仅用 13 个小时完成了展开安装！虽然这样的结构网格装配会受到工厂硬件条件的制约，以及运输条件的限制，但是其快速安装的能力和速成的形态也激励了人们对它的应用前景充满信心。

5.3.1.2 悬吊生成推力网格

一般说来，壳体结构通常采用几何形式强烈的完形体或经剪切而成的壳体，其用材也多选用金属杆件网格。混合结构兴盛以后，这样的格局开始逐渐被打破：首先是格构网壳不再一方独大，张弦、弦支体系在逐渐瓜分格构网壳"割让"的比例；其次是新的结构材料体系，在建造中寻找替代作为结构材料"霸主"——金属材料的机会；最后，规矩几何形式的变化组合已不再能满足人对于求新、求变的需求，一些新概念的结构形态应运而生，它们都采用了不同以往的形态生成法则或生成理念。集成材推力网格就是其间的整合型代表。

集成材推力网格采用集成木材（也叫复合材、叠层材料）作为主要的结构构件，金

a）建筑外景　　　　　　　　　　　b）馆内施工现场

图 5-32　奈良丝绸之路会场

属材料退居其次,仅作为连接件和固定件出现。利用木材的韧性,通过结构的自然"挠曲",并对边缘施加预应推力,通过"推挡"促成结构的成形。为了减小侧推力,通常还会采用张弦构件维系形体稳定。利用木构件的长短和边缘变化,可以推挤出形态自由变化的连续体空间形态。但集成材推力网格有一个现实问题,就是随采用的原生木材和加工工艺的不同,集成材的性能会有所变化。所以不同的集成材的韧性也都不一样,可以实现的弯度、温湿变化的适应性也不尽同。在选择材料之前就要对此类材料的性质有所掌握或进行实验,实验通常采用同材料等比缩小模型进行倒吊悬挂找形。由于木材具有弯韧性,可以实现这样的压弯形态的转化可能,通过倒吊确定大体的用材长度和形态,然后翻转进行推力固定,确定最终的形态,指导实际建造。

"奈良丝绸之路博览会"的登大路会场就采用了此结构,以游牧民族的蒙古包基本形态概念,自由的结构形态营造了流通变化的内部空间,同时顺应了建筑所处的自然丛林地貌,最大限度地保护了既有树木。而木材的自然质感,也使建筑更好地契合了所处自然环境,当行为场所发生内外转换的时候也不显突兀,这是金属结构建造工艺所无法实现的体验（图 5-32）。

5.3.2　文化信息的编译映射

文化是一个群体一定时期内生活、活动、历史、需求和理想的反应,包括物质、社会关系、精神、艺术、语言符号、风俗习惯等内容。用轻质结构来传达文化的感知力,并不是简单地利用一个既有概念,套用其形式的套路,这是一种相对下乘的做法。因为一个概念、一个具象,都只是停留在"能指"的层面,过于具体就会消弭其"所指"的丰富性。建筑与文化的对应,更多的应该是在精神层面和文化状态的契合,通过建筑的精神面貌来传达文化的价值观念。同时,当今大跨建筑的应用多数都是用在人流集散大、活动多、现代生活气息浓重的体育、会展、交通等建筑类型,因此要传达开放、明亮、平等这类积极向上的体验，而不适合厚重、压抑、阴沉、神秘等氛围 ❶，因而精神层面的"轻"是与物质层面的"轻"呼应相承的。

虽然不止于某个概念的能指，但是大跨建筑的创作也不是要全尽包纳文化的各个层面，一般都是从其中一两个层面切入，引发人的共鸣和认同。

5.3.2.1 区域地理的延续归化

"建筑的地点性而不是空间，具有第一性的意义，因为空间也是从地点而不是空无获得存在。"——如海德格尔所言，大跨建筑首先是地理环境的坐标域，它接收基地的环境特质，经过自我修正，实现与环境的统一；另一方面，当建筑合理介入环境，环境也可以得益于两者良性的关系，从而实现"生长"于环境的原创建筑。

这样的生长性，体现在建筑形态对于其所在区域地理环境低姿态地归化。此时的结构形态也不再是张扬恣意，奔放不羁，往往要结合自身所在"场"的气质做出回应。

葡萄牙的布拉加足球场是在原有一片山区的建筑废墟中建立起来的球场，地处在一片石山的山谷之间，两侧为大坡地和石山的断崖，在看台区可以很清晰地看到山崖的断面和既有建筑留下的痕迹。建筑师出人意料地没有对它们进行"整治"，而是保留了原貌，并且将球场的看台结构也采用了和山体相近的混凝土材料，为了尽量减弱屋盖对环境氛围的影响，两端坐席顶端用极轻的悬索结构相连接，覆层采用和环境色相近的灰色波纹板。虽然没有覆土、没有植被，但是建筑显示的是一种对既有环境尊重和对场所历史传承的态度，虽然原有的建筑被拆除，但是城市的记忆却以另一种形式得以延续（图5-33）。

5.3.2.2 网格样式的编织意译

网格，赋予大跨建筑结构和组织肌理，细密的网格单元也为大跨建筑的表现和施工带来了便利。首先，网格单元成为覆层材料划分的"模数"依据，利用网格的数据可

a）球场坐落在山谷之中 b）悬索屋面效果 c）与山体呼应

图5-33 葡萄牙布拉加足球场

---

❶ 一些历史和战争博物馆需要利用这样的"气场"，但多数其他类型的大跨建筑还是要避免出现这样的临场感。

以控制覆材切割与加工；其次，网格系结构可以使建筑的外观呈现被"像素"化，每个网格单元可以成为一个建筑的像素，而像素的阵列则成为"屏幕"，可以通过像素的组织传达信息，给予建筑地域的、地缘的风貌传承；再次，很多网格体本身就是建筑的结构体，它们所承担的不仅是建筑肌理表现的问题，更主要的是成就了结构自身轻质的高表现力。

编织感强烈的斜方网格具有美学构图法则的秩序感、变化感，同时这样的笼子构架也可用于传递建筑的重力，外壳形成地震与强风的阻抗；另一方面，部分斜向构件可以作为吸收地震能量的制震构件。在抗震设计中，可将吸收地震能量的构件与支承荷载的结构加以分离，控制对于地震引起的损伤。斜向的网格可以相互将屈曲长度变得极小。大跨建筑的编织网格通常为空间形态，更具形态抵抗能力，抗震抗风效果就会得以加强。广东佛山世纪莲体育场的设计即采用了倒置空间网格壳体，传力顺畅均匀，结构形态与看台起坡形式协调一致。屋盖结构采用"环索体系＋张拉膜体系的高度张拉化的索膜体系"。建筑形体在舒缓起伏的平台衬托下绽放盛开，透明洁净如初开莲花，力系稳健弦张，形态动静和调，和佛山市稳健中快速发展的城市面貌相呼应（图 5-34）。

除了斜方编制的结构网格之外，建筑的像素化表皮也可以实现编织效果，并通过"像素"组织，强化突出结构的序列性或组织结构。表皮自身也同样具有轻质的特性，否则大面积的表皮也势必会大大增加结构负担——这也和表皮选择的材料呈现有关系：用于传达文化信息的形态设计，通常也会借用色彩手段，例如借助 LED 灯 +ETFE 膜、彩色波纹板、彩色膜材、穿孔板、格栅板和彩钢玻璃等，这些材料也都具有轻质属性和丰富的视觉呈现，对于建筑的意向传达大有裨益。2010 年南非世界杯的约翰内斯堡 FNB 球场就有机地将整体意向传达和结构形态相结合，适度地表现了张拉膜面的屋盖尺度，

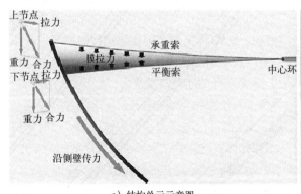

a）结构单元示意图

b）建筑鸟瞰

图 5-34　广东佛山"世纪莲"体育场

图 5-35　约翰内斯堡 FNB 球场

图 5-36　华沙国家体育中心

图 5-37　水立方的夜景灯光效果

图 5-38　全媒体屏幕建筑模型

也创造了一个界面间自然衔接，流线化的朴拙简约造型，寓"非洲罐"的地域图腾于其体，合轻盈姿态和地域文化于其形，容地域环境与文化于其意（图 5-35）。而在波兰华沙的国家体育中心采用了一种渐变退晕似的矩形像素网格，由下至上颜色从深红至透明白渐变，色彩自身也传达了一种升起渐轻逸的感知，这样的颜色组合实际上也是波兰国旗的两种色彩（下红上白）的变化演绎，能激荡波兰民众的国民情感共鸣。其网格肌理则暗合了波兰的编织工艺传统（图 5-36）。

5.3.2.3　电讯传媒的表皮直叙

在利用结构建构的"像素"之外的建筑表达，还有一种更为直接的像素化传达方式，那就是直接利用电讯技术、媒体屏幕或者信号矩阵来进行信息直叙。这样的建造可以内嵌在结构的网格之中和建筑表皮之内。

前文提到的奥地利格拉茨艺术中心、安联体育场以及水立方的 ETFE 气泡式格构单元阵列（图 5-37），都是在建筑的表皮膜内内置灯具，并通过计算机控制不同的灯色转化与灯阵变化，从而实现建筑的信息传达。灯光不仅是作为信息的媒介，也是结构形体的显现因借。这样的技术不仅没有弱化结构对于大跨建筑的意义，一定程度上更强化了结构的意义，也拓展了结构的文化形态。总而言之，这是以结构技术为主导的建筑技术整合。

除此之外，大跨建筑也有采用各类大型显示器屏幕替代建筑表皮的尝试（图 5-38）。从效果来看，这样的试验还是值得商榷的。首先，可以肯定的是，这样的创新尝试有其积极意义。通过显示屏，人们可以得到更为直接明了的信息提示，例如举办大型集会时，可以利用它们转播内部活动来开辟建筑外部环境的"第二场所"，扩大建筑的活动容量，使活动更具开放性。然而，也必须承认，这样的设施消解了建筑的本体性，遮蔽了结构的表现性。建筑的内容要依赖设施的显示，所谓的建筑审美也因为屏幕的瞬时性失去了意义，结构的表现性就更无从谈起。另一个比较严重的问题是，当屏幕关闭时，建筑可能就变成了一个灰黑色的巨型几何体，这样的巨型体量对周边的环境缺乏积极意义，甚至有损害的。在日间，巨型屏幕的亮度对比无法满足观看的要求，同时耗电十分巨大，如果整个建筑都由这样的设施包裹，其能耗和维护费用是任何承包商都无法接受的，因而屏幕界面在更多数的时候处于关闭状态。暂不考虑闲置设施带来的损失，单从环境质量提升和建筑自身美学、本体的建构意义上来说——至少在目前阶段，这样完全化的媒体屏幕表皮还不可取。当然也有一些技术可以解决这样的矛盾，例如在建筑的外界面，设置大面积相对平整的表面，利用各类的投影技术，将建筑自身的界面作为媒体的呈现界面，供赛事活动使用。在事件之后，设备可移作他用，建筑与环境并不受其影响。

通过以上，笔者认为媒体技术对于大跨建筑来说，可以作为一种"锦上添花"，暂且不可以"喧宾夺主"取代建筑和结构的自身呈现。

5.3.3　自律怡情的人化自然

查尔斯·詹克斯（Charls Jencks）曾经提出两种建筑的"新范式"的创作倾向，即复杂拓扑和不规则碎片。和之前出版书籍中论点不同的是，詹克斯保留地给出这两种倾向仍处在萌芽发展时期。然而不到十年的光景，当代建筑已经在这两个方面"遍地开花"，虽然质量与效果值得商榷，但是可以从数量持续增长看出这两种范式的市场能力和社会认可度。反映在大跨建筑范畴，前者常表现在拓扑整体形态与界面繁复自在，后者应用更为广泛，前一节中的信息化网格形态就是这个范式的最直接的诠释。

无论哪一种范式，和大跨建筑的结合都更有难度。较之一般建筑，大跨系统更为庞大复杂，而设计是一个从宏观、中观、微观兼顾并驰的立体型过程，只停留在一层"皮"的设计过程不足以支撑整个范式的落实，要周全考虑结构、空间、材料等综合呈现的问题。不论拓扑形还是不规则形，可以看出其实质是人对于自然化的一种情节，自然界的形态往往是通体流畅，有对称而不生硬，隐藏着无限多样的创造力。因而近年来的拓扑形构与数字化建造这些热门研究实际上也是人的自我实现，回归贴近自然，或者说是对于"自然的形与意"提纯，进行再创造。

在追求人化自然的道路上有两条不一样的路，一条是以"形"为先，为了实现最为流畅或奇异的效果，不惜结构代价，采用大量刚性的非活性结构实现建筑的设计样式；另一条路，则是"形"、"态"并重的方式，在设计"形"的同时，不能忽略其"态"，也就是结构的网格与组织形式等问题，二者同时演绎，互为条件，互为限制。形态合自然化形的同时，结构亦要合自然化理。大跨结构形态的轻型建构显然要走第二条道路。

这样的建构又体现在两个层面：一是利用结构形态设计处理，与生态性措施相绑定、结合，实现建筑的自然化能力；二是利用结构形态的创造，对自然界的形态做出一定程度的拟态，并在其中寓涵对生命、生态的理想。

5.3.3.1　生态措施与结构形态同构

大跨建筑的生态措施一般集中在提高建筑舒适度（通风、保温、隔热、采光、集热等）、降低建筑能耗（节电、节水、能源自给等）、减少环境污染（采用环保型、可循环利用建材、集约化用地、科学运营管理等）几方面，其建造与运营都需要耗用大量的自然与社会资源。兴建一个具有一定影响力的大跨建筑，需要少则几千万多则几十亿（人民币）的资金，其举办活动和日常运营维护的费用也极为高昂，因而减少建造运营成本是其必然面对的重要课题。

从建造上来讲，减少用材量，提高可循环利用和可再生资源的使用率是不二法门，同时提高建筑的透明度及自然采光能力对于日间节约人工照明的使用率效果十分明显，有效利用大面积自然通风可减少机械送风的能耗，而雨水收集、处理，太阳能集热、发电等技术则可以一定程度上补贴或完全实现建筑的自给。一般这样的设备都需要大量的面积搁置，但大跨建筑有自身的生态优势，屋盖与立面的大面积对于一般面性设施的放置形成了天然的条件，而网格结构与构件的大间隙对于设备的安置与维护也是有利的条件。因而大量的生态性措施可有效地与结构同行、同形，形成同构一体式的生态型结构建构。

荷兰的 Van Nunen 和 Verhoeven 提出了一种集成生态综合措施的开合体系的屋盖，屋盖采取百叶窗式的横轴旋转开合系统，面层采用光伏电池板。屋面的开合性能确保了建筑全天候运作的能力，而开敞的屋盖可以根据太阳的角度旋转，同时实现最大化面积光能发电，最大化遮阳、自然通风的效果（图 5-39）。

5.3.3.2　生命形式与自然理想相合

除具体生态措施以外，大跨建筑对于自然愿景与理想诉求，还通过对自然界各类景观、有机体形态的模拟，或者是通过建筑自身的形态对周边环境地脉做出呼应，以达到一种人化自然与自然界的贴契，或赋予建筑自身"生命活性"，以庞大且亲和生命形态呈现，拉近人与建筑的情感距离，丰富人的视听感知、

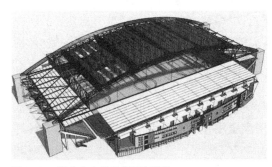

图 5-39　综合生态措施的开合屋盖

心理触觉等一系列的空间体验。

（1）**自然拟态**　法国的科学杂志《Science&Vie》在 2006 年 3 月号一篇文章中提出了一个议题："世界是优化的吗？"——该文章认为，一切能量系统，无论有无生命，似乎都遵循着一条由时间造就的优化几何法则——大自然也许就是头号伟大的构造工程师。人类经历了膜拜自然、依存自然、改造自然的各个阶段，"与自然和谐共生"又成了今日人类发展的一个重要主题。先哲亚里士多德说，"美是合乎自然"，在大跨领域，这体现在建造追求合乎自然之理，功用争取自然之利，而在形态方面也渐渐有一种合乎自然之道的倾向。

科罗拉多州的丹佛国际机场长期被商旅誉为北美最佳机场，设计师柯蒂斯·芬特雷斯（Curtis Fentress）将机场的屋盖结构设计成 17 对双层张力膜结构，从飞机上俯瞰，白色帐篷式的屋顶聚落有 Teepees（美国印第安部族使用的一种帐篷）村庄意向。而在地面上观看，建筑群连绵鳞次、起伏有致，让人很容易将其和背景中冬天冰雪覆盖的落基山脉联系起来。这是一种自然与地缘文化的拟态，同时多年的使用与安全运营，也表明了索膜结构体良好的抵御自然灾害（机场处于地震区）和生态适应能力（图5-40）。

2010 年广州亚运会的亚运城综合体育馆的设计则采用了彩带流云的拟态概念。设计采用了有机连续的组合曲面，屋面外墙面的连续运动同步到室内，也产生了丰富顺畅的非匀质空间，带来步移景异的戏剧化体验效果。而结构则利用了蒙皮技术❶的网壳结构，降低结构自重同时可以提高整体的抗震性能。建筑形态似行云又似交融流转的珠江水系，于水影倒映中表达了一种诗境的岭南山水画意；其灵巧动感的韵律，又如体操比赛中飞扬蹁跹的彩带，彰显了其独特的魅力和标志性（图5-41）。

（2）**生命拟态**　自然拟态是模拟山川湖泊、气流气象、人文风物、分子结构等非生命形态，而生命拟态则是直接对细胞结构、人体、动物、植物等有机生命体的形态，树形柱就是一个最简单最典型的案例。各种有机体自身即是自然界经过优化后的结构形态的呈现，不论是否生命拟态，

图 5-40　丹佛国际机场

❶　蒙皮效应是指在建筑物的表面覆盖材料（屋面板和墙板）利用本身的刚度和强度对建筑物整体刚度的加强作用。蒙皮效应的结构概念来自于飞机和轮船行业。它是在纵横肋上蒙上金属薄板而形成的带肋薄壳结构，蒙皮与肋共同工作，蒙皮自身在其平面内具有很大的拉、压和剪切强度，且由于有肋的作用，蒙皮不会失稳。蒙皮结构具有较大承载力及刚度，而自重却很轻。

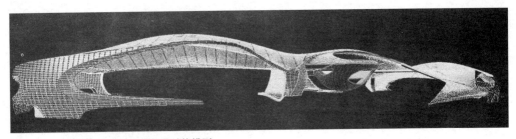

图 5-41　广州亚运会主体育馆屋盖结构模型

很多优秀的结构设计也都是从生命体的结构形式而得到的启发，可以说对有机生命形态的研究，是结构形态创造力与表现力的一个重要源泉，从很多经典结构设计的设计草图中都可以看到，设计师在设计形态时或多或少都有利用有机生命形态的运动与形体作为创意的出发点（表 5-11）。

常见的结构形态与人体形态对应　　　　　　　　　　　　　　　　表 5-11

拱壳		
索网		
单向悬索		
并列式		
单元式		

续表

但需要注意的是，这样的拟态不是完全地克隆和复刻原有有机体形态，而是借用一些形态背后的力学原理，和这些原理发展出来的有机化的形态细节，从而提炼、抽象和升华使结构形态的呈现更生动，在合理传力的前提下，更具自然化的表现力。甚至有些形态生成是来自不同有机体形态的提取和组合，经过设计的取舍整合，得出具有自身特点的结构形态。

德国"斯图加特火车站21"的改建工程，虽然因拆除旧有火车站而引起民众不满和抗议，甚至发生了多起流血事件。单从建筑方案来看，新站的运营能力确实要提高多倍，建筑有机形态也更具现代感（这也是和原中世纪风格的旧车站相差过大而引起民怨的一个重要原因）。单从结构形态角度看设计，无疑是成功的，一些世界顶级的结构设计大师和机构（Frei Otto、Buro Happold、Heinz Isler 等）都参与其结构设计中。建筑采用了一种革新性的薄壳＋索网膜结构，外观如一个细胞群组或是显微镜下放大的皮肤和毛孔。呈漏斗形弧壳的支承结构由壳体孔洞"倾泻"而下，与屋盖结构顺滑连贯，是一种典型的拓扑变换形态应用，这种支承传力也极为合理。首先加大了和屋盖的接合面积，避免应力过于集中，而顺滑的曲面过渡则使传力顺畅无阻，弧面形态的薄壳式立柱样式新颖，同时具有薄壳结构的形态抵抗机制。孔洞作为下部空间的采光天窗，由于采用高透膜和大空洞，可以确保足够的照明。屋盖之上为可供人行、活动的广场，也表明这样有机形态的结构体系的优异性能（图5-42）。

卡拉特拉瓦的骨肋式结构几乎成为他的个人建筑风格的标志。在他作品中经常出现的肋架式都是源自他对于生命体骨骼（如鱼骨、鸟骨、人的肋骨）的提炼和推演。而结构形态的整体呈现则多来自他对于人体动作、姿态的定格与抽象。他的作品对于当代大

| a) 内部空间与结构 | b) 上部空间与结构 |

图 5-42   斯图加特 21 工程

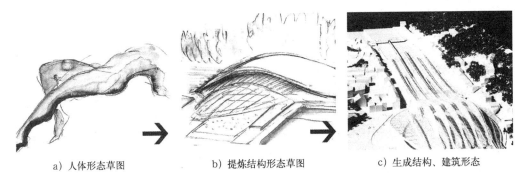

a) 人体形态草图   b) 提炼结构形态草图   c) 生成结构、建筑形态

图 5-43   由人体形态生成结构 - 建筑形态过程

跨建筑创作有极大的启发性，可以说他给出了一种途径，可以有效把握合乎原理建造与诗意表达的结合（图 5-43）。

5.3.4   防震抗震的控制强化

汶川 5·12 地震以及青海玉树地震以其烈度强、范围广、破坏大令举世震惊，其造成的房屋倒塌和人员伤亡数量骇人。建筑界也针对一般性民用建筑的建筑质量与抗震防灾性能进行了深入的讨论与研究。但是针对空间结构，尤其是大跨度公共建筑的关注却极为少见。

另外，自 2010 新年伊始，世界地震频发，各种大震小震接连发生。这也敦促着业界人士将更多的注意力与研究工作落实在建筑的抗震方面上。

5.3.4.1   地震中大跨建筑的双重角色

大跨建筑通常作为重要工业生产环境或大量人群集散、活动的场所，因而在应对突发性灾害，尤其是无法预测的地震灾害方面要做到充足的准备。如果其主要屋面结构在震时发生了严重破坏性坠落或坍塌事故，其造成的损失必定极为严重。

此外，大跨结构公建通常在地震时扮演临时庇护所以及灾民安置点的角色。大跨建筑由于其体量巨大，承载的社会服务功能相对重要，服役期长，其结构的设计抗震级别也相对较高，且屋顶支承结构通常采用三维空间体系，单元杆件的结构材料都是延展性较好的钢构件。近些年来，国际上还有采用"钢—集成木"组合的杆件体系的趋势，进一步减轻了结构自重，提高了大跨屋面的抵御地震能量的能力。屋面复层通常采用的材料有金属复合屋面、织物膜材。此两种屋面覆材较之传统的钢筋混凝土壳体都是单位面积自重很轻的材料，金属复合屋面与结构网格结合紧密，只要结构不产生严重破坏就不会发生坠落的危险；而织物膜结构的自重极轻，即便自身发生破裂坠落也不会对下部的人与设施造成威胁，是理想的抗震属性建筑的屋面层材料。绝大多数大跨空间结构的公共建筑都会在很多地震中表现出色，屡历震险却依然岿立不倒。绵阳市九州体育馆作为绵阳市和周边受灾群众的避难场所，也是当地最大的安置灾区群众的营地。大地震发生后，近四万的受灾群众在这里度过了一段艰难的时光。该体育馆 2005 年建成并投入使用，抗震设防烈度 6 度，建筑面积 2.4 万 m^2，建筑高度 33.7m。主体地上三层，局部地下一层。下部主体结构为钢筋混凝土框架－剪力墙结构。屋盖为钢结构空间体系，东西宽 87m，包括悬挑宽度为 105m，南北向跨度 165m，采用 4 个落地钢结构拱架作为屋盖承重结构，拱架之间设置立体或平面桁架作为次级结构，配以支撑体系，形成受力明确的结构体系（图 5-44）。这样的结构能够经受大地震考验绝非偶然，在设计之初就明确了应对地震提前设防，做到"大震不倒"的各种保障措施方案，并解决了场地问题所带来的各种难题：

（1）加强结构体系整体性，确保每个节点的空间稳定性；强化次桁架与主拱的联结，确保传力的稳定可靠；对于造型可能带来的空间体系不稳定部位采用加强联系的空间支撑结构，形成稳定体系。

（2）屋盖结构由于造型的需要导致落点较少，如果固定不好，"两道彩虹"造型的屋盖就会像两只摇篮一样，一旦发生地震，建筑本身都可能一起摇晃起来。为此在两边拱处加设了支撑柱，并加强了基础墩子的联系，提高了屋盖结构的抗倒伏性。

（3）虽然 6 度设防地区而言是不需要进行地震力计算的，只需要从措施上予以保证就可以，但其结构工程师依然不断运算以测算各种结构的安全性。绵阳市地处地震带，一旦地震可能引发拱脚支座位移，造成连续倒塌。为此，基础设计留有一定的安全储备，并对岩体承载力、基底摩擦力、地基稳定性进行了验算，确保了

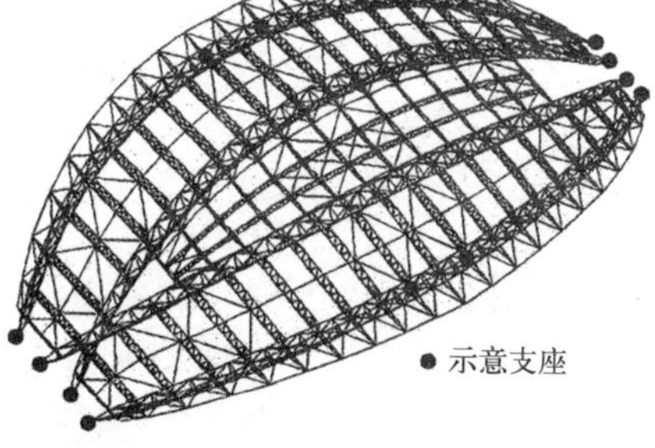

●示意支座

图 5-44　九州体育馆屋盖结构简图

建筑结构具备足够的抗震能力。

5.3.4.2　大跨结构抗震控制设计措施

大跨空间结构具有先天的优良抗震性能，如果能够更好地针对所在区域的地震烈度做全盘的设计考虑，在选型、选材、计算、验算等方面都按照严把质量关，并结合实地的地质情况做出相应对的结构设计，可以进一步提升大跨建筑的安全性能，并在震时发挥更大的作用。综合以上工作，可以整理出如下的大跨结构设计中的抗震设计策略：

在高烈度地震区即便使用预应力混凝土等较重的屋盖结构体系，亦不宜跨度过大。在地震多发区，采用轻型结构屋盖可有效提高结构系统抗震性能。选型尽量选择三维空间结构体系，如果是二维板式体系宜选择格构化网格结构，大大降低结构自重。在技术和经济允许的基础上尽可能地提高结构实效，采用张拉化、复合化的轻型结构。

为了减少围护墙体倒塌，应该在设计与施工阶段加强其有效的构造链接与加固措施。

空间结构采用轻质高强材料，例如钢材、膜材；利用材料自身的延性，适应较大的变形。另外，可以考虑储备一定规模的气膜与气肋设施以备震时之需，其具有造价低、施工快、搬迁易、跨度大等优点，可以作为临时的安置所而快速大量的建造（图5-45）。

设计时要综合考虑检修及温度荷载等可能影响结构的因素，间接提高结构的抗震能力。空间结构与下部混凝土结构采用铰接，宜设置橡胶垫圈或弹簧等可以耗散地震能量的构建及措施。保证支承空间结构混凝土竖向构件的配筋比，使其延性优于普通混凝土结构构件，则其允许的水平位移也大。

空间结构在地震中往往有着尚佳的表现，更有可能影响其震时安全性的因素往往来自非结构方面。例如在日本曾发生很多起震时大空间建筑内部非结构构件坠落伤人事件（图5-46）。其中以吊顶体系的破坏概率为高。大跨建筑中顶棚面积很大，悬吊又高，

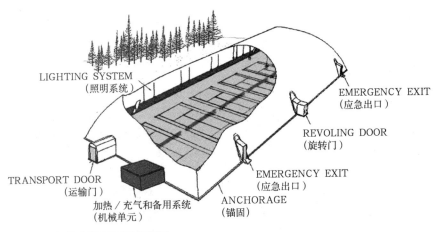

图5-45　气承式临时建筑功能简图

a) 日本新泻一体育馆吊顶坠落，
砸伤一名学生，2004 年 10 月

b) 日本宫城县游泳池吊顶破坏照片，2005 年 8 月

图 5-46　大跨建筑地震时吊顶坠落

且悬吊方式固定的设施与设备与结构结合并不紧密，在震时与结构整体较易分离坠落。因而，在震区的大空间建筑内部不宜采用吊顶和悬吊式设备，应尽可能利用结构自身的形态与特殊构造解决大空间内部的诸项指标要求，在源头上杜绝可能使大跨建筑失去庇护所功能的因素。在图 5-47 中显示的是日本学者研究的悬吊设施高度与自重的限制关系，可作为室内抗震设计及相关抗震法规制定的参考。

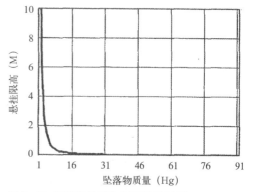

图 5-47　坠落物悬吊高度及重量限制关系

5.4　本章小结

　　历史与现在是未来的基础——明确大跨建筑的形态发展沿革，明确刺激其轻型化发展的各类因子，掌握轻型形态的各类特质和结构表现因借，是创作轻质结构与表达轻型形态的平台。依托这个平台的架构，才可以有的放矢地制定创作的研究与实践策略。

　　形态设计是一个综合的、理性与感性共同织构的过程。它有多方面的切入点，本文针对轻型化维度将形态设计策略分为三类。

　　从宏观的角度出发，从结构选型阶段就应对整体形态进行严格控制，避免在屋盖结构设计中使用钢混结构，但在下部基础或支承结构中，可以利用其良好的塑性，做出厚重有力的雕塑感，与轻质的屋盖形态对比，强化轻质的表达。刚性网格、混合结构、柔性结构的单位自重通常可以看成是依次降低的，但是也并不意味着最轻的是最适用的。轻型形态设计首先要求有相对理性务实的设计观念，一味求轻造成奢侈浪费有违这样的设计精神。合理的依据设计条件，选择适当的结构活性，利用一些设计处理，同样可以实现轻型的表达。轻型化建构，不仅是指纯粹的物质、物理层面，精神与体验同样是与其并重的内容。因此一些结构的、非结构的处理都可以促进这一设计目的的实现。通过界面的虚质化演绎，可以使整体形态具备非物质化倾向，物质的重量感也可在这样的方式下被坚持。而可动与变形的加持则突出了结构的轻质化后的能力扩容，过重的结构无法实现"动"的机制，活动本身就可以传达"轻盈"的隐性信息。

构造与组织的生成，则是针对中观与微观层面的策略制定。对结构构件原型按照更高效的力学原理与力流组织原则进行变化演绎，亦可借此加入具有结构强化功用的表现性微调处理，可以实现强化结构与丰富形态的双重功效。而在新的设计条件、理念与技术支持中，传统的裁剪变换，以及参数调度可以有更多元的选择，与更精准的可控制性。构件置换的设计流程可以有效提高设计深度，同时适度的材料置换也能提供给结构更多的"表情化"形态。结构与设备的统合不仅能实现简洁、净化的形态，也可以使两者成为对方的"倍增效果器"，可带来建筑的功能性、舒适性、生态性等多方面的增益。

一些关联领域同样可以作用于结构形态的设计走向，施工技术、文化信息、生态措施、自然理想与抗震控制都是可以直接或者间接地影响形态效果与其信息表达的因素。这些因素并不是制约轻型化设计的障碍，它们的限定恰恰是鞭策结构朝着更为轻质、灵逸的方向转轨。

无论是刚性结构，抑或是柔性结构，都有其自身的优缺点，它们适用的范围也因刚柔表现有所不同，刚柔杂交体系则有更好的适应能力，兼具两者的优点，当然同样也有其自身的局限。但无论刚柔、混合，都可以在物质、精神等多重方面实现轻质化建构，如何做选择取舍、推演变通，这要依据设计条件和种种因素来确定。

参考文献：

[1]　Allianz Arena in Müchen [J]. Detail. 2005, (9)：963.

[2]　赵巍岩. 当代建筑美学意义 [M]. 南京：东南大学出版社，2001：77-169.

[3]　张广源，林力勤. 广东奥林匹克游泳跳水馆 [J]. 建筑学报，2010 (10)：56.

[4]　(新西兰) Andrew W. Charleson. 李凯，边东洋 译. 建筑中的结构思维——建筑师与结构工程师设计手册 [M]. 北京：机械工业出版社，2008：134.

[5]　(德) 托马斯·赫尔佐格. 德国博览会公司 26 号馆，汉诺威，德国 [J]. 世界建筑，2007 (6)：36-41.

图片来源：

图 5-1：作者自绘。

图 5-2：作者自绘。

图 5-3：作者自绘、自摄。

图 5-4：Zaha Hadid Architects. London Aquatics Centre. http://www.zaha-hadid. com/sports-and-leisure/london-aquatics-centre, 2005-2011.

图 5-5：作者自绘。

图 5-6：Alexander Tzonis. Santiago Calatrava：Complete Works, Expanded Edition. Rizzoli International Publications, Inc., 2007：299.

图 5-7：汉街万达广场立面镜面金属球. http://www.wanda-gh.com/pub/wdghy/63/rdzt/ 2013zxdt/2013zt_306/xgwz/201404/t20140424_9037.html.

图 5-8：东方体育大厦穿孔板表皮.

　　　　http://zhwc39.blog.163.com/blog/static/108766087201142224012715.

图 5-9："鸟巢"体育场内部空间. http://www.archdaily.com/6059/inside-herzog-de- meuron-beijing-birds-nest.

图 5-10：作者拍摄。

图 5-11：刘锡良编著. 现代空间结构 [M]. 天津：天津大学出版社，2003：173.

图 5-12：余亦军. Details in Architecture 1 [M]. 北京：中国建筑工业出版社，2001：9.

图 5-13：（日）建筑图解事典编辑委员会编. 建筑结构与构造 [M]. 刘茂榆 译. 北京：中国建 筑工业出版社，2007：294-295.

图 5-14：作者自绘。

图 5-15：作者自绘。

图 5-16：作者自绘。

图 5-17：作者自绘。

图 5-18：作者自绘。

图 5-19：作者自绘。

图 5-20：作者自绘。

图 5-21：作者自绘。

图 5-22：研究所内部资料。

图 5-23：Marietta Millet Frits Griffin. Shady Aesthetics[J]. Journal of Architectural Education. 1984（3）：59-214.

图 5-24：屋面桁架形式样例. http://www.douban.com/note/318257948.

图 5-25：作者自绘。

图 5-26：（德）安妮特·博格勒，彼得·卡绍拉·施马尔，英格博格·弗拉格．轻·远——德国约格·施莱希和鲁道夫·贝格曼的轻型结构 [M]．陈神周，葛彦龙，张晔 译．北京：中国建筑工业出版社，2004：159，163，160，166.

图 5-27：作者拍摄。

图 5-28：John Chilton. Space Grid Structures[M]. Elsevier Science Ltd., 2000：136-138.

图 5-29：作者自绘。

图 5-30：塞维尔世博会委内瑞拉馆．http://structurae.net/structures/venezuela-pavilion-for-expo-1992

图 5-31：（日）日本建筑构造技术者协会编．图说建筑结构 [M]．王跃 译．北京：中国建筑工业出版社，2000：28-29.

图 5-32：AnjaLlorella. Stadium Design[M]. DAAB GMBH, 2006：75-80，83-85.

图 5-33：史立刚，董宇，袁一星．体育建筑的地缘张力研究 [J]．城市建筑，2009（11）：20-22.

图 5-34a）：姚亚雄先生提供。

图 5-34b）：广东佛山"世纪莲"体育场建筑鸟瞰．http://www.pesedit.com/forums/showthread.php?5230-Intros-by-1002MB/page2.

图 5-35：史立刚，董宇，袁一星．大空间公共建筑创作中的技术美学表达 [J]．城市建筑，2009，（4）：18-21.

图 5-36：刘大庆编辑．新式设计——允许增减屋盖 [J]．主办城市．2007，（秋季刊）：68.

图 5-37：作者拍摄。

图 5-38：瑞士 Burckhardt 设计公司的五棵松方案．http://news.sina.com.cn/c/2004-08-10/16353354586s.shtml.

图 5-39：潘勇，陈雄．广州亚运馆设计 [J]．建筑学报，2010（10）：50-53.

图 5-40：作者拍摄。

图 5-41：MatinBechthold. Innovative Surface Structures-Technologies and Applications[M]. Talor& Francis, 2008：2.

图 5-42：《建筑结构优秀设计图集》编委会．建筑结构优秀设计图集 8[M]．北京：中国建筑工业出版社，2009：144.

图 5-43：Philip Jodidio. Santiago Calatrava[M]. TASCHEN, 1998：82-85，136.

图 5-44：Yu Dong, Deming Liu, Ligang Shi. Long-span Structure Seismic Investigation and Anti-Seismic Control Design Strategy[A]. Ning Liu, ShaoyuWang, Guijuan Tang. Proceeding of International Disaster and Risk Conference Chengdu

2009[C]. Beijing：Qunyan Press，2009：191—200.

图 5-45：KAWAGUCHI Ken'ichi. About the Safety of Non-structural Components in Large Enclosures [in Japanese][C]. Summaries of technical papers of Annual Meeting Architectural Institute of Japan.A-1，Materials and construction.2006：983—984.

图 5-46：Yusuke SUZUKI KAWAGUCHI Ken'ichi, Shunji OHYA and Masako HATTORI. Safety of Interior Spaces of Large Enclosure Based on the Damage Investigation of Niigata-Chuetsu and Fukuoka-Seiho-oki Earthquakes[C].JOI JST．JSTAGE/seisankenkyu. 2005，57：543.

图 5-47：Yusuke SUZUKI KAWAGUCHI Ken'ichi, Shunji OHYA and Masako HATTORI. Safety of Interior Spaces of Large Enclosure Based on the Damage Investigation of Niigata-Chuetsu and Fukuoka-Seiho-oki Earthquakes[C].JOI JST．JSTAGE/seisankenkyu. 2005，57：543.

结　论

　　更大跨度的内部无柱空间，一直是大跨建筑"宿命"里的追求。以当今的结构技术能力，完全可以实现各种活动所需求的空间跨度，跨度值在现阶段不再是掣肘大跨结构发展的瓶颈。而相比于跨度的历时增长，大跨结构的跨厚比、活荷载与结构自重之比以及刚度与结构自重之比的提升都更为明显。大跨结构形态也借此得以轻型化的转型，其实质是结构实效的提升，其实现则是以张拉化元素的介入以及混合结构的大量应用为途径。

　　从实际建筑设计的角度来看，大跨结构应以追求可能的最高实效为目标，但又不必尽然极致，理想的结构形态是综合设计观下的一种最优化的答案。在满足结构理性的基础上，亦要整合结构的美学传达与空间形态的体验需要。轻型化是一种物质性与体验性双重轻型的结构形态创作观。本文就大跨结构形态及其轻型化的趋向、因显、特质进行系统研究，制定设计应对策略。

　　现将本书创新性成果归纳如下：

　　（1）结合系统科学、历史研究理论、社会心理审美需求层次，以及生态意旨等对应学科视阈和理论，提出大跨结构形态轻型化趋向的多维度发展诱因。

　　结构、材料、建造技术的发展只是轻型化的物质基础，大跨建筑作为社会的物质生产，必然受社会意识、自然条件等因素的作用。这些作用也是在建筑自身发展、自组织之外，刺激结构形态发展演变的动力。

　　（2）针对物质结构的呈现，提出非物质因素与结构形态的共轭互动。轻型化的趋向并非由纯物质性因素限定，而是物质性因子与多种非物质因子某项或多项发生反应的结果。

　　对于大跨建筑的结构形态，数字媒体、拓扑理论、地缘文脉、生态图景与政治权力都有可能成为其限定的设计条件，而通过形态也能解读出相应项的特定逻辑或者状态。有些因素在大跨建筑设计理论中是首次被引入和深入讨论，具有理论更新的意义。

　　（3）从整体形态、构造组织、关联领域三个方向，搭建轻型大跨形态设计的应变策略体系。同时，这个内容框架亦可作为当代大跨建筑的解读与批评体系框架，对于分析案例作品、拆解特质要素、量度结构组织、定性体验感知具有建设性的意义。

　　结构形态可以从几何形态与力学形态的基础入手，对其进行廓定与深入透析，轻型化大跨形态的几何与力学内容也必然有其特质显现，通过这些特质的生成方法探源，可以得出一些有益于形态创新的思维启示，这样的方法也是对设计者设计逻辑的"破解"过程。此外，材料运用、结构组织、构件形态演化也都出现新特质的涌现现象。

张拉强势、虚质化建造与可动适变能力的是整体形态轻型化的有效选项，而演绎、变换、置换、共生等中、微观形态处理则是强化结构表现性与提升其功能的务实途径和创新性措施。施工方式与建造术在大跨建筑设计中是长期被排除在方案设计之外的流程，而在大跨建筑轻型建构的过程中，施工建造亦可作为前期要素出现。

（4）通过对大跨结构设计逻辑的系统分析，提出了以"构件置换"为核心的设计思维流程。

本文的"构件置换"概念，并非简单地替换，而是一种局部可逆、整体嵌套循环的设计机制。通过客观的流程深化，以引导设计者在主观创作时自然过渡到"建筑＋结构"双轨共济的整合设计模式，使结构形态的创作深度提升成为必然，而非传统模式的"可选项"——通过"强制性"的流程改制，达到增殖大跨结构技术含量，改进大跨建筑设计品质的目的。

展望与设想：

诚如前论，大跨建筑的结构形态领域内容范畴俱为庞复，即便是轻型化一支趋向就已有如此多的可继续深究的内容。鉴于资金设备、考察条件等所限，以及笔者颇为鄙陋的写作能力，文中必有多处的纰漏与疏落，同时亦有未落笔的内容缺憾。这些也将成为今后研究的目标，现做归纳，聊以补遗：

（1）迄今，国内外对于"轻型结构"与"轻型化"尚未有明确量化与框定指标，事实上这两个概念也难于精确界定，但对于这方面内容的研究却不容学界回避，本文尝试对轻型化做出范畴指定，但明确其定义和界定原则却有待进一步深入与求证。

（2）由于建造实验条件不足，本文的模型制作只能停留在手工小型模型制作的程度，尚不能实现利用真实材料建造的结构形态研究。有待在今后与结构等专业实验室合作，进行联合实验研究。

（3）数字与参数化设计是当今大跨结构形态设计的一个重要方法与设计模式，这也是今后学习和深入研究的一个重点方向。但是一些"高精"相关软件和加工设备资费颇高（例如膜结构的找形与分析软件，以及数字模型生成设备），需要申请基金或相关的硬件支持方能深入。

（4）第5章的应变策略的所论述的都是针对设计客体，而对于设计主体的实验型创作转型策略，由于文本的容量限制，无法进行深入拓展。目前已确定的策略方向是社会支持、实验型研究模式与团队组织结构转化三个大的支线。这部分内容将在今后通过继续搜集资料、多做考察研究以完成。

附　录

壳体大跨结构建筑沿革与部分案例统计（根据资料个人整理汇编）　　　　附录表1

年代	建筑／工程名称	主要结构指标数据	结构／工艺特色	备注
B.C.1352	阿特流斯的宝库（Treasury of Atreus）	底部直径14.5m，高13.5m	叠涩穹顶——块石在水平方向上一点点探出向上砌筑成圆锥状穹拱	壳体结构的前身
A.D.118～128（古罗马）	万神庙（潘提翁神庙，Pantheon）	平面直径、穹隆直径、穹隆顶距地面高度都是43.43m	藻井式内壁，28道纵肋4条水平肋。穹隆内壁上部1/3壁厚1.22m，下部2/3成向外倾斜的阶梯状，最厚处6.1m，穹隆下部1/3处的外面还增加了一圈结构。跨度与平均厚度比为11	穹隆的不同受力部位采用了不同性能的混凝土骨料。顶部留出直径8.23m的采光口。跨度纪录在1700年后才被印度的伊斯兰王庙古尔昆巴兹打破
A.D.532～537（东罗马）	圣索菲亚教堂	石材与砖砌筑的石拱直径31m、高56m的穹顶空间	独创性的穹隅设计作为方形空间向圆形空间过渡的转折构件。两对巨大的扶壁和连续的半圆穹隆不仅在造型上，而且在空间结构上成功解决了中央大穹顶的水平推力问题	人类创造的最具野心的建筑之一。四周40多个窗户中射入的光线在穹顶球面中产生了非物质的超越感。1453年落入奥斯曼帝国手中，成了清真寺。建筑师：伊西多尔，安泰米乌斯
A.D.1296年开始建设，1420～1436年穹顶完工	圣玛利亚主教堂（花之圣·玛利亚大教堂，S. Marià del Flore）	穹顶直径42m，地面上高度55～120m，估算重量2500t	①外侧穹顶的作用是抵抗严酷的气候条件，内侧穹顶则起到展示庄严的内部空间的作用。②不设脚手架，采用砖模的简易工艺。③在八角形的隅部所设主肋可以固定顶部，并使整体稳定。④为减轻整体重量作成双层壳。壳之间的间隙可作为作业空间或通道使用。⑤将砖砌成杉树纹路形以增加结构的整体性。⑥在内壳中设水平方向的水平拱（压力环），使其在施工过程中可自成体系。⑦穹顶下部设置木质拉力环（30m×30m），以抵抗水平推力	此教堂被誉为"文艺复兴运动的第一朵报春花"。米开朗琪罗受教皇委托建造梵蒂冈的圣彼得大教堂时曾说："制造超越圣·玛利亚大教堂美丽的建筑，我无能为力。"建筑师菲利普·伯鲁乃列斯基对罗马时代的建筑物，特别是以万神庙为首的拱顶的架构法进行了深入的研究。"哥特式构筑法与古罗马穹顶构筑法的融合"，这是独辟蹊径的大教堂设计理念。为达到设计意图谨慎的采用古代形式的复古行为，成为后来支持文艺复兴运动的重要基础

年代	建筑/工程名称	主要结构指标数据	结构/工艺特色	备注
A.D. 1912～1913	百年大厅（The Centennial Hall）	直径 65m	采用类似壳体的钢筋混凝土肋拱结构，像一顶镂得只剩 32 条肋的穹隆，供肋在穹隆顶部汇合于一个压力环	近代史上跨度超过万神庙的第一座建筑，是人们在新功能和旧结构、旧形式的矛盾中彷徨、探索的见证
A.D.1916	奥利飞船库（The Airship Hangar, Orly）	净跨 80m，高 56m，长 300m	钢筋混凝土波形拱状折板结构。波形拱的深度在底部为 5.5m，顶部为 3m，波壳厚仅 90mm。这种结构不但充分发挥了钢筋混凝土的抗压性能，而且使地处旷野的飞船库完全可以经受风产生的弯矩	地点：法国巴黎近郊。建筑师/工程师：弗雷西奈特（E·Freyssinet）其新颖的结构处理以及优美双曲抛物线的造型为薄壳结构的进展点燃了一盏明灯。但设计是以模型、实验为依据，缺乏正确的结构理论的指导，因而在结构上既包含着某种先进性，却又是保守和落后的
A.D.1924	（德国）耶拿天文馆（Jena Planetarium）	穹隆跨度 25m	钢筋混凝土穹隆座在 4 根方柱上，壳体下边四线有梁，壳厚只有 60mm，跨厚比达到 417。壳体结构中的钢筋按理论上的主应力线布置，为广泛使用薄壳结构开辟了捷径	建筑师/工程师：鲍斯菲尔德（W·Bauersfeld），迪辛格（F·Dischinger）
A.D.1928	德国莱比锡的市场大厅（The Market Hall, Leipzig）	跨度 75.6m，壳厚 90mm	八角形平面的钢筋混凝土穹	20 世纪 20～50 年代，是现代壳体结构的探索与发展时期
A.D.1928	瑞士巴塞尔的市场大厅（Market Hall, Basle）	跨度 60m，壳厚 80mm		
A.D.1935	马德里赛马场屋顶（The Madrid Race Course）	壳长 19.8m，薄壳屋顶在支柱处壳厚 127mm，边缘处壳厚 51mm	双曲波形悬臂薄壳屋顶。由悬挑于支柱前方 12.8m 的一连串扁弧壳体组成，为了保证屋顶的平衡，薄壳屋顶在支杆后方也出挑 7m 以作配重，并用垂直拉杆为辅增加结构的稳定性	1930 年代以后，薄壳结构逐渐多样化。建筑师/工程师：（西）托罗亚（E·Torroja）——被誉为"薄壳之父"。1930 年代的一个很大胆的结构尝试
A.D.1936	意大利奥尔维耶托军事机库（Aircraft Hangar, Orvieto）	平面 100m×40m	钢筋混凝土现浇正交斜放网格状交叉肋拱，屋顶钢筋混凝土肋高 1m，肋宽因不同受力状况为 120～200mm，每个网格边长约 4.6m。屋面底层是轻质加筋砖，面层是石棉瓦	建筑师/工程师：（意）皮埃尔·L·奈维（Pier Luigi Nervi）——"钢筋混凝土诗人"1939 年又见了类似的机库，全部采用构件预制，现场拼装，节点现浇的施工方法

续表

年代	建筑 / 工程名称	主要结构指标数据	结构 / 工艺特色	备注
A.D. 1945 ~ 1951	英国南威尔士的布林马尔橡胶厂（Brynmawr Rubber Factory）	9个扁壳，每个扁壳的水平投影为 25.5m×19m，壳厚 90mm	钢筋混凝土双曲扁壳，扁壳和高跨比为 1：2 半球形壳相比，在建筑空间利用、材料消耗、经费开支等方面都更为经济	可以灵活解决采光问题。扁壳在中、小型工业建筑中应用较多
A.D.1947	都灵展览馆中的阿勒利大厅（Agnelli Hall）	拱顶跨度 80m，长 100m	预制波形薄壳拱顶结构。每个波形拱由 9个带窗的及 4个不带窗的波形水泥钢丝网预制件构成，构件壁厚 38mm，波形最大矢高为 1.5m，相邻的波峰中距为 2.5m，每个波形构件长度为 4.5m。在每个构件的一端都有加劲隔板，波形预制构件在满堂红脚手架上拼装完毕后，在波峰和波谷再浇一部分混凝土，以保证结构的整体性	展厅设计保留了飞机库的设计特点：力的传递方向交代明确，脉络清晰。结构韵律感强烈，在不同的视角下具有不同的美学效果，是结构形式和建筑表现一气呵成的天才之作。奈尔维的作品在一定程度上反映了壳体结构在现代的发展趋势：既讲求技术的先进性，又注重施工的现实性；既讲求结构的经济性，又注重自然获得艺术性
A.D.1958	巴黎的国家工业与技术展览大厅（Centre National des Industriset Technique）	跨度 219m，覆盖面积 2.4 万 m²。每层壳的厚度为 60mm	壳体设计成双层波形壳，其中间隔层高 3.75m，在夹层中还有 9m 的加劲间隔，为抵抗弯矩提供了力矩臂。地面以上由 3个交叉拱组成，在地面以下，还有和平面形状相一致的 3根预应力栏杆，用以抵消拱脚的水平推力	为了保证结构安全，对于尺度较大或会产生弯矩的壳体结构，必须加大力矩臂。其方法有三种：一是加厚壳体；二是把壳体"折"起来，形成波形或折板形；三是做成夹层。这个展厅采用了后两种方法
A.D.1952	墨西哥新达德大学宇宙射线实验馆（Cosmic Ray Laboratory of the Ciudad University）	跨度 10m，壁厚 15mm	宇宙射线馆要求壳壁报道可以让宇宙射线穿透的程度，采用了双曲抛物线形壳体	1950 年代第一个把壳厚降到 15mm 的建筑。建筑师 / 工程师：（西）坎德拉（F. Candela），"薄壳之父"托罗亚的学生。致力于把壳体结构运用到各种建筑类型中去，为薄壳结构的发展做出了很大的贡献
A.D. 1953 ~ 1958	巴黎联合国教科文组织的会议厅（Congress Hall of UNESCO Head-guarters）	梯形平面，长边边长为屋顶跨度	双波折壳屋顶在两端转折而下，形成折板的南北端墙，一根大梁在 6根变截面柱子（上矩形，下圆形）的支承下构成了屋脊，并把梯形平面分为大、小会议厅两个部分。大会议厅折壳屋顶中还有一层水平相交的肋板，它的位置正好符合屋顶受力弯矩图，大大增强了屋顶刚度	结构上的特殊处理产生了别致的建筑艺术效果：在室内，方向性明确的折壳起了"导向"作用，使空间向讲台聚焦；在室外，完整的折壳造型和教科文总部大楼底层的变截面柱子遥相呼应，使建筑群体得到协调统一

年代	建筑/工程名称	主要结构指标数据	结构/工艺特色	备注
A.D.1955~1956	美国密苏里州圣·路易斯航空站（S·Louis Airport）	交叉筒拱拱跨均为37m，壳厚顶部为115mm，底部为200mm	由3组交叉筒拱组成，筒拱交叉处形成的拱肋是结构上重点加固的部位（拱肋中有上下两排主筋，每排10根，每根钢筋φ35）。每两个相邻的交叉拱在纵长方向上的相交处向各自的底部略微缩进，自然地形成了三角弧的采光窗带	建筑师：雅马萨奇（M.Yamasaki）这种交叉筒拱的组合可以为远期规划留下发展余地，现已经从3组发展到4组，充分体现了新技术和建筑功能完美结合的优越品质
A.D.1956~1962	纽约肯尼迪机场环球航空公司航空站（Terminal Kennedy Ai-rport）		屋顶由四瓣拱形薄壳构成。整个结构是极不规则的，无法进行精确的计算，使结构工程师陷入了穷于应付的困境，最终只能以模型和试验作为设计依据	建筑师：伊罗·沙里宁（Eero Saarinen）建筑造型如同一只振翅欲飞的大鸟，形式新奇，施工精确，但单纯是为了追求特殊的艺术造型而使结构设计困难重重，以至牵强附会的做法值得商榷
A.D.1957~1961	罗马小体育宫（Palla Zzeto Dello Sport Rome）	穹窿直径60m，顶端离地高20.7m	屋顶为扁壳，圆周边沿呈波形，36个Y形的支腿明确地把屋顶荷载传至基础，底下还有直径81m、高2.4m的压力圈，把36个支柱牢牢箍住。整个扁壳由1620个预制单元构成，基本单元是菱形钢丝网水泥槽板，四周的槽肋高120mm，板厚25.4mm	整个屋顶从装配到完工只花了一个多月。也被誉为奈尔维最优秀的作品之一，也是他为1961年罗马奥运会设计的3个体育建筑中的最佳作品。这是一件把结构的力学原则作为建筑艺术的表现手段，功能、形式和结构结合得天衣无缝的大跨建筑经典之作
A.D.1962	美国伊利诺斯大学会堂	直径122m，穹顶离地面18.8m	屋顶是个由24个厚度90mm的折板构成的组合式穹顶，中心是直径13m的受压环	造型像小碗上扣着大碟子
A.D.1976	美国西雅图金县体育馆	穹窿直径201.6m	穹顶由40个瓣形的双曲抛物线壳体组成，用活动脚手架分段，对称的现浇而成，顶部受压环离地33.5m	钢筋混凝土穹窿直径的纪录保持者。可以容纳65000人
A.D.1977	德国斯图加特公园的展厅（Gardon Show, Stuttgart）	直径30.8m，壳壁厚减至10~12mm	平面呈圆瓣形，屋顶由8个圆瓣形预制构件组成，接缝处加筋现浇。这8个预制单元全部由玻璃纤维混凝土制成，不用钢筋	恐怕是目前最薄的壳体结构了
A.D.1975	前苏联明斯克中央商场	跨度135m	平面为边长135m的方形，扁壳最高点离地20.6m，由每块3m×12m的轻混凝土带肋预制块拼成，预制块板中间厚5cm，边缘厚8cm	前苏联壳体大跨结构的代表性建筑

近年来国内一些大跨建筑工程用钢量情况　　　　　　　　　　　附录表 2

序号	工程名称	平面形状、尺寸（m）	承重结构类型	用钢量（kg/m²）	设计单位	备注
1	北京朝阳体育馆	椭圆形 78×66	索拱组合结构及 RC 边拱间架设两片双曲正交索网	52.2	原哈尔滨建工学院	
2	攀枝花市体育馆	八角形 D=65	多次预应力双层钢网壳支承于 8 根 RC 支柱上	49	攀枝花勘察设计院	网壳用 A3 钢管
3	厦门太古机场机库	矩形 154×70	L=154m 拉杆拱与平板网架组合体系，有吊车荷载作用	97.8	航天工业设计院	
4	首都机场四机位机库	矩形（153+153）×70	双跨门架与三层钢平板网架组合结构，有吊车荷载作用	128	航空工业设计院	
5	天津保税区商务中心	圆形 D=35.4，F=4.6	弦支穹顶球壳 RC 柱及圈梁	30	天津大学土木系	
6	联合国北京网络中心游泳馆	矩形 62×30	钛铝合金弧形屋架铝板屋面，钢柱	28	清华大学建筑设计院	
7	鞍山体育中心	椭圆形 60×40	劲柔索穹顶	22.7	北京交大结构所	
8	深圳宝安体育馆	圆形 D=100；悬臂 L=19.3～48.3	空间梁式桁架支承于 12 根支柱上	68	华南理工大学设计院，深圳建筑设计院	
9	哈尔滨国际会展体育中心	矩形（会展）618×128	L=128m 张弦立体桁架一端支承于人形柱上	67	哈工大建筑设计研究院	
		月牙形（体育）247.5×64.2	立体桁架支承于菱形拱与曲梁之上	114		
10	济南遥墙国际机场航站楼	飞鸟形 486×（66.7～145）	长短弧形立体桁架支承于人形钢管柱上，形成屋盖。其两侧对称，中间连以柔性预应力构件及支撑	115	中冶集团建筑研究总院，民航建筑设计院	

近年一些国外设计的国内大跨建筑工程用钢情况　　　　　　　　　　附录表 3

序号	工程名称		平面形状、尺寸		承重结构类型	用钢量（kg/m²）	设计单位	备注
1	广州新体育馆	主场馆	树叶状	160m×110m	简支桁架主次梁体系；主桁：倒梯形钢管桁架；辐射次桁：圆钢管、实心棒；方钢圈梁箱形截面环向 5 道柔索	139	法国 ADP 设计所，广州建筑设计院	
		训练馆		151.5m×70m		120		
		活动中心		140m×30m		154		
2	广州奥林匹克体育场		双飘带形全长828m，宽 78m		径向环向简支体系平面主桁有悬臂及后拉索构成支承平面次桁	177	美国 NEB 设计集团，华南理工大学	进口钢材，8000 个高空焊接接头无一相同
3	广州新白云机场主航站楼		双圆弧带形每片尺寸75m×289m		L=76.9m，h=5m，三角形钢管桁架与两侧人字形柱铰接形成梁柱体系，中间设两排 RC 箱形柱承受侧向力	135	美国 PARSONS 公司，广东建筑设计院	
4	广州新白云机场机库		矩形350m×100m		门跨 100m+150m 中设巨型 RC 柱，由多层交叉梁系的主次桁架构成屋盖，主桁是平行弦立体桁架	170（维修）130（喷漆）	澳 STRARCH 设计公司，中国航空工业设计院	英产钢材
5	上海新博览中心		矩形164m×72m		梭形菱状截面简支空间桁架 L=72m，B=12m；钢管连接用铸钢节点	187	美国建筑设计，德国（WSI）结构设计，上海现代设计集团	铸钢节点重占桁架重 32%
6	天津泰达国际会展中心		扇面形内弧长 250m外弧长 300m		12 根 4 肢钢管混凝土柱吊挂空间折形管桁架，L=69m，屋面跨度107m，柱高 44.5m	148	澳大利亚建筑设计，天津建筑设计院	
7	天津奥运（2008）足球场		长椭圆形470m×310m		V 形平面管桁架下端支承于"∧"形钢柱及环向圈梁上，桁架悬臂50m，支点位于看台立柱上	180149（落地面积）	日本佐藤综合计划株式会社，天津建筑设计院	铸钢节点重1978t，为总用钢量 14%，最重节点达 6t
8	北京奥运（2008）主赛场		椭圆形340m×292m		由系列空间桁架交错布置形成主承重结构，在主结构上弦嵌入无序排列的装饰性构造杆上开启屋盖	618	瑞士赫尔佐格建筑事务所，中国建筑设计研究院	按优化后的总用钢量 5.05万 t 计算

近几届世界杯赛场采用张拉化技术状况 附录表4

时间	地点	赛场数量	采用张拉化结构屋盖的赛场数量	张拉化结构屋盖所占比率
1998	法国	10	4	40%
2002	韩国、日本	20（各10座）	14（各7座）	70%
2006	德国	12	10（其中4座采用环索屋面体系）	83.3%
2010	南非	10（其中5座为完全新建）	5（均为新建）	50%（新建比率100%）
2014	巴西	/	/	/

后 记

岁月倥偬，流年匆匆，从博士毕业到本书付梓，将将五年的时间就这么从指缝间流走了。时间很浅，迈步间又走到凛冬将至的季节。

此书的成稿发展于本人的博士论文。毕业后一直忙于教学工作，竟然有段时间将它荒置于硬盘，很少关注。一年的在外访学使得我重拾静心，在中国建筑工业出版社的徐冉老师的鞭策鼓励下，重又落实了出书的行动。

最要感谢的人是恩师刘德明教授。在本科学习阶段以及高年级设计实习阶段，就受益于先生的教诲和指导。获取硕博连读资格之后，能够进入建筑研究所跟随先生继续研习深造，幸莫大焉。先生的严精治学、雅范师表，活络洋溢的设计思维和豁达致远的性格，一直都是我努力学习、追随的目标。本书研究的选题和定向、大量的原始资料、论点的火花，以及写作阶段屡屡讨论、重洋之外的邮件点拨，都燃烧了先生大量的心血，更是恩师的殷殷期许与无私的智慧分享。师母王笑梅教授的关怀鼓励也给予我莫大的支持。每念及于此，学生总要更加勤勉加鞭，唯恐有负师恩。

同时要并谢建筑学院建筑研究所的创始人——梅季魁教授。在研究所的数年里，本人参与的大量实践项目都是跟随梅先生的主持调度，先生对我在体育建筑设计以及大跨建筑理论方面的指导教谕，融汇于实践设计的各个过程之中。先生对事业的执着和等身的著作，亦是学生需要用一生求于门下而不及万一的霁月启明。

感谢哈工大建筑学院的刘大平教授、刘松茯教授、赵天宇教授、李玲玲教授、邵龙教授、李桂文教授、金虹教授、徐苏宁教授、邹广天教授等诸位师长对本研究提出的建设性意见和给予的热情帮助，先生们批评的智慧激荡、细致的修改批注，以及路遇的悉心指导，都使本书的完善和质量提升得到极大的助力。

感谢时常共事的朋友和同事们，不一一具名了，我知道你们不会怪我，只会为我高兴。走到哪里也不会和你们断了联络，有你们的日子让我觉得踏实。

感谢中国建筑工业出版社的徐冉和陈海娇两位编辑老师，你们的帮助和辛勤工作保证了本书的出版进度和质量。虽然被催稿的日子很痛苦，但我知道作者拖稿也同样痛苦了你们。相互理解和协作，让我们成为更好的朋友。

谨以此书献给我的父母和家人，这些年来你们的鼓励、支持和勉慰是我克己迎难、不恤前行的最强大的后盾与动力。爱你们。

最后，再次感谢以上所有人士——在哈尔滨和 Delft 的冬天都很冷，但你们的关心、关怀和关爱却一直在温暖着我，此刻我要用我的心与文字拥抱你们。

我要回去和你们团聚，从一座城市到一座城市，跨过一个又一个冬天。

董亭

2015 年 10 月 12 日

于荷兰 Delft